实用电镀技术指南

上海市电镀协会　组编

上海科学普及出版社

图书在版编目(CIP)数据

实用电镀技术指南 / 上海市电镀协会组编. -- 上海：上海科学普及出版社，2019
ISBN 978-7-5427-7438-5

Ⅰ. ①实… Ⅱ. ①上… Ⅲ. ①电镀—指南 Ⅳ. ①TQ153—62

中国版本图书馆 CIP 数据核字(2019)第 044080 号

责任编辑 张 帆

实用电镀技术指南
上海市电镀协会 组编
上海科学普及出版社出版发行
(上海中山北路 832 号 邮政编码 200070)
http：www.pspsh.com

各地新华书店经销 上海惠敦印务科技有限公司 印刷
开本 787×1092 1/16 印张 16.25 字数 325 000
2019 年 3 月第 1 版 2019 年 3 月第 1 次印刷

ISBN 978-7-5427-7438-5 定价：50.00 元

编写说明

上海市电镀协会本着为企业服务的宗旨，常年设立"技术咨询·技术服务"窗口，解答企业的技术问题、质量问题，帮助企业分析电镀过程中的故障原因、提出解决办法。协会有时还上门协助企业处理疑难杂症，协助企业建立质量保障体系，为企业技术人员讲解技术难点、提出有效建议。这些工作受到企业和广大电镀工作者的欢迎。很多人都有一个愿望：协会能不能编写一本相关的书籍，以便在工作中随时借鉴，及时解决问题。为满足这个愿望，我们本着"从实践中来，到实践中去"的精神，着手汇编了这本书。本书以实践为主，针对具体问题，提出解决的办法；防范故障产生，提出注意事项；介绍电镀技巧和先进技术，提供经验积累供大家参考、与大家分享。本书面向企业，注重实用性。

实践中遇到的问题成千上万，各不相同，我们将其中比较有共性、比较有特点、比较常见、比较重要又难搞清楚的挑选出来，按生产流程、按镀种分门别类编成本书。不仅涵盖了许多比较重要但容易被忽视的问题，也增添了一些新工艺、新技术的介绍。

书中大多数案例是我们亲身经历过的，有些是工作中的经验，有的是深刻的教训。几十年的经验教训常常只有短短几句话，有些至今还没搞清楚原因，也提出来请大家集思广益。

希望本书对电镀工作人员有所帮助、有所启迪，在排除故障时，能为大家提供参考，帮助解决问题；同时也希望能满足很多人要求"出书"的初衷。

在本书之前，已经有不少电镀专家编写过类似的书籍，很多都有借鉴作用，在此向有关作者表示感谢。

上海市电镀协会
2018 年 8 月

目 录

第一章 电镀前的准备工作

第二章 电镀前的毛坯准备

第三章　电镀前处理

第四章　镀　铜

第五章　镀　镍

第六章 镀 铬

第七章　镀　锌

第八章　镀　锡

第九章 氰化镀银

第十章 镀 金

第十一章 电镀合金

第十二章　塑料电镀

第十三章　无电解镀(化学镀)

第十四章　金属着色

第十五章　铝及铝合金的氧化

第十六章　电镀生产中应该重视的问题

第十七章　电镀用抑雾剂

第十八章 电镀阳极

第十九章 电镀电源

第二十章 电镀的技术质量管理

第二十一章 发展中的电镀工艺技术

第一章　电镀前的准备工作

电镀企业大部分是代加工单位，也有少数厂点只电镀企业自己的产品。后一种企业产品单一，批量生产，电镀前的准备容易标准化、规范化，准备工作比较简单成熟。这里主要针对电镀加工企业，阐述应该做好哪些电镀前的准备工作。

第一节　接　单

1.1.1 接单时应该注意哪些环节

接单时首先要搞清楚对方的电镀要求：

(1)镀层品种、厚度要求、耐腐蚀要求、外观要求，以及其他特殊要求。

(2)了解镀件的材质，若是特殊材质搞清楚牌号或成分；镀件有没有经过特殊加工工序，例如：电焊、磁化、有没有黏结等。

(3)镀件的大小、形状，是否需要设计辅助阳极、尖端部位如何屏障等。总之要看清实样。

(4)要镀产品的批量，自动线一根阴极能镀多少量以及加工单价、付款方式。

(5)电镀加工后有没有其他工序。例如：涂装、机加工等。

(6)电镀好的产品如何验收，有哪些包装要求，毛坯、成品的运输等问题。

1.1.2 接单后主要准备工作

接单后的准备工作主要有：

(1)注意有没有因为材料特殊或加工特殊需要特别解决的问题。

(2)电镀工艺是否完全配套，各种电镀溶液是否正常；阳极是否处于活化状态，可溶性阳极是否充足，悬挂是否得当。

(3)挂具或滚桶与加工零件是否匹配，是否需要改进、整修或者制作新的挂具。

(4)电源、压缩空气搅拌、循环过滤等设施是否准备就绪。

(5)技术力量配备是否得当，应该对技术主管交代清楚难点及特别注意事项，并交代应对措施。

(6)生产中需要的化工、金属材料是否都有备用等。

第二节 挂 具

1.2.1 电镀挂具设计时应该注意的事项

设计电镀挂具时应注意：

(1)电镀件的受镀面积和重量是我们选用挂具主杆、支杆的依据，以确保能承受通过的电流强度和镀件的重量。

(2)选用材料要求有良好的导电性，有足够的机械强度。一般主杆选用铜材；挂钩选用磷铜或不锈钢丝(应有一定弹性的不锈钢丝)。除了接触导电的部位，其他都要用绝缘材料封闭。

(3)挂钩分布要均匀合理。过密，会相互“抢电”，影响均镀能力和深镀能力；过稀，降低了生产效率。有些零件可以错位双面悬挂，以提高产能。

(4)镀件悬挂处要尽可能减少接触印痕，可利用孔眼弹紧挂牢；避免尖端凸出部位面向阳极。

(5)电镀工件若凹部较深，朝向阳极仍不能覆盖，需要设计辅助阳极。另外要避免凹部造成窝气，不利于气体排出，形成死角。

1.2.2 挂具制作时应该注意的问题

制作挂具时应注意：

(1)所用金属材料要除油、除锈，绝缘前必须洗刷干净，以保证焊接牢固，保证绝缘材料与挂具主杆、支杆结合良好。

(2)焊接时烙铁要有足够的功率，保证焊接牢固，以防假焊。

(3)挂钩折变角度不要过小，钩子在电镀时会被渗氢，整修时容易折断。

(4)绝缘后的挂钩，接触镀件的地方(挂钩)要将绝缘物刮干净，以防影响导电。

(5)挂具制作好要清洗、除油，挂钩最好镀一层普通镍，以延长挂具的使用寿命。

1.2.3 挂具的使用和维护

使用和维护挂具时应注意：

(1)挂具应该归类挂好，以防相互牵引损坏。

(2)要及时退除挂钩上的镀层，以免产生挂具印痕，消耗被镀金属。有专门退去挂钩镀层的配方，用电解方法退去镀层；也可以用钢丝钳剥离，必要时敲打后再剥去。

(3)损坏的挂钩要及时修好，不得空着，以免电镀时，导致下面的产品产生

毛刺。

(4)挂具用了一个循环周期要清洗干净,尤其是镀铬后的挂具。这是因为镀铬液对各种其他镀液危害极大,而六价铬的渗透性又特别强,所以必须清洗干净,防止镀铬液渗入挂具的空隙,对其他镀液造成危害。

(5)挂具上的绝缘材料如果长期使用,由于热的液体浸泡会产生鼓泡,要及时清除修补。严重鼓泡的挂具要彻底清除,重新绝缘。

第二章 电镀前的毛坯准备

第一节 电镀工件表面的整平与修饰

通常工件为了达到外观要求，需要进行磨光、抛光、滚光，甚至进行化学或电化学抛光。本节将一些注意点进行简要阐述。

2.1.1 磨光

打磨应该先用粗砂，再用细砂，根据要求经过2～3道，甚至多道打磨。打磨丝线要直，不能有斜丝、乱丝；每道细砂要覆盖前道粗砂，粗砂切不可混入细砂之中。工件上的麻点、凹凸、毛刺、氧化皮、划伤、焊接渣等表面缺陷先要用粗砂打掉。打磨时要用抛光膏。若要精磨光，磨光后零件表面粗糙度 Ra 值可达到0.4μm。

打磨时要选择适当大小的打磨砂轮，选择适当的转速。砂轮直径越大，转速越快，切削力越大。

2.1.2 抛光

抛光是指在比较平整的表面，进一步降低零件表面的粗糙度，并获得有些光亮的表面的操作。抛光分为普通抛光和精抛光。抛光要用抛光膏或者抛光液。与抛光膏比，抛光液可以按需要稳定的补给，不会在零件表面留下过多残留。抛光轮表面陈旧的抛光膏要经常清理，保持其松软、有弹性。不同材质的工件要选用合适的抛光膏或抛光液。同打磨一样，要选择适当大小的抛光轮，选择适当的转速。

2.1.3 刷洗

为了除去工件表面的毛刺、印痕、泥渣等，有时需要刷洗。刷洗时可以用皂角液或者稀碱液做润滑剂。电镀前刷洗时若用黄铜丝刷轮，刷洗后应该用氰化钠溶液或稀铬酸溶液进行退铜处理。

2.1.4 滚光

工件材料过软、过硬的，外型复杂的，表面粗糙的都不适宜滚光。一般滚光的装载量要多些，可以控制在60%～70%。装载量过多，滚磨作用减弱；装载量过低，滚光作用强，但零件表面容易比较粗糙。滚筒的转速要适当。速度过慢，磨削

作用差，工作效率低；速度过快，零件会从上掉下来相互碰撞，造成撞击痕。视产品而定，一般转速控制在25～45转/min；视零件而定，不同的零件也应该选用不同的磨料。不同的磨料，磨削作用不一样；不同形状的磨料，磨削作用也不一样。

根据研磨、滚光的原理，有许多机器可供选用，例如：震动研磨机、震动光饰机、涡流抛光机、磁力抛光机、自动喷砂机、抛丸机、镜面滚压机等。这些机器根据需要可以配备各种磨料、抛光液使用，特别适用小零件的电镀前处理。

第二节　特殊材料的工件应该注意的事项

2.2.1 高碳钢

一般含碳量在0.35%以上，酸洗后常常会残留一层黑色的碳层膜。这层黑膜会影响镀层的结合力，可以在以下溶液中去除(经典方法)：

铬酸：250～300g/L；硫酸：5～10g/L；温度：50～70℃。

退尽后要清洗工件，用盐酸活化。这层黑膜也可以用双氧水除去。

2.2.2 钢铁铸件

这类产品表面粗糙、多孔，时常会夹有石墨碳化素、模型砂粒。因为多孔，铸件的微观表面积成倍增加。电镀前若不进行特殊处理，往往会出现花斑，甚至局部镀不上。清除残砂和碳化素是镀好这类产品的关键环节。这里有两种方法可选用：

(1)方法一。先阳极电解除油，水洗之后，浸入以下溶液进行酸洗：

氢氟酸：5%～10%；

磷酸：90%～95%；

然后水洗。

(2)方法二。先阳极电解除油，水洗之后，在25%的硫酸溶液中阳极电解，阳极电流密度控制在10～20A/dm^2，温度小于28℃，时间0.5～1min。

这两种方法酸洗后都要注意清洗，最好能配用超声波清洗。目的是洗干净工件孔中的酸液。要注意超声波的强度，强度过大会扩大铸件孔眼。

2.2.3 有黑色氧化皮的工件

黑色氧化皮一般比较致密，不能像一般带锈的钢铁零件那样前处理。应该使用以下酸洗：

(1)方法一。硫酸：200～250g/L；硫脲：2～3g/L；温度：30～50℃；时间：退干净为止。

(2)方法二。盐酸：150～200g/L；六次甲基四胺：3～5g/L；温度：30～50℃；时

间:退干净为止。

第二种方法有氯化氢有害气体产生,会污染环境,但效果较好。

另外,钢及其合金在热轧高温下会产生一种复杂的黑色氧化皮,很难用普通的方法除去。国外多采用熔融盐高温处理,但是国内一些厂家没有这一条件,可以用以下方法除去(如果配 10 份体积的去除液,则按以下体积比):

盐酸(d=1.19)体积—3 份

硫酸(d=1.84)体积—1.5 份

硝酸(d=1.41)体积—0.5 份

水体积—5 份

放入少量的硝酸可以溶解零件表面的富碳,又有利于零件表面的出光。该溶液使用一段时间酸洗效率降低后,可以添加 2～3mL/L 双氧水,以延长酸洗溶液的使用寿命。这种方法去除黑色氧化皮速度快,溶液稳定性好,基体腐蚀较少,非常实用。

2.2.4 合金钢

合金钢表面都有一层致密的氧化层,因为致密所以比较难除去。要用浓酸酸洗。以下两种方法可供选用:

(1)方法一。硫酸:230g/L;盐酸:270g/L;磺化煤焦油:10g/L;温度:50～60℃;时间:60min。

(2)方法二。盐酸:450g/L;硝酸:50g/L;磺化煤焦油:10g/L;温度:30～50℃;时间:3～5min。

2.2.5 不锈钢

不锈钢表面的氧化层非常致密,在用强酸酸洗后很快又生成致密的氧化层。不锈钢要镀好,关键在于"活化电镀"处理。经活化的不锈钢工件(用盐酸活化)不水洗,直接电镀。镀液配方是:氯化镍:240g/L 左右;盐酸(d=1.16)120～130g/L;温度:室温;阴极电流密度:5～10A/dm^2;时间:2～4min(用硫酸镍时,浓度为120～160g/L,其他条件不变,也可以使用)。

如果不锈钢表面氧化层很厚,可以先在 10%～20%的热硫酸浸洗,再在以下溶液中出光:硝酸:330mL/L;氢氟酸:100mL/L;盐酸:30mL/L;温度:50～60℃;时间:2～10min。出光后清洗,立即再"活化电镀"。

如果不锈钢零件在热处理或者其他处理时,产生了彩色或者褐色氧化膜,这层氧化膜虽然很薄,但很致密。不仅影响外观,还会影响焊接,影响弹性。为了恢复不锈钢原来比较光亮的外观和特性。可以实施以下工艺:

(1)在碱性溶液中除油。

(2)清洗。

(3)在50%的盐酸中浸蚀30s。

(4)清洗后浸入以下溶液去除氧化膜：

氢氧化钠：80～120g/L；高锰酸钾：20～50g/L；温度：60～100℃；时间：氧化膜除去为止(一般在3～10min)。

经以上溶液处理过的零件水洗后，可以看出氧化膜已经去除，显示不锈钢原来比较光亮的色泽。为了保持这种色泽在较长的时间不易氧化变色，最好用电解保护粉进行电解保护。

2.2.6 铜和黄铜件

铜或黄铜零件电镀时要注意，电化学除油时要先阴极电解除油，然后再进行阳极电解除油。

阳极去油的时间不能长，3～8s即可，电流也不能大；溶液中可以不加氢氧化钠(少加3～6g/L的氢氧化钠也可以，以增加导电能力)。若仅仅用阴极去油，镀件上会有一层异金属碱膜，镀后容易产生花斑。因此，要再使用阳极电解去油，除去这一层碱性膜。阳极去油时间不用长，否则会电解腐蚀铜基体。阴极电解除油时间可以长些，时间短去油不彻底。所以"先阴后阳"是个好办法。建议配方如下：磷酸三钠：25～40g/L；碳酸钠：20～30g/L；氢氧化钠：3～6g/L；温度：50～60℃；阴极去油时间：2～4min。

阳极去油一定要另外配制，不能同槽。配方可以一样，只是时间短至3～8s即可。

2.2.7 磷青铜

由于组成的原因，磷青铜工件在酸洗后表面常常会有一层雾状，影响外观品质。这时可以将工件在除油后，浸在纯硝酸中快速出光，然后洗清电镀。

2.2.8 铍青铜

铍青铜不要用阴极电解除油，否则容易渗氢，影响材料的使用寿命。可以用以下配方进行活化处理：浓硫酸30～35mL/L；醋酸30～35mL/L；双氧水40mL/L；在室温下浸3～5min，然后用纯硝酸出光，再清洗，电镀。

2.2.9 锌合金

锌是两性金属，既溶于酸，也溶于碱。因此，不可在强酸中酸洗，也不可在强碱中除油。在电解除油时，阳极电解除油时间一定要很短。抛光后的锌铸件形状复杂，抛光膏黏牢时，可以先放入热的有表面活性剂的溶液中软化，再用除蜡水溶解。

若用超声波更好。也可以用热浓硫酸将其氧化除去。注意:浓硫酸中不可以带入水。

锌合金由于容易压制,成本低,被广泛使用。一般锌合金电镀铜/镍/铬前处理主要工艺流程如下:

(1)方法一。热浸软化抛光的蜡油—超声波除蜡油—先阴极、后阳极电化学除油—弱酸浸蚀活化—氰化预镀铜(形状简单的锌合金压铸件可以用中性镍预镀)。

(2)方法二。零件形状简单、要求不高的产品也可以用工业硫酸(96%)、在60℃的条件下除去抛光膏(将之氧化除去)—先阴极、后阳极电化学除油—弱酸浸蚀活化—预镀氰化铜(或者预镀中性镍)。

(3)方法三。用有机溶剂除去抛光膏的蜡油。大型工件、附加值高的工件建议用此方法(之后的工艺流程相同)。

2.2.10 铝合金

铝非常活泼,是两性金属。铝合金制品要在弱碱性溶液中除油。建议使用以下配方。磷酸三钠:20g/L;碳酸钠:20g/L;非离子型表面活性剂:少量;温度:65～75℃;时间:油除干净为止。铝合金浸酸通常以硝酸为主。不同成分的铝合金应该使用不同的浸酸溶液,详见表2-1。

表2-1 不同铝合金的浸酸溶液

铝合金成分	酸溶液组成
纯铝	硝酸 20～50 vol%
铝铜合金	硝酸:氢氟酸为3:1
铝锰合金	硝酸 30 vol%,氟化氢铵 30g/L
铝镁合金	同上
铝镁硅合金	硝酸:氢氟酸为3:1
铝锌合金	硫酸 15vol%,双氧水 2vol%
铝铜硅合金铸件	硝酸:氢氟酸为3:1

注:这里vol%指体积百分比。例如:硝酸50vol%指硝酸:水为50%。

铝合金在空气中很快氧化,形成致密的氧化层。电镀时铝合金很容易过腐蚀,又很容易钝化,铝的标准电极电位为-1.66V,因此还很容易置换其他金属,造成电镀后种种故障。为了改变这些,必须改变铝合金表面的特性。浸锌、两次或多次浸锌是经典有效的办法。

浸锌溶液的基本组成和操作条件如下:

氧化锌:80～100 g/L;

氢氧化钠：400～500 g/L；

室温下搅拌 20～120 s。

铝合金在浸锌过程中，氢氧化钠先将其表面的氧化膜除掉，然后通过置换作用，铝合金表面形成一层薄的锌层。必须注意，温度不能高，否则结晶粗糙，锌层厚度增加，但结合力不好。有时为了确保浸锌层表面均匀，需要进行二次浸锌。即将第一次浸锌层用 50vol%硝酸溶解掉，水洗后再进行第二次浸锌。

随着技术的进步，很多企业已经使用多金属离子的浸锌液，所得膜层致密，结合力良好。有些甚至可以不进行氰化物镀铜，直接镀光亮镍。下面是改进后的多金属离子浸锌溶液的配方和操作条件，见表 2－2。

表 2－2　多金属浸锌溶液的配方和操作条件

名称及操作条件	配方 1	配方 2
氧化锌(g/L)	20	5
氢氧化钠(g/L)	120	100
氯化镍(g/L)		15
硫酸高铁(g/L)	2	2
酒石酸钾钠(g/L)	50	5
硝酸钠(g/L)	1	1
氰化钠(g/L)		3
温度(℃)	21～24	21～24
时间(s)	20～120	20～120
搅拌	需要	需要

铝及铝合金零件电镀铜、镍、铬前处理的主要工艺流程如下：

(1)方法一。热浸软化抛光膏蜡油—除蜡—超声波除蜡—热浸除油—弱腐蚀—除垢—浸锌—脱锌—第二次浸锌—预镀镍。

(2)方法二。用有机溶剂除去抛光膏的蜡油。大型工件、附加值高的工件建议用此方法(工艺流程相同)。

第三节　经特殊加工的工件要注意的事项

2.3.1 磁化过的工件

工件经过磨床加工、打磨等工序，有时会带有磁性。在溶液中，工件的磁性会吸住微小铁粒，电镀后产生毛刺。如何测试磁性？可以用工件吸大头针，若吸得动，就要进行退磁处理。（工件放置时间长了也会自然退磁。）

2.3.2 边角有毛刺的工件

工件边缘有毛刺、飞边锐角时，由于尖端放电的原理，电流会特别大，造成镀层烧焦、脆性，甚至脱落。这类工件必须整修方能电镀。

2.3.3 弹簧、簧片、压簧片

这类工件在电镀酸洗、电解时非常容易渗氢。渗氢部位容易脆断，所以酸洗时间要短，不要用阴极电解除油；电镀后要进行去氢处理。去氢可以在200～220℃条件下，烘90～120min。

2.3.4 在盐炉中淬火过的工件

这类工件在孔眼中常常有熔化后凝固的盐，要在水中煮一下，让盐充分溶解出来，再进行电镀。否则在除油、酸洗时凝固的盐难以除净，在电镀时会造成故障。

2.3.5 经过电火花加工的工件

电火花加工时，在边缘会产生一层坚硬、致密的氧化层，常规的电镀前处理，难以除去，从而造成无镀层，起壳、这类工件如果采用硝酸、盐酸、硫酸混合液处理，容易造成零件的过腐蚀，甚至损坏零件的力学性能。必须进行特殊处理，除去这层氧化皮。方法如下：

先将氧化层中低价的氧化物氧化成高价疏松的氧化物。可以用下列配方：

高锰酸钾：50～60 g/L；

氢氧化钠：70～80 g/L；

温度：60～70 ℃；

时间：10～60 min。

然后将经过上述处理后的镀件用盐酸，乌洛托品（缓蚀剂）在加热的条件下浸蚀处理。

没有经过机械打磨的大中型钢铁镀件同样可以用这种方法除去特殊的氧化膜。

2.3.6 用热轧钢板制成的工件

这种工件表面有比较厚的氧化皮，切割后边缘却露出活性的基体。酸洗时，表面氧化皮未能除去，边缘却已经过腐蚀，甚至严重渗氢。最有效的办法是先用打磨、滚光等机械方法除之，然后在冷盐酸中加3～5g/L乌洛托品除锈活化。

第三章　电镀前处理

第一节　除　油

镀件表面一般经过各种加工处理，表面残留抛光膏或者油污。抛光膏（或抛光液）一般是由动物油、脂肪酸和蜡组成。抛光膏要用除蜡水溶解，或者用强氧化剂（例如浓硫酸加热）除去。除去抛光膏的零件，表面依然吸附少量的油，也要除去。按化学性质油可分成皂化类油和非皂化类油。动植物油可以用碱除去，与碱起反应，分解成溶于水的脂肪酸盐（肥皂）和甘油，这类油称为皂化类油；矿物油（如汽油、润滑油、凡士林等）不会与碱反应，也不溶于水，可以用表面活性剂除去，这类油称为非皂化油。由于两类油的化学性质不同，除油的方法也不同。

3.1.1 有机溶剂除油

一般工件表面油污不多，没有必要使用有机溶剂除油。有机溶剂除油的优点是速度快、操作简便、对金属基体不会产生化学反应，对锌、铝合金可以减少在碱溶液中除油的时间，从而避免工件腐蚀。有机溶剂除油比较适合油封的工件、形状比较复杂的工件，以及油污在多孔、多缝中结牢的工件。使用有机溶剂除油之后，工件表面会吸附少量的油，还要进一步用化学法或者电化学法清除干净。

当然，有机溶剂除油也有缺点：有刺激气味（注意劳动防护）、费用高、容易燃烧，必须采取一定的防范措施。常用有机溶剂的部分物理化学常数见表 3－1。

表 3－1　常用有机溶剂的部分物理化学常数

物理化学常数	三氯乙烯	四氯化碳	氟里昂113	四氯乙烯	苯	二甲苯	200 号溶剂油
沸点（℃）	85.7～87.7	76.7	47.6	121.2	78～80	136～144	145～200
密度（g/cm^3）	1.465	1.585	1.572	1.62	0.88		0.78

3.1.2 化学除油

化学除油是利用碱与动植物油污进行皂化反应，利用表面活性剂的乳化作用、洗涤作用与矿物油污进行洗涤和乳化反应，从而达到除去油污的目的。但是对于在孔眼、缝隙、凹部嵌入的黄油、抛光膏，无法清除干净，尤其是僵硬的抛光膏很难去掉。形状复杂、黄油较多的工件有必要使用有机溶剂除油，或者人工擦洗。化学除油时尽可能不要用水玻璃（硅酸钠），虽然水玻璃除油效果不错，既有皂化作用，又有乳化作用，但如水洗不清在酸洗时会产生难溶解的“硅胶”，从而影响电镀质量。化学除油时氢氧化钠的浓度不宜太高，尤其在温度高的条件下，否则工件表面会吸附一层很牢固的碱膜，酸洗时未必能清除干净，这会导致镀层花斑、结合力差等故障（当氢氧化钠浓度过高，温度又高，甚至会在零件表面呈现一层棕褐色的膜，如钢铁发蓝似的）。如果化学除油的浓度过低，或者温度过低，时间太少，工件表面的油会扩张形成“冰花”，电镀后造成镀层花斑。即使使用常温除油剂，温度也应该在 25℃以上。升高温度可以提高皂化和乳化反应速度，提高皂化反应产物的溶解度，加快乳化反应后的扩散，从而加快除油速度。温度过高碱雾蒸发，污染环境，浪费能源，这也是不可取的。在化学除油时，使用超声波是常用的手段，尤其是黏有抛光膏的工件，在除蜡水中配备超声波，效果很好。超声波引起的“空化”，产生强烈的冲击波，可以将工件孔、缝中的油污赶出来，从工件表面除去。在使用超声波时，要注意时间不要太长，频率不要太高，尤其是钢铁工件、锌合金压工件、铝合金压工件、铜合金压工件，如果时间太长，频率太快会使这些工件表面孔眼放大，经光亮电镀后，看上去镀层表面细麻点增多。这种现象常常会误以为是镀液弊病，其实只要调整超声波应用时间和频率，就可以解决问题。常用化学除油的配方及操作条件见表 3-2。

表 3-2　常用化学除油的配方和操作条件

名称及操作条件	钢铁件	铜及铜合金	锌及锌合金	铝及铝合金
氢氧化钠(g/L)	30	5～10		
磷酸三钠(g/L)	60～70	35～45	20～30	25～35
碳酸钠(g/L)	40～50	35～50	10～20	5～10
OP 乳化剂(g/L)	3～5	3～5	3～5	3～5
温度(℃)	65～80	65～80	50～60	50～60

3.1.3 电化学除油

阴极电解除油比阳极电解除油效果要好。这是因为同样的电量在阴极上产生的氢气是阳极上产生的氧气的两倍，有更多的气体冲击工件的表面，从而达到除油的目的。阴极除油的缺点是氢原子半径小，如果滞留在镀件表面，容易渗入工件晶格，造成渗氢，电镀后引起镀层氢脆，甚至导致镀层豉泡；另外，阴极除油的缺点是当除油溶液中积累较多金属离子，工件表面还会析出海绵状物质，从而影响电镀质量，所以使用单一的阴极除油是不可取的。

阳极电解除油在工件上析出的原子氧半径较大，不会渗入工件晶格，所以不会渗氧，也不会在工件上沉积产物。但是有色金属容易被阳极刻蚀，溶液中如果碱不足，或者氯离子较多，钢铁工件也会被刻蚀。温度低、电流大的时候刻蚀更严重。一般说来，先阴极后阳极电化学除油是可取的。不主张同槽换向使用除油电解槽。对于有色金属工件先阴极后阳极除油，阳极除油的时间要短。一般在几秒，多则十秒即可。电化学除油要有温度，一般不低于50℃。对于阳极电解除油，温度低，更容易造成工件“刻蚀”。不赞成在电化学除油中使用“水玻璃”。现在表面活性剂种类很多，乳化作用更好，只要选择水洗性好的表面活性剂，少加点，一般不会影响后道电镀。如果后道工序担心洗不干净，电化学除油不加表面活性剂也是完全可以的。在电化学除油后，室内气温低时最好用热水洗涤。因为皂化和乳化反应后的产物在遇到冷水时会凝聚在工件表面，很快硬化，不容易清洗。在电解槽和清洗槽的液面要及时清除污物，以免工件出水时黏附在其表面。如果使用表面活性剂，在第一道水洗槽上面，最好开一道扁扁的溢水口，以使液面的泡沫及时溢出。液面的油污泡沫黏附在零件上是导致电镀故障的元凶之一，一定要引起足够的重视。使用电镀自动线时常容易忽视这个问题。

随着对于环境问题的重视，为减少磷污染，不少供应商推出无磷除油产品。目前已经得到一定的应用，预计应用面还会逐步扩大。电解除油溶液中不加络合剂有利于废水处理，这点也开始引起重视。常用电化学除油的配方及操作条件见表3-3。

表3-3　常用电化学除油的配方及操作条件

名称及操作条件	钢铁件	铜及铜合金件	锌及锌合金件
氢氧化钠(g/L)	25～35	8～12	2～3(或不用)
磷酸三钠(g/L)	40～60	25～35	20～30
碳酸钠(g/L)	30～40	20～30	20～25
温度(℃)	55～65	50～60	45～50
电流密度(A/dm^2)	8～10	5～8	5～6
在阴极上时间(s)	60(或不用)	60～180	30～90
在阳极上时间(s)	180～300	3～8	2～3

随着环保要求的提高，无磷、无络合剂的电解除油产品已经面市。例如，安美特化学有限公司推出“裕意坚U-ES2(DR)”电解除油。

第二节 除 锈

用酸除去工件的锈斑，使工件基体裸露、活化，是必要的工序。用酸浸蚀时要注意以下几点：

3.2.1 必须先清除油污

酸是不能除去油污的。有油污覆盖的锈斑无法与酸反应除去，油污却会污染酸洗溶液。所以工件必须先清除油污，再除锈。

3.2.2 必须清除焊渣

焊渣比较厚实，主要成分是四氧化三铁。这种氧化物在酸中极难溶解。若在强酸中浸泡时间长，四氧化三铁溶解了，零件的其他部位就可能过腐蚀，甚至渗氢。所以在酸蚀前，应先用尖锥敲去焊渣。焊渣较脆，容易敲击剥离。或者参照经电火花加工的零件做特殊处理，再进行除锈。

3.2.3 必须清除焦糊物

有的工件未经除油就进行热处理，进行焊接，油污成了焦糊物，裹拌着四氧化三铁、三氧化二铁等氧化物，用常规的酸蚀难以除去。这时应该先进行氧化处理，使表面这层物质疏松、多孔。氧化处理的工艺如下：

高锰酸钾：50～70 g/L；

氢氧化钠：80～100 g/L；

时间：5～10 min；

温度：60～80 ℃。

经氧化处理的零件就可以进行正常的除锈工序。零件表面有轻度的焦糊物，面积不大，也可以用水砂皮打磨除去。除去焦糊物再除锈，与不除去焦糊物就除锈的效果完全不一样。

3.2.4 防止渗氢

钢铁零件在除去氧化膜时，酸也会与基体反应析出氢，氢滞留在零件表面，因为半径很小，容易造成渗氢。防止渗氢可以控制浸酸的时间，但更有效的办法是在酸溶液中添加缓蚀剂。缓蚀剂基本上不影响酸与氧化物的反应，但可以大幅度减缓酸与钢铁基体的反应，从而减少氢的生成。在盐酸中可以用乌洛托品作缓蚀剂；在硫酸中可以用硫脲作缓蚀剂。缓蚀剂不要加太多，一般 3～8g/L 就可以了，过多会影响除锈速度。另外，还应该加点表面活性剂，降低溶液的表面张力，使氢滞留

困难，这样就不容易渗氢了。

若氧化皮比较厚、比较致密，浸酸前要加以松动。松动可以在高温条件下，在碱性发蓝的溶液中进行。松动后的氧化皮，浸酸后就容易除去了。

3.2.5 浸蚀后清除表面挂灰

钢铁零件如果含碳量偏高，用酸浸蚀后，有时工件表面会有一层挂灰，这种现象在用硫酸浸蚀时更容易见到。这层挂灰是碳酸铁，它不溶于盐酸，不溶于硫酸，但溶于硝酸。只要在浓硝酸中漂洗一下，即可除去。挂灰不清除，将影响镀层结合力，也会造成镀层发花等故障。

3.2.6 酸浸蚀过的工件要做好防锈处理

酸浸蚀过的工件表面呈活性状态，若不及时电镀，又会被空气氧化，出现锈迹。所以一定要做好防锈处理，防锈处理可以浸泡在除油液中，最好浸泡在碱性防锈液中。防锈液常用亚硝酸钠，或是三乙醇胺(后者较贵)。在碱性条件下，用亚硝酸钠15～20g/L；或者用三乙醇胺8～10mL/L即可。

另外，有一些单位使用热酸加缓蚀剂、加表面活性剂配方，达到除油、除锈的目的，也可以得到很好的效果。有人称之为除油除锈一步法，目前也有一定的应用。

第四章 镀 铜

镀铜溶液的种类很多，有氰化镀铜、硫酸盐光亮镀铜、焦磷酸盐镀铜等。对于钢铁、锌合金等零件，铜镀层属于阴极性镀层，不会自身溶解，保护基体防腐蚀。人们常常用镀铜来预镀打底；用镀铜做中间层，较厚的中间层可以隔离基体与外界的接触，起到防腐蚀作用。另外由于光亮剂的作用使铜镀层光亮、整平、饱满，增加零件表面的装饰性，同时还节省了镍。镀铜可节约镍（即厚铜薄镍），提高外观装饰性，应用广泛，是非常重要的镀种。

第一节 氰化镀铜

氰化镀铜常常用来作钢铁零件的预镀。由于氰化物的络合作用，可以大大降低铜离子的有效浓度，防止钢铁零件、锌合金零件与镀液中的铜离子发生置换反应。氰化镀铜溶液有一定的除油作用，镀层与基体的结合力很好。

4.1.1 常用氰化镀铜的配方及操作条件

常用配方和操作条件见表 4－1。

表 4－1 常用氰化物镀铜的配方和操作条件

名称及单位	配方 1	配方 2	配方 3
氰化亚铜(g/L)	8～30	30～45	35～45
氰化钠(g/L)	12～50	40～60	50～65
酒石酸钾钠(g/L)		30～45	30～45
硫氰酸钾(g/L)			8～12
氢氧化钠(g/L)	5～10	10～20	8～15
碳酸钠(g/L)		25 左右(或不加)	25 左右(或不加)
温度(℃)	18～45	45～50	45～50
阴极电流密度(A/dm^2)	0.2～1.5	1～2.5	0.5～2

注：

①配方 1 适用于预镀铜；

②配方 2 适用于一般镀铜或防渗碳镀铜；

③配方 3 适用于一般镀铜或滚镀铜。

4.1.2 镀层结合力不好

通常在钢铁基、铜基、锌基上直接镀氰化铜就应该有良好的结合力。但是在实际生产中，结合力不好的现象时有发生。这种现象大多数是前处理原因，也有氰化镀铜溶液的原因。

1. 氰化镀铜溶液的原因

(1)游离氰化钠含量太低。由于游离氰化钠含量太低，在阳极周围可以看到蓝色的二价铜离子。钢铁工件在入槽没有通电时，二价铜离子被工件中的铁、锌置换析出，这层置换铜疏松地附着在工件表面，在置换层上加厚的铜层与基体的结合是不牢固的。有时游离氰化钠含量太少，铜阳极的面积又小，必须开大电流才能镀上铜。但电流开大了，电位高了，阴极工件上析出物多了，各种杂质也容易吸附在零件表面上，这些因素都会造成结合力不良。

(2)溶液中被六价铬污染。镀过铬的挂具没有清洗干净(而六价铬又很容易钻进挂具的绝缘体里)，将六价铬带入氰化镀铜溶液中，六价铬积累多了就会影响镀层结合力。带入六价铬的途径，还要注意铬雾，尤其是夏天，排风很容易将铬雾带入溶液。有时用废铬液擦洗阴极杆，没有擦干，也是一种带入六价铬的途径。

(3)溶液中带入过多表面活性剂。溶液中的表面活性剂可以因除油工序、酸洗工序带入，也可因添加抑雾剂带入，或因劣质化工原料等带入。表面活性剂积累量多了，吸附在工件表面，如未能清洗干净，再镀其他镀层就会造成结合力不好。氰化镀铜前、后道的漂洗水表面若有泡沫油污(因表面活性剂而形成)黏附在工件上，也会造成结合力不好。

2. 前处理原因

电镀前除油不彻底、工件表面黏附油污，这些都会影响镀层的结合力。浸酸溶液太稀或者浸蚀时间太短，工件表面氧化物未能彻底清除；或者除油时碱含量太高，温度也高，工件表面产生一层黑色氧化膜，在酸洗时未能除清这层黑色氧化膜，会引起结合力不好。

在酸活化溶液中带入铜、铅等杂质，活化时工件表面产生置换层，若不用阳极电解处理，再镀氰化镀铜也会造成结合力不好。

3. 特殊基体镀前处理原因

特殊基体的问题在前面已经讲过，这里讲些个例。例如锌合金、锌-硅合金，应该用2%氢氟酸活化，如果工件上有碱膜，氢氟酸是弱酸，不一定清除得干净，这时活化液中要加点硫酸，硫酸是强酸，可以彻底清除碱膜。锌-铜-硅合金，一定要再加2%～3%的硫酸，否则活化不彻底，会引起镀层结合力不好。

钢铁件一般用盐酸或者硫酸活化，盐酸的活化作用更好一些。但含钼和铌元素就不宜用盐酸活化，以硫酸活化为好。总之，前处理不当，尤其是酸活化不好，就会造成结合力不好。对于特殊基体，要搞清楚成分，搞清楚基体牌号，以便采取相应措施。

4.1.3 镀层粗糙，色泽暗红

1. 溶液原因

(1)游离氰化钠含量太低。正常情况下，氰化镀铜镀层结晶细致，呈均匀粉红色，略有光泽。如果溶液中游离氰化钠太低，就会出现镀层粗糙、色泽暗红的症状。游离氰化钠含量太低时，阳极溶解差，会析出较多气泡，可以看见蓝色的二价铜离子；若取出阳极，其表面有灰色膜。阴极上析出气泡较少，镀层粗糙，色泽暗红。这些现象很容易判断是镀液中氰化钠少了。补充氰化钠至工艺范围，并与氰化亚铜含量匹配，便立竿见影，恢复正常。

(2)溶液中有锌或六价铬或有有机杂质(除去方法见后)。

(3)溶液中碳酸盐积累过多。碳酸盐除了来自配制时加入外(有的配方中含有碳酸盐，是为了增加导电作用)，还来自镀铜时氰化钠的分解积累。镀液使用时间长，碳酸盐积累量自然就多。判定积累量是否过多，可以取 100mL 镀液，加热至 50℃，然后加入 9g 无水氯化钙，激烈搅拌，使反应完全。待白色碳酸钙完全沉淀，取上面清液，在其中加入少量氯化钙溶液，若还有白色的碳酸钙沉淀，说明原来镀液中碳酸盐积累过多。有两种除去方法：一是冷却镀液，使碳酸盐结晶析出(碳酸盐在温度低的条件下，溶解度小，优先析出)。二是加入氢氧化钙，使过多的碳酸盐生成碳酸钙沉淀，过滤除去。少量碳酸盐有导电作用，不必完全除去。

2. 工艺条件原因

镀液的温度太低，或者阴极电流密度太大，都会造成镀层粗糙、色泽暗红。有时阳极面积太小也会出现这种现象，这是因为电流密度特别大所造成。

3. 其他原因

电镀工件基体粗糙、多孔。例如：电镀钢铁铸件时，容易出现镀层粗糙、色泽暗红。这时不要误以为是镀液问题，钢铁铸件一般不适合使用氰化镀铜预镀。若要电镀，应该提高铜的含量，温度适当提高，提高阴极电流密度。

4.1.4 针孔

1. 溶液原因

氰化镀铜有时也会产生针孔。只是因为常常用作打底，镀层薄，不容易被发现。由于溶液造成的针孔主要原因有：

(1)溶液中带入较多的油或者有机杂质。从前道工序带入的油，添加的表面活

性剂(如抑雾剂、光亮剂等)分解产物。这些杂质如果吸附在工件表面,使其表面张力增大,造成析出的氢气在该处滞留,产生针孔。由于这些杂质密度比较小,这类针孔常常出现在工件向下的表面,或者靠近液面的工件表面。

(2)镀液中铜含量过低,或者游离氰化钠含量太高。铜含量低,或者氰化钠含量高都会降低阴极电流效率,阴极上析出大量的氢。若工件与溶液界面张力足够大,氢气就会在镀件表面滞留,产生针孔。通过分析可以很容易确定其含量,调整铜的含量,调整游离氰化钠的含量。有经验的师傅从阴极产生大量气泡,铜沉积的慢,结晶过于细致也可以确认这一针孔的原因。

2. 其他原因

产生针孔主要还有其他两个原因:

(1)阴极电流密度过大。在氰化物镀液中,阴极电流效率随着阴极电流密度的增大而降低。当阴极电流密度过大,阴极上析出的氢气大大增加,只要工件与溶液界面张力稍大,氢就有机会滞留,就有可能产生针孔。当阳极面积太小,面对的阴极电流密度相当大,同理,也可能在此部位产生针孔。

(2)镀件基体粗糙、多孔。因为零件基体粗糙多孔,前道工序的油污、杂质、漂洗水上面的污物都会渗入基体孔隙,电镀时再渗出来,影响铜的沉积,有利于氢的析出和滞留,从而产生针孔。

4.1.5 沉积速度慢,深镀能力差

1. 溶液原因

主要是游离氰化钠过高,或者溶液中带入了六价铬。游离氰化钠过高,阴极电流效率下降,在工件上析出大量的氢气(肉眼明显看到这种现象)。铜的沉积受到排斥,速度很慢,有时甚至镀不上铜。在电流小的部位,铜更不容易镀上,深镀能力自然就差。溶液中带入六价铬也会造成这种故障。另外,溶液中碳酸盐积累过多,会造成阳极上产生灰色的钝化膜,而且影响导电,阴极电流密度变小,造成沉积速度慢,深镀能力差。

2. 其他原因

其他原因主要是阴极电流密度太小,阳极钝化,或者阳极袋被杂质堵塞,电流难以通过。后两种因素也导致阴极电流密度变小。电流密度小了,自然沉积速度慢,深镀能力差。什么因素会导致阳极钝化呢?溶液中游离氰化钠含量太低(配方中不添加酒石酸钾钠,或含量也低),镀液温度太低,阳极面积太小,或者阳极袋被杂质堵塞都会造成阳极钝化。

一般来说,氰化镀铜可以不用阳极袋。若用阳极袋,请注意疏密度,不要过密。

4.1.6 氰化镀铜溶液中杂质的影响及去除——铅和锌的影响及去除

1.影响

少量的铅(0.015～0.03g/L)有光亮作用,若达到0.08g/L,就会造成镀层粗糙,有脆性。锌杂质在0.1g/L以上,使镀层产生条纹,色泽变暗。若含量高到一定程度,镀层会略带黄铜色。

2.去除方法

两价铅离子和两价锌离子都能与两价硫生成难溶的硫化物沉淀,所以可以用硫化钠处理。需要说明的是,溶液中的铜离子也会与硫化钠生成硫化铜沉淀,颜色与硫化铅一样,也是黑的。因为溶度积关系,铅离子的沉淀比较容易,铜离子也会损失一些。所以,当加入硫化钠时,有黑色沉淀不一定就是铅的沉淀物。要确认溶液中是否有铅,可以做以下试验:取一支试管,注入10mL镀铜液,加热至60℃左右,加入10%氰化钠2mL,摇匀,再加入5%的硫化钠2mL,若有黑色沉淀,确认是硫化铅,表明镀铜液中有铅离子。假如生成的沉淀为白色,那么镀液中有锌杂质,没有铅杂质。若沉淀为灰黑色,那么既有铅杂质,又有锌杂质。

具体去除步骤如下:

(1)将镀液加温至60℃,以加速沉淀反应,促使沉淀颗粒粗大,利于沉淀和过滤。

(2)调整游离氰化钠至工艺范围,在搅拌下每升加入0.2～0.4g硫化钠(具体用量视杂质含量多少而定)。

(3)每升加入1～2g活性炭,搅拌20～30min,静置充分,过滤。

(4)调整镀液成分后,即可试镀。

另外,少量的锌杂质可以加入适量的硫氰酸钠进行掩蔽,也可以用小电流密度(0.1～0.5A/dm^2)电解除去。

4.1.7 氰化镀铜溶液中杂质的影响及去除——六价铬的影响及去除

1.影响

六价铬危害很大。镀液中仅含0.3g/L就影响明显。它会使镀层色泽变暗,产生不均匀条纹,降低结合力,产生气泡、脱皮等,还会造成镀层脆性,降低阴极电流效率,甚至镀不上铜。

2.除去方法

六价铬氧化能力较强,可以用还原剂将它还原成三价铬,用OH^-沉淀三价铬(生成氢氧化铬沉淀)过滤除去。常用保险粉作还原剂。为了彻底除去六价铬,常常多加些保险粉。

具体除去方法如下:

(1)将镀液加热至60℃(为加快氧化还原反应速度,并且有利于氢氧化铬沉淀)。

(2)在搅拌下,每升溶液加入0.2～0.4g的保险粉(具体视六价铬的量而定)。

(3)保温,继续搅拌20～30min,趁热过滤。因为溶液冷却,氢氧化铬沉淀会转化成亚铬酸根扩散到溶液中去,无法过滤除去。

(4)若镀液中含有酒石酸盐,它能与三价铬形成水溶性的络合物,不能过滤除去。这时再向镀液中每升加入0.2～0.4g茜素,使三价铬与茜素络合,再用每升3～5g的活性炭吸附除去这种络合物和过量的茜素。(茜素很贵,因此含有酒石酸钾钠的氰化镀铜溶液要尽量避免六价铬的带入。有的企业都是镀铬产品,在氰化镀铜时就不加酒石酸钾钠,而是适当提高氰化钠的含量,使用温度偏高的操作条件,多挂铜阳极,这样也可以保证铜阳极的溶解。)

(5)静止,待沉淀完全,过滤除去沉淀物。

4.1.8 氰化镀铜溶液中过量碳酸钠的影响及去除

1.影响

适量的碳酸盐是有益的。它有导电作用;在pH=10.8～11.5时,还有缓冲作用;能够稳定溶液的pH;还能降低阳极极化,促进阳极溶解。在生产过程中,氰化钠被氧化(被阳极、被空气中的氧气氧化),氢氧化钠和空气中的二氧化碳作用都会生成碳酸盐。碳酸盐累积含量逐渐升高,当碳酸钠的含量超过80g/L,或者碳酸钾的含量超过100g/L,溶液的电阻反而增大,阴极电流效率下降,工作电流密度范围缩小,阳极钝化,镀层孔隙率增多,甚至镀层粗糙、疏松。

2.除去方法

主要有两种。

(1)冷却法:根据碳酸钠的溶解度随着温度的降低而降低的原理,将镀液的温度降至0℃左右,碳酸钠结晶析出。这样可以将碳酸钠的含量降低至允许范围之内。有经验的师傅每年冬天将镀液置于室外,冷却结晶,是个好方法。在气温不够低,可以把冰块放在桶里,将桶浸在溶液中,将桶外结晶的碳酸钠不断清除,减少碳酸钠的累积,以便维持正常生产。

(2)化学法:根据碳酸钙和碳酸钡的溶解度比较小,可以向镀液中加入氢氧化钙或者氢氧化钡,使碳酸根沉淀除去。具体方法如下:①将镀液加温至60～70℃;②在搅拌下,加入计量氢氧化钙(或氢氧化钡,下同);③搅拌30min,静置,沉淀完全后过滤。

这里要注意的是:①碳酸盐不必完全除去,在工艺范围就好;②反应会带入氢氧根,碱度升高,可以挂不溶性阳极电解调整;③若用石灰(碳酸钙)作沉淀剂,要注意石灰的质量,以防带入其他杂质。化学方法不常用,因为阳极电解,调节碱度时会损耗氰化钠。

4.1.9 氰化镀铜溶液中有机杂质及油的影响及除去

1.影响

油和有机杂质都会使镀层产生针孔,影响结合力,甚至使镀层脱皮、起泡。

2.除去方法

氰化镀液不能用氧化剂或酸处理,否则会破坏氰化钠。用酸还会产生剧毒的氰化氢气体,直接伤害操作工人,所以只能用活性炭吸附除去。为了提高效果,除油时可以加适量乳化剂(不能多加,且大多数人不赞成加乳化剂,宁愿多加些活性炭)。待活性炭吸附后,沉淀完全,过滤,即可试镀。

第二节 硫酸盐光亮镀铜

硫酸盐光亮镀铜,通常叫做酸性光亮镀铜。这是一个应用非常广泛的工艺。其光亮剂的种类繁多,但是不外乎三大种类型,通常以 A、B、C(或者叫 MU)来区别。这种工艺现在不仅用于挂镀,也应用于滚镀(或摇镀)。硫酸盐光亮镀铜镀层光亮整平,饱满美观,可以大幅度提高产品的外观档次,可以减少镀镍层厚度,是"厚铜薄镍"(节约镍,降低电镀成本)非常重要的镀种。

4.2.1 电镀硫酸盐光亮镀铜前的预镀

钢铁零件及活泼金属(锌合金、铝合金等)不能直接镀酸性光亮铜,这是因为这些金属的标准电极电位较低(铁为−0.44V;锌为−0.76V;铝为−1.66V),而铜的标准电极电位为+0.34V。这类零件进入镀铜溶液很快会发生置换反应,在零件表面产生一层置换铜,而这层铜与零件的结合力是不牢固的。因此通常情况下,钢铁零件以及活泼金属零件在镀酸性光亮铜前,需要预镀氰化铜、预镀镍或者中性镍(现在也有预镀其他络合物铜,在之后的章节中介绍)。对于管状钢铁零件要镀酸性光亮铜,可以强化前处理后镀冲击镍(在管内实质上是化学镀镍层)。

另外,有一种化学浸铜也可以试用。工艺配方及操作条件如下:

硫酸:60~80g/L;硫酸铜:40~50g/L;丙烯基硫脲:0.15~0.25g/L;温度:室温;时间:1~2min。

操作方法:

(1)仅为单层镀铜时,经除油酸洗合格(铁零件表面必须完全活化)水洗后立即浸入浸铜液内 1~2min,后经水洗便可直接进行酸性光亮镀铜。

(2)酸性光亮镀铜作为镍—铜—铬或者镍—铜—镍—铬装饰性镀层的中间层时,则可以先进行预镀,水洗后浸入浸铜液内 1~2min。(这样管内就有了一层结合力良好的化学铜层,避免了以后镀酸性光亮铜时管内壁发生结合力不好的置换反应。如果管内置换铜掉下来,会污染镀液,造成毛刺。铁离子还会影响镀液性能。)然后经水洗后再按正常工艺镀铜—镍—铬。

注意:

(1)浸铜液的温度。温度低于10℃,置换反应明显减慢,置换铜层为灰暗色;温度高于30℃时,丙烯基硫脲的分解速度随之加快,浸铜层较粗糙;如果温度高了,丙烯基硫脲的含量要相应提高。否则难以保证浸铜层的质量。

(2)丙烯基硫脲对铜离子有一定的络合作用,在浸铜置换反应中,可以控制铜离子,从而得到均匀、致密、结合良好的铜镀层。其使用含量较宽,0.05~2g/L均有效。

(3)定期分析硫酸、硫酸铜含量,并及时补充。注意观察浸铜溶液颜色,正常时应为绿蓝色。当溶液内丙烯基硫脲不足时溶液呈深蓝色;过量时溶液呈草绿色。从置换铜层的颜色也有助于判断:正常时铜层中带微金黄色;呈红色则丙烯基硫脲含量不足;呈灰暗色则丙烯基硫脲过量。

(4)在使用过程中,铁离子逐渐增多,去除铁离子尚无经济可靠的办法;而铁离子对铜的置换速度有较大的阻滞作用;另外,浸铜液使用时间长了,油污的积累也会影响置换铜的效果,会发花、变暗,影响置换层结合力。在不能保持置换铜层质量时,必须更换溶液。

目前使用较多的,还是预镀氰化铜或者预镀镍。这些都是成熟工艺,有确定性。为了镀好酸性光亮镀铜,酸性光亮镀铜的前道工序预镀是很重要的。

4.2.2 常用硫酸盐光亮镀铜配方及操作条件

常用的硫酸盐光亮镀铜配方及操作条件见表4-2。

表4-2　常用硫酸盐光亮镀铜配方及操作条件

名称及单位	挂镀	滚镀(或摇镀)
硫酸铜(g/L)	160~220	120~160
硫酸(g/L)	55~85	70~90
氯离子(mL/L)	50~100	80~120
光亮剂A(mL/L)	GB—A:0.3~0.6	GB—6—A:0.3~0.5
光亮剂B(mL/L)	GB—B:0.3~0.6	
光亮剂MU(mL/L)	GB—MU:3~5	GB—6—MU:3~5
温度(℃)	18~40	12~24
阴极	电流密度(A/dm^2):1~7	电压(V):3~8
阳极	磷铜(0.03%~0.06%磷)	磷铜(0.03%~0.06%磷)

注：

①挂镀使用时镀液需要空气搅拌；连续循环过滤。

②阳极需要用阳极框，外用涤纶布袋。

③本配方中的GB光亮剂是合肥宝德龙表面处理有限公司产品。

4.2.3 针孔和麻点

针孔和麻点在酸性光亮镀铜中常见。严格讲针孔和麻点是一回事，只是程度不同，针孔深一些，常有氢气滞留，有时可以看到“尾巴”；而麻点浅一些，没有氢气滞留，或者滞留时间很短，没有“尾巴”。造成针孔、麻点的原因很多，下面就可能产生的原因按工序分析如下：

1. 前道工序

前道工序主要是指前处理、预镀。前处理时，如果除油槽中油比较多，或者油和泡沫一起漂在液面，工件出槽时黏附上面，在后道清洗、活化、预镀时都没有彻底清除，那么在镀酸性光亮铜时就会导致针孔或麻点。因此，在镀酸性光亮铜的前道工序的液面上，都不可以有油污漂浮，这一点很值得重视。

无论用氰化预镀铜或预镀镍，本身都会产生针孔或麻点，只是因为镀层薄，针孔或麻点的程度不明显，容易被忽视。但是，一旦再镀酸性光亮铜，针孔或麻点就会比较明显。在处理这一故障时，要排除前道工序的因素，要分清是前处理问题，还是预镀的问题。

2. 溶液因素

主要是光亮剂的因素。A剂由多种中间体组合而成，有的中间体品质不好，或者溶解性不好，或投入过多都会造成细麻砂状。有时补充一些C剂，会有效。但若是品质实在不好，补充C剂也很难解决问题，必要时要更换光亮剂。好的光亮剂A若加多了，也会出现这一现象。可以先补充C剂，若还有细麻砂，则说明A剂太多，应该用活性炭吸在过滤机上，循环过滤，吸附掉过量的光亮剂。若没有彻底解决，则可考虑加入0.05～0.1mL/L双氧水，继续用吸了活性炭的过滤机循环过滤镀液。C光亮剂缺少很容易出现这类故障。C剂组分中有表面活性剂，可以降低界面张力，阻滞氢的滞留，减少或消除细麻砂。所以根据经验，使用C剂，有时使用其上限是必要的。过量的C剂也会出现其他问题，例如镀层发雾，甚至会有一层有机膜，造成以后镀镍时产生镀层发雾，甚至引起结合力问题。

此外，溶液中硫酸太低也容易出现这种故障，这种因素比较少见。

3. 阳极因素

酸性光亮镀铜用的是含磷铜。一般含磷量在0.1%～0.3%.（现在品质好的磷铜含磷量更少，但更均匀）品质不好的磷铜，结构疏松，含磷不稳定、不均匀，不能很好地吸附在铜体上，很容易脱落下来，有的部位甚至没有磷。这种磷铜阳极很容易造成麻点和毛刺。酸性光亮镀铜的阳极应放在阳极框内,阳极框应该用防酸布套好。防酸布的疏密应恰到好处,使铜离子等容易通过,而"铜粉"不能通过,铜、磷的粒子更不能通过。同时,防酸布不能太厚,太厚会影响铜离子的迁移(建议用涤纶布,型号:747)。

4.2.4 镀层发雾、发花

1.光亮剂原因

市面上酸性光亮镀铜光亮剂繁多。有些品质不好,有些 A、B、C 剂中,各种中间体配比不当。镀一段时间,消耗量与补充量不精准匹配,某些中间体积累过多,就会出现镀层发雾、发花。有时镀铜时看不出,再镀镍,就出现了,甚至还会脱皮。因此,一定要选用好的光亮剂。

即使好的光亮剂,如果添加不当,例如 B 剂、C 剂加入过多,镀层也会出现发雾、发花。要根据自己电镀的产品,逐步摸索各种光亮剂准确的消耗量,供应商推荐的消耗量只能作参考。

实际生产中出现这一故障,可以用活性炭吸附在过滤机上,循环过滤镀液,必要时少加一点双氧水(通常可以不用加)。一般循环抽滤三次镀液,可以消除这种现象。

如果镀液使用很长时间,又没有好好维护,很久没有大处理,那么,光亮剂的分解产物和带入的有机杂质积累过多,也会造成镀层发雾,发花。这时,应该考虑用双氧水,活性炭大处理镀液。

2.溶液中氯离子过多,铁杂质过多,带入的油污较多

(1)氯离子。溶液中有一定量的氯离子是必要的,以 70~80mg/L 为好,一般不要超过 120mg/L。过多氯离子(≥120mg/L)容易造成镀层发雾,有条纹状。过多的氯离子通常可以用锌粉除去,但是过多的锌离子带入镀液是不利的;最好用市售去氯剂除去。判断氯离子是否过多,可以观察阳极。若阳极表面有一层白色的膜,则说明氯离子高了(注意,劣质的活性炭也会带入氯离子)。

(2)铁杂质。过多的铁杂质会造成镀层发雾。用酸性光亮镀铜来镀钢铁管状零件,管内的铁被铜离子置换下来;零件形状复杂,预镀层未能完全覆盖;经常有钢铁零件坠入槽中,又未能及时取出,零件的铁原子被铜离子置换出来。这些都是带入铁离子的因素。过多的铁离子污染的镀液,可见溶液发暗,呈蓝黑色。如果铁离子浓度很高,去除成本太高,可选择报废镀液。

(3)溶液中带入油污。前处理或者前道工序(前道漂洗水液面),都会给镀铜液带入油污,除去方法见"针孔和麻点"一节。值得强调的是,酸性光亮镀铜对油污特别敏感,用手摸过的零件,也会发花,所以要特别注意这个问题。

3. 阳极

阳极面积太小或短缺也会造成镀层发雾，这是因为局部电流过大造成的。

4.2.5 低电流密度区不亮

1. 光亮剂原因

品质不好的光亮剂低区走位不好，只能舍弃。好的光亮剂如果 A 剂含量少了，会低区不亮；C 剂过少同样会低区不亮；相反，B 剂过多了，也会造成低区不亮。这里再次强调，光亮剂的补充，供应商的推荐消耗量只能作参考。不同的产品带出量不一样，电流的大小、温度的高低都会影响光亮剂的消耗量。摸索出适合自己产品的 A、B、C 剂消耗量是稳定酸性光亮镀铜非常重要的措施。这得依靠长时间的添加记录总结而成。温度高，光亮剂 A 消耗比较多，这点大家普遍认可；电流密度大阳极氧化能力大，阴极还原能力强，配制光亮剂的中间体抗氧化，抗还原的能力是不一样，消耗量就有区别。一味地按照推荐的消耗量添加光亮剂，可能会造成添加剂的比例失调，这也会造成低电流密度区不亮。

2. 镀液中有“铜粉”

酸性光亮镀铜必须使用含磷铜。含磷量通常在 0.1%～0.3%。优质的磷铜，含磷量仅有 0.03%。其中的磷分布均匀，磷膜吸附在铜上牢固紧密，不会产生“铜粉”。普通的磷铜阳极如果磷膜疏松，不能有效阻止一价铜进入溶液，那么就会产生“铜粉”。一价铜含量多了，会优先在阴极上，电流小的部位还原，形成粗糙的铜层，造成低电流区不亮。所以，磷铜阳极的好坏，对镀层很有关系。目前，很多电子行业的电镀普遍使用优质的磷铜，不存在“铜粉”一说。建议都使用优质的磷铜，不仅可以减少镀铜的故障，还可以减少磷的污染。

出现“铜粉”，可以加入适量的双氧水氧化除去。加双氧水，应适量补充光亮剂，调试镀液。应使用压缩空气搅拌，带入氧气，氧化“铜粉”，减少“铜粉”生成，还可以提高电流密度上限，有利于解决低区不亮。这已经成为电镀的必要手段。

3. 其他原因

酸性光亮镀铜使用的光亮剂，有的中间体不耐高温。品质差的耐温性差，温度 35～36℃，低电流密度区就不亮了，整平也差了。品质好的光亮剂可以耐温度到 43～45℃，低电流密度区依然光亮，整平依然较好。酸性光亮镀铜电流比较大，溶液容易升温，所以耐温是衡量光亮剂优劣的一个重要指标。当然，再好的光亮剂温度过高，低区也会不亮，所以必须配置镀液的冷却设备。

另外，挂钩导电不良、预镀层低电流区粗糙（特别注意钢铁铸件）、氯离子过高、硫酸含量太低、溶液中有机杂质过多，这些因素都会造成低电流密度区不亮。

4.2.6 电镀时电流下降、电压升高

生产过程中有时会出现电流下降、电压升高的现象。如果调高电流,电压更高;如果关掉电源,停镀片刻,重新通电,电流升到正常值。但是再镀一会儿,电流又降下来了,电压又升上去了。这是因为阴阳极之间的电阻增大了。有哪些因素会造成阴阳极之间电阻增大呢?

1.温度低,硫酸铜含量过高

温度低,离子迁移速度慢,溶液的导电能力下降。如果硫酸铜含量过高,温度又低,这时,硫酸铜的溶解度低了,结晶析出。往往硫酸铜在浓度最高的阳极周围率先析出,附在阳极表面,影响了阳极导电。阳极出现钝化现象。

2.硫酸的含量

硫酸含量低时,溶液的导电能力差了;硫酸含量太高,也会在阳极上放电,析出氧气,钝化阳极。有的人添加硫酸时,将克误为毫升,几乎成倍加入,加的太多,就会出现这种现象。碰到这种情况,这时的阳极磷膜已经脱落,磷铜阳极呈光亮状。阳极已经钝化。

3.阳极的实际面积太小

当阳极上吸附了其他物质,实际面积大量减少;阳极表面导电不好,例如:硫酸铜结晶;磷膜太厚;溶液中氯离子过高,阳极上有一层比较厚的白色膜;或者阳极袋被颗粒堵塞;都会造成阳极实际面积减少,阳极钝化。出现电流下降,电压升高的现象。

4.2.7 镀层粗糙、毛刺

严格来讲镀层粗糙与毛刺是有区别的,但有其相类似的原因。如果工件在预镀时,时间很短、预镀层很薄,那么镀层的空隙是明显的,钢铁工件(特别是铸件)在入酸铜槽时,会有置换铜,造成镀层粗糙,也可能形成毛刺。

如果使用了不良的磷铜阳极,磷膜不能牢固附在阳极表面,那么就会产生"铜粉",造成镀层不亮、粗糙,甚至毛刺。再次强调:磷膜好坏不在于厚薄,而在于是否致密、牢固、均匀地附着在阳极表面。脱落的磷颗粒,会造成镀层毛刺。

如果镀液中有"铜粉"或固体悬浮物会产生毛刺,也会使镀层粗糙。阳极袋如有破裂,磷和阳极泥渣进入溶液会造成镀层毛刺。挂钩若有损坏,没有钳去,没有修补,电镀时,坏钩上析出的铜粒因结合力不好落下,也会造成下面零件的毛刺。

如果镀液温度过高或光亮剂品质不好,会造成镀层粗糙。

如果镀液中硫酸含量太低,硫酸铜含量较高,硫酸铜会水解,产生一价铜,形成"铜粉",造成镀层粗糙、毛刺。

酸性光亮镀铜一定要配备压缩空气搅拌，这有利于抑制“铜粉”的产生，因为空气中的氧气会及时氧化一价铜。配备了空气搅拌，就一定要配备足够的循环过滤。否则沉淀物翻起，会造成毛刺。

酸性光亮镀铜只要溶液在配方范围内，并相应匹配，那么光亮剂的好坏、磷铜阳极的好坏，是减少镀液故障的关键所在。

第三节 焦磷酸盐镀铜

焦磷酸盐镀铜溶液稳定、偏碱性，镀层细致、耐腐蚀性好，是一种重要的中间镀层。

4.3.1 常用的焦磷酸盐镀铜配方及操作条件

焦磷酸盐镀铜的常用配方见表 4－3。

表 4－3 常用焦磷酸盐镀铜配方及操作条件

名称及单位	配方 1	配方 2
焦磷酸铜(g/L)	70～100	70～100
焦磷酸钾(g/L)	300～400	250～350
柠檬酸铵(g/L)	20～25	
酒石酸钾钠(g/L)		25～30
氨三乙酸(g/L)		20～30
硝酸铵(g/L)		15～20
浓氨水(mL/L)		2～5
pH	8～8.5	8～8.5
温度(℃)	30～50	30～40
阴极电流密度(A/dm^2)	0.8～1.5	1.5～2.5
阴极移动	需要	需要

4.3.2 镀层粗糙、有毛刺

1.溶液因素

如果溶液中铜含量过高，而焦磷酸钾含量又低，镀层容易粗糙，这是因为游离焦磷酸钾浓度太低，铜离子没有被充分络合所致。这时阳极溶解不好，容易产生“铜粉”，“铜粉”也会造成镀层粗糙，甚至毛刺。

2.杂质因素

(1)溶液中带入氰根：钢铁零件不能直接镀焦磷酸盐镀铜，往往先预镀氰化铜

打底，如果零件上的氰化铜溶液没有漂洗干净，就会带入氰根，少量氰根就会引起镀层粗糙。双氧水还可以去除“铜粉”，有经验的师傅每天会适量加些双氧水，维护镀液。

(2)溶液中带入铁、铅等杂质：这些杂质会使镀层变暗、变粗糙。如果带入的铁量不大，可以用柠檬酸盐掩蔽；铅可以用小电流密度电解除去。

3. 工件基体因素

工件基体的粗糙、多孔(像钢铁铸件)，如果没有进行针对性前处理，预镀时也没有解决问题，那么镀层粗糙是难免的。

4.3.3 镀层上有麻点或针孔

1. 油或有机杂质

因前处理不到位，或者前道工序中漂洗水液面有油或有机物(常见是泡沫)黏附在工件上，镀层上会出现麻点或针孔。如果溶液中有油或有机杂质也会造成镀层麻点或针孔，可以用双氧水—活性炭处理。如果溶液中有很多油(行车等掉下来的)，可以先用海鸥洗涤剂(0.3～0.5mL/L)乳化，并加热镀液至55℃，搅拌30min，再用活性炭处理。

2. 其他原因

溶液中有“铜粉”，会有细的麻砂；电流密度太高会产生针孔；工件若是钢铁铸件也容易产生针孔和麻点；铸件细孔中常常滞留有气泡，电镀时渗出来，又来不及离开表面，造成针孔；所以钢铁铸件的特殊前处理非常必要。

4.3.4 电流密度范围缩小、阴极电流效率降低

1. 溶液自身的原因

焦磷酸盐镀铜新配制时，电流密度范围较宽，阴极电流效率在90%以上。使用一段时间之后，电流密度范围渐渐变窄，电流开不上去，阴极电流效率降低。镀不厚是因为焦磷酸盐会水解，尤其当pH低的时候，更容易水解。水解后生成正磷酸盐，溶液的黏度增加，导电能力下降。镀液使用时间长了，这种现象更严重，通常称为“镀液老化”。这时只有更换部分镀液，才能改善镀液的性能。

2. 溶液中有杂质

焦磷酸盐镀铜溶液中如果有氰根、六价铬、比较多的双氧水也会出现电流密度范围缩小、阴极电流效率降低的现象。氰根由前道工序带入，六价铬由挂具带入，双氧水是除去铜粉时加入残留的。如何去除氰根，前面已经讲过，六价铬的去除方法如下：

(1)将镀液加温至50℃，在搅拌下加入0.2～0.4g/L保险粉。

(2)加入1～2g/L活性炭，搅拌30min。

(3)趁热过滤。

(4)向溶液中加入0.5mL/L双氧水(浓度30%)。(将剩余的保险粉氧化成硫酸盐。)

(5)电解一段时间,调试即可。

过量的双氧水可以通过加热溶液,激烈搅拌除去;也可以用电解的方法除去。如果只是少量的双氧水,电镀时会被阴极慢慢还原,并不影响生产。

3.其他原因

一种原因是溶液中铜离子太少,或者焦磷酸盐太多;另一种原因是其他导电盐含量太少,温度太低也会出现这种现象。前者因为有效铜离子浓度降低了,后者是溶液的导电性差了。

焦磷酸盐镀铜不能作为钢铁零件的打底镀层,但却是很好的中间镀层。只要前处理、前道预镀没问题,溶液中没有六价铬、油和有机杂质,一般不会产生结合力等问题。

无氰镀铜还有不少成功的应用,例如三乙醇胺碱性光亮镀铜,镀层的耐腐蚀性特别好;柠檬酸盐光亮镀铜,比较容易掌握;等等。不少无氰镀铜都各有所长。一般来说,钢铁零件不宜直接使用无氰镀铜,应该先用氰化预镀铜,或者预镀镍打底,这样结合力比较有保证。也正是这个原因,其使用面受到限制,为了节约镍,无氰镀铜大多数应用于管状零件、锌合金零件、塑料电镀零件的中间层。

现在有厂商推出无氰碱性预镀铜工艺。镀液中不含有强络合剂,废水处理时不需要昂贵的特别的破络合处理。新开发的工艺,由于商业原因,溶液组成还没有明细公开。

第五章 镀 镍

第一节 光亮镀镍

镀镍技术应用广泛，现代镀镍的种类很多，有暗镍、冲击镍、中性镍、双层镍、光亮镍、高硫镍、镍封等。各种镀镍的配方及工艺条件是镀好产品的基本保证。由于光亮镍应用最为广泛，本节将重点讨论。

5.1.1 常用光亮镀镍的配方及操作条件

常用光亮镀镍的配方及操作条件见表5-1。

表5-1 光亮镀镍配方及操作条件

名称及单位	配方1	配方2	配方3
硫酸镍(g/L)	250～300	250～300	200～250
氯化镍(g/L)	40～60		45～55
氯化钠(g/L)		12～15	
硼酸(g/L)	35～45	35～45	35～45
硫酸镁(g/L)			20～30
主光亮剂(GB—100)(mL/L)	0.3～0.5	0.3～0.5	GB:0.4～0.6
柔软剂(GB—100)(mL/L)	3～5	3～5	GB:8～12
低泡润湿剂(GB)(mL/L)	1～2	1～2	1～2(或不加)
pH	4.1～4.6	4.1～4.6	4.0～4.8
温度(℃)	50～60	50～60	45～55
阴极电流密度(A/dm^2)	2～5	2～4	

注：

①挂镀需要空气搅拌和连续循环过滤，前二个配方用于挂镀，第三配方用于滚镀；

②阳极为电解镍，需要阳极框，外用涤纶布袋(涤纶布可选择型号:747)；

③挂镀也可以加硫酸镁，硫酸镁可以使镀镍层白一些；

④本配方中光亮剂、润湿剂的生产厂商为合肥宝德龙表面处理有限公司；

⑤使用空气搅拌应该用低泡润湿剂。该润湿剂无硫，镀半光亮镍也可以用。

5.1.2 针孔

大部分针孔是气体(通常是氢气)滞留在镀件表面造成的。针孔与麻点略有不同,其不同在于针孔往往带有向上的“尾巴”,而麻点仅仅是镀层上微小的坑,没有向上的“尾巴”。不同原因引起的针孔现象略有区别,这有助于我们判断针孔产生的原因。

1. 镀件局部有密集针孔

镀件大部分部位却没有针孔,仅仅局部有密集针孔。这往往是镀前处理不良,零件局部表面留有油污,或者有薄薄的氧化膜产生憎水膜造成的。

2. 零件面朝下的镀层有针孔

这常常是因为溶液中密度较小的有机物或有机杂质吸附(或夹附)在镀件表面,造成该部位憎水,使气体滞留在该部位,这气体可以是电镀产生的氢气,也可能是搅拌用的压缩空气。如果温度低,压缩空气管分布不当,或者空气过滤不够清洁,更会造成这种故障。

3. 零件面向上的镀层有针孔

这通常是密度较大的非导体悬浮物,或者是被气浮的物质降吸在镀件表面,造成该部位憎水,电镀产生的氢气滞留在其表面,造成针孔。

4. 镀件凸出部位、边角部位(高电流密度区)有针孔

电流密度过高是首选因素。镀液的 pH 过高,而硼酸含量少;溶液中铁杂质过高;溶液中有油或有机杂质(包括胶类杂质),都是造成这类针孔的原因。要注意压缩空气一定要有空气过滤装置,以防空气不清洁,带入油污。

5. 零件各个部位都有针孔

这是由于溶液中缺少润湿剂,或者使用的润湿剂品质不好,导致镀液与溶液界面的表面张力较大,析出的氢容易滞留,造成针孔。

5.1.3 结合力差

造成镀层与基体、镀层与镀层容易剥离的原因较多。首先,应将结合力差与镀层脆性加以区别。方法是:将镀层镀在不锈钢上,然后将其剥离,凡是不能成片剥下来的镀层就有脆性;若可以成片剥离,并且弯曲 180°而不断裂,这样的镀层没有脆性。造成镀层结合力差的原因大致如下:

1. 前道工序

如果镀前处理不好,造成的结合力不良往往是局部的,没有规则的;清洗槽有油污粘在零件上,引起镀层的结合力不好,通常在零件朝上的表面不规则出现;活化的酸溶液中如有铜、铅离子污染(主要是铜离子),钢铁镀件在活化时,表面会有这些离子的置换层,导致疏松的置换层与镍镀层的结合力不好。

2. 溶液因素

镀镍溶液的 pH 高，而硼酸含量又偏低，这时如果溶液中异金属杂质多，在工件的凸出部位、边角部位（电流密度大的部位）会有结合力问题。这是因为电流大的部位，有较多的氢离子放电，pH 升高，导致异金属的氢氧化物在这个部位夹附，造成结合力不好。另外，镀液中光亮剂过量、杂质（特别是有机杂质）比较多，也会造成结合力不好。

3. 其他因素

(1)双性电极现象会造成镀层结合力不好。这种结合力不好一定是局部的，常常出现在某一固定的位子。

(2)电镀过程中断电。短时间（约 1min）断电问题不大，时间长了，镀上去的镍层会钝化，在钝化层上再镀镍，结合力不好。生产中若电流中断，应该迅速将镀件放到活化液中。

(3)如果前道工序是镀酸性光亮铜，而酸铜中 C 剂过量，有膜，镀镍时会有白雾，甚至结合力不好。如果当时还看不出，再镀铬，铜层与镍层的结合力不好就会明显表现出来。

(4)工件入镍槽前有铬雾、碱雾等气体污染，造成该部钝化，也会引起结合力不好。这种现象在夏天开电风扇排风时常会遇到。

(5)如果镍阳极太短（镍板下部溶解、短缺，或者钛篮下部镍没有了），会造成在下部的工件镀上去的镍呈钝化状态，出槽往往看不出，套铬后，再经大电流冲击，就会起皮了，或者发白、发雾，其结合力也不好。

5.1.4 粗糙和毛刺

粗糙是指镀层表面凹凸不平，呈细小“凸粒”。毛刺指的是“凸粒”较大而尖锐。粗糙和毛刺与麻点、针孔、细小鼓泡的区别在于：粗糙和毛刺是结晶而成，而麻点、针孔、细小鼓泡都不是镍的结晶。

1. 外部因素

粗糙和毛刺虽说是结晶而成，但也有外部造成的因素。例如：空气带入（包括压缩空气搅拌带入的尘埃）；工件磨光或抛光时带入的微粒；使用的水质比较硬，积累了足够量的钙，生成了硫酸钙沉淀，硫酸钙也会参加沉积，产生毛刺；空气搅拌一定要配备足够的循环过滤，特别要注意，每天下槽前，应该充分循环过滤镀液，并进行空气搅拌，以防沉淀物质造成毛刺。另外，如果溶液处理中，活性炭没有过滤干净，也会产生毛刺。

2. 溶液因素

溶液中若铁杂质较多，这时若 pH 较高，生成的氢氧化铁就会参加沉积，造成毛刺；如果使用的化工原料，没有溶解透，尤其是硼酸，溶解度比较小，那么这些物质的微粒也会造成毛刺；使用的阳极袋如果织布太稀，或是破损，或是布袋没有套过液面，阳极泥渣进入溶液，也会造成毛刺；挂钩空悬，烧焦的颗粒落下来，也会使下面的工件顶部产生毛刺。

5.1.5 镀层发花

镀层发花主要是两类原因。一是前处理、前道工序（包括清洗槽液面）中的油污或有机物造成的，这种发花呈雾状；如果是锈斑造成的话，没有雾光，但有明显的边沿。二是溶液中的光亮剂过多，或者光亮剂的分解产物积累过多，初级光亮剂与次级光亮剂搭配不当（如某种光亮剂多了），会造成镀镍层发花；润湿剂如果品质不好，或者溶解不好，添加量过多也会造成镀层发花，尤其是使用润湿剂十二烷基硫酸钠时，一定要选择品质好的，一定要用水煮沸 20min 以上，待其溶解、稀释后均匀适量添加。（品质不好的十二烷基硫酸钠，含有一些中间体，会导致镍镀层发花。）这类原因的发花经快速处理，可以将活性炭吸在过滤机里，然后循环过滤镀液。经几个循环过滤，通常有效。

5.1.6 镀层脆性

脆性的镀层，严重时在电镀过程中就豁裂，或者在剥离镍层时镀层粉碎成细片。脆性略低一些的镀层，经弯曲即折断。用薄片镀镍，若有脆性，将其放在耳边用手弯曲时，可以听到嘶嘶声。这是镀层应力较大的现象。其产生的原因，主要是次级光亮剂过多，或品质不好，而初级光亮剂又少了，两种光亮剂配比不当，使镀层产生较大的张应力。另外，如果溶液中有机物过多，光亮剂的分解产物积累过多，也会使镀层产生脆性。镀液中如果铁杂质、六价铬过多，镀层也会产生脆性，后者产生的脆性往往是在高电流密度区域。

5.1.7 低电流密度区不亮、阴暗

低电流密度区不亮、阴暗时，应确认光亮剂的走位正不正常，添加量够不够；查一查溶液中有没有残留氧化剂（如镀镍溶液在大处理时加了过多的双氧水或者高锰酸钾）；检查一下操作条件，温度是否太低；电流密度是否小了。如果排除这些因素，那么溶液中可能有铜、锌、铬（六价铬多了，低电流密度区甚至镀不上镀层）等金属杂质，或者有较多的有机杂质，这些因素都会造成低电流密度区不亮、阴暗。

有的零件形状特殊，凹部严重，可以添加专门用于低电流密度区光亮的走位添加剂。

5.1.8 光亮镀镍溶液中铜的去除

1. 铜杂质的影响

少量的铜杂质可使电流密度低区镀层发暗、粗糙;较多的铜杂质会使电流密度低区镀层发黑,出现海绵状的镀层。在光亮镀镍溶液中,铜含量不允许超过0.01g/L。普通镀镍由于pH较高,铜杂质的允许量也不能超过0.3g/L。

2. 铜杂质的判别

取镀液200~300mL,用硫酸调成pH=2左右,然后将活化的铁片浸入其中,5min后取出观察,如果铁片表面有置换铜产生,表明镀液中有较多的铜杂质存在。

3. 铜杂质的去除

少量的铜杂质可以用电解处理,将溶液pH调至2~3,阴极电流密度在0.1~0.3A/dm^2,进行电解;比较多的铜杂质可以用亚铁氰化钠处理。3g亚铁氰化钠可以去除1g铜杂质。过量的亚铁氰化钠会与镍生成沉淀,不会造成不良影响。在加入亚铁氰化钠时要充分搅拌,因为反应速度比较慢,至少要搅拌30min,然后过滤除去沉淀,即可试镀。较多的铜杂质也可以用"QT"去铜剂。1mL的"QT"去铜剂可以沉淀除去10mg铜杂质。方法类同使用亚铁氰化钠。现在不少单位使用"除杂水",原理差不多,效果也很好。

5.1.9 光亮镀镍溶液中锌杂质的去除

1. 锌杂质的影响

少量的锌会使镍镀层有脆性;若大于0.06g/L,会使低电流密度区的镀层呈灰黑色;更多的锌含量会使镍镀层出现黑色条纹。如果镀镍溶液的pH大于4,锌杂质会导致镍镀层出现针孔。

2. 锌杂质的去除

由于锌的电位较低,若是少量锌杂质,可以用电解方法处理。这时,pH应大于4,阴极电流密度在0.2~0.4A/dm^2。当确认镀镍溶液中锌杂质较多时,一般采用沉淀法处理。将溶液pH调到6.2,加热至70℃,充分搅拌2h,一边搅拌,一边反复测试pH,保持在6.2(溶液随着沉淀的生成,pH会有所下降,还要加碱,再调整pH至6.2)。加淡一点的碱,比较好,否则会造成氢氧化镍的共沉积。pH不能再高,否则会损失较多的镍。待氢氧化锌等沉淀完全,过滤镀液,即可。另外,使用"除杂水"也是有效的。建议:即使使用"除杂水",过一段时间最好用沉淀法处理一下,防止被隐蔽的金属杂质累积成害。

5.1.10 光亮镀镍溶液中铁杂质的去除

1. 铁杂质的影响

铁在镀镍溶液中多以三价铁形式存在(当然也有二价铁的形式),三价铁 pH>4.7 就能同氢氧根生成沉淀,这种沉淀会夹附在镍镀层,造成镀层粗糙、脆性、针孔;镀层的光亮度降低,整平性变差;镀层的孔隙率加大,耐腐蚀性变差。铁杂质的危害是很大的。在光亮镀镍溶液中三价铁杂质不得大于0.08g/L。但是,钢铁零件镀镍,由于双性电极的原因或工件的坠入,难免会带入铁杂质。

2. 铁杂质的去除

去除铁杂质,一般使用提高溶液 pH,将其沉淀,过滤除去。具体方法:先加入30%的双氧水 1mL/L,将二价铁氧化成三价铁(三价铁沉淀的 pH 较低,沉淀比较完全);加热溶液至 65℃左右,加碱,调整 pH 到 5.5,充分搅拌,一边搅拌一边反复调整 pH 至 5.5,使三价铁完全沉淀,溶液静置,过滤。过滤后,溶液调整 pH 至工艺范围,可以试镀。为了不影响生产也可以使用除杂水。从长计议建议还是使用 pH 沉淀法比较彻底,铁沉淀 pH 不高,镍损耗也不高。

5.1.11 光亮镀镍溶液中六价铬的去除

1. 六价铬的影响

六价铬是强氧化剂,会在阴极上还原。所以六价铬会显著降低阴极的电流效率,其含量仅仅只有 0.01g/L,阴极电流效率就会降低 5%~10%;若含量再高,高电流密度区镀层脆性,低电流密度区没有镀层;严重时整个阴极表面镀不上镀层。

2. 六价铬的去除

保险粉法:原理是利用还原剂保险粉将六价铬还原成三价铬,然后提高 pH,使三价铬生成氢氧化铬沉淀,过滤除去。具体步骤如下:

(1)用硫酸调 pH=3(酸性条件有利于氧化还原反应的进行);

(2)加入适量保险粉(通常加入 0.2~0.4g/L);

(3)加热至 60~70℃,搅拌 1h(加热有利于氧化还原反应的进行,有利于沉淀物脱水,使之形成较大颗粒);

(4)一边搅拌,一边加碱提高 pH=6.2;充分搅拌下,再测 pH,小心慢慢加碱,保持 pH=6.2;

(5)加入 2~3g/L 活性炭,充分搅拌;

(6)静置待沉淀完全,过滤镀液。

(7)加入适量双氧水,将过量保险粉氧化成硫酸钠;

(8)调整 pH 至工艺范围,补充光亮剂,试镀。

若用硫酸亚铁做还原剂代替保险粉,原理和方法相似。

5.1.12 处理镀镍溶液中金属杂质的参考数据

镀镍溶液中金属杂质的处理，可以采用提高镀液 pH 的方法，使之形成难溶的氢氧化物沉淀，然后过滤除去。常见金属杂质沉淀的 pH 见表 5-1。

表 5-1 常见金属杂质沉淀的 pH

金属离子	二价铁	三价铁	二价铜	二价锌	三价铬
沉淀 pH	5.5	4.7	6.3	5.5	6.2

值得注意的是，镍离子沉淀的 pH 在 6.6。为了防止镍的损耗，利用沉淀法去除金属杂质时 pH 小于 6.5，并且加碱时碱液要淡，以 3%浓度为宜，一边慢慢加一边搅拌。

在提高 pH 处理时，要将镀液温度加至 65～70℃，以加快反应速度，并使沉淀脱水紧密，容易过滤除去。

5.1.13 光亮镀镍溶液中硝酸根的去除

1. 硝酸根的影响

硝酸根通常由不良化工原料中带入，如硫酸镍、硼酸。硝酸根是氧化剂，同六价铬的影响相似，对镀镍的影响较大。它能显著降低阴极电流效率，使低电流密度区镀不上镍层。硝酸根再多一些，则会使高电流密度区出现黑色条纹，甚至整个阴极表面没有镀层。

2. 硝酸根的定性试验

取一支试管，加入 10mL 镀镍溶液，然后沿试管壁慢慢注入 5mL 的 1%二苯胺硫酸溶液(用 0.5g 二苯胺与 50mL 化学纯浓硫酸均匀混合，完全溶解后所得的溶液)。此时不可摇动，溶液分为两层，若两层液面间出现蓝色环，表明镀液被硝酸根污染。

3. 硝酸根的去除

去除硝酸根可以用电解法，处理的效果与选择处理的条件有很大关系。建议处理条件为：pH=1～2；温度：60～70℃；处理少量的硝酸根时，阴极电流密度=0.2A/dm^2；处理较多的硝酸根可以开大电流，阴极电流密度达到 1～2A/dm^2，电解，然后降低阴极电流密度到 0.2A/dm^2，再电解，直至镀液正常。

5.1.14 光亮镀镍溶液中有机杂质的去除

镀液中难免会有有机杂质。前道工序带入，化工原料中带入，添加剂、光亮剂及其分解产物都是产生有机杂质原因。有机杂质种类颇多，影响各不相同，会使镀层发雾、发花、发黄、变暗、变脆、产生针孔、产生条纹状，甚至影响镀层的结合力。

总之,有机杂质是造成光亮镀镍各种故障的重要原因。

有机杂质的去除:去除有机杂质,常用经典的方法是,用双氧水—活性炭处理。具体步骤如下:

(1)将光亮镀镍溶液用硫酸调 pH 至 3.5(酸性条件有利于双氧水的氧化作用);

(2)加入 30%的双氧水(1~3mL/L);

(3)搅拌 30~60min。一边搅拌一边加温,加温至 65~70℃,并保温 1h(除去过量的双氧水);

(4)搅拌,冷却至 60℃以下,一边搅拌一边加活性炭 3~5g/L(过高的温度活性炭会脱附,所以要冷却至 60℃以下);

(5)继续搅拌 30min,静置,沉淀充分后,过滤;

(6)调整溶液成分,调整 pH 至工艺范围,补充光亮剂,电解一段时间;

(7)试镀。

如溶液中有油,加活性炭前应该加少量的十二烷基硫酸钠(不超过 0.5g/L)用以乳化油,有利于活性炭的吸附、除去;如溶液中有胶类杂质,加活性炭前应该加少量的丹宁酸(5%浓度加 1mL/L)。有利于活性炭的吸附、除去。

5.1.15 光亮镀镍经双氧水—活性炭大处理后镀层出现针孔

光亮镀镍经双氧水—活性炭大处理后镀层时常会出现针孔。这是因为在大处理时,原有的润湿剂,(例如十二烷基硫酸钠或者低泡润湿剂)被活性炭吸附了;另外,在较高 pH 条件下,润湿剂(十二烷基硫酸钠)会同镍离子生成不溶性的化合物而沉淀损耗。镀液中润湿剂少了,镀层容易出现针孔;如果镀液加温时双氧水没有完全被赶走,也会造成镀层针孔。出现这种现象,赶走双氧水,添加润湿剂就可以解决。

如何判断是否还有双氧水呢?介绍方法如下:①将 5g 碘化钾溶解在 100mL 水中,加入 5g 可溶性淀粉,加热,至淀粉完全溶解;②将一滴镀液滴在滤纸上;③把二滴碘化钾－淀粉指示剂滴在有镀液的滤纸部位(碘化钾－淀粉溶液是不稳定的,现用现配);④观察颜色:如 5s 内出现蓝色,表明有双氧水存在。

残留双氧水还会氧化光亮剂,造成光亮剂无谓消耗,导致低电流密度区走位不好。

5.1.16 光亮镀镍溶液的 pH 为什么有时不稳定

光亮镀镍溶液的 pH 在生产过程中,通常会慢慢升高。生产时,在阴极上主要有镍离子还原,氢离子还原;在阳极上主要有镍溶解,氢氧根被氧化。如果阴极电流效率=阳极电流效率,那么溶液的 pH 相对稳定。如果两者不等,那么 pH 就会

变化。如果阴极电流效率>阳极电流效率，氢离子被还原的少，那么 pH 就会降低；反之 pH 就会上升。通常镀镍时 pH 会慢慢上升，我们只要加点稀硫酸即可(注意：不要加到马上要出槽的工件液面上)。在镀镍溶液中，硼酸是缓冲剂，可以稳定溶液的 pH。若硼酸含量在工艺范围内，但发现 pH 明显下降，应该检查阳极是否钝化。若阳极钝化，镍的溶解反应就停止了，只剩下氢氧根放电，pH 当然会明显下降。镍阳极的钝化因素有：溶液中氯离子不足；溶液温度太低；阳极上有泥渣吸附(常常有铁离子、镍离子的沉淀物，这沉淀物可以是氢氧化物，也可能是与润湿剂，光亮剂的分解产物形成的)，或是阳极袋被堵塞。应该针对问题处理解决。调整 pH 可以用稀硫酸或稀氢氧化钠，浓度控制在 3%以下。调 pH 时，若硫酸过浓，溶液中的硫酸镍会因为溶解度降低，结晶析出；若氢氧化钠过浓，会产生氢氧化镍沉淀，从而造成镍离子的损耗。

5.1.17 光亮镀镍溶液几种原料的注意事项

1. 光亮剂、添加剂

光亮镀镍品质的好坏，光亮剂、添加剂是至关重要的因素。品质好的光亮剂，出光快、整平好、走位好、杂质允许量较大、镀层致密、耐腐蚀性好；品质好的添加剂，润湿效果好、消耗量少、除杂的种类多、效果好。不同品质的光亮剂、添加剂在相同的电镀条件下，镀出的产品有很大差别。光亮剂、添加剂的好坏决定了产品镀出来的档次，可以说光亮剂、添加剂的发展大幅度提高了电镀水平。

2. 硼酸

在镀镍溶液中硼酸是缓冲剂，起着稳定 pH 的作用。硼酸的溶解度较小，一定要用沸水溶解，加入的溶液要是热的，否则会结晶析出。硼酸的品质也要注意，应用硫酸酸化的硼酸，以免带入较多的硝酸根。

3. 十二烷基硫酸钠

现在大多数镀镍都用空气搅拌，循环过滤，因此都用低泡润湿剂。少数镀镍还在用阴极移动，用十二烷基硫酸钠。使用十二烷基硫酸钠时一定要注意品质，注意溶解透。应先将十二烷基硫酸钠用少量蒸馏水调成浆糊状，然后溶于 50～100 倍的沸水中，煮沸 20min。趁热过滤。添加时镀液温度要在工艺范围内，一边搅拌，一边慢慢加入。加入过多或过于集中，镀镍层会有雾状(这种雾状用白色抛光膏可以抛去)，所以要适量添加、慢慢添加，边加边搅拌，尽快将十二烷基硫酸钠扩散开来。

5.1.18 双性电极引起的故障

工件脱电后仍处在阴极，阳极的电场之中，这时电力线会借道通过，这时工件成为双性电极，工件对着阳极一头是阴极，发生还原反应，镍离子得电子，还原成镍;工件对着阴极一头是阳极,发生氧化反应,有氢氧根放电,(也可以有镍层的溶解)生成原子氧,原子氧氧化镍离子,生成三氧化二镍,也有可能使镍层钝化。这种现象造成工件的镍镀层阴阳面,发白,发花。光亮度明显差异,甚至影响镀层结合力。为防止这种故障,电镀时工件不要脱电,挂钩与阴极梗接触要良好。从镀液中取工件观察时,应该将整个挂件提出液面,(离开电场)

这一现象在滚镀中尤为多见,所以,滚镀时零件不宜装得太少,以减少脱电机会。

5.1.19 镀镍的返工(镍上镀镍)

生产中难免会有半次品,镍镀层需要返修。有的返修无需退去镍层,但要保证镍层的活化。可以下步骤预处理,活化镍层:将上好挂具的工件浸于稀盐酸200mL/L中,室温下浸5min,清水冲洗,再进行阳极活化处理:硫酸:100mL/L,室温下在阳极电解30～60s;电压在0.5～1V。活化时若工件表面有均匀的气泡出现,说明正常有效,处理之后,镍层表面呈灰色,清洗后即可镀镍。阳极活化时若气泡很少,说明工件除油不彻底;若气泡密集,电压下降,说明工件有露底(无镍镀层,暴露出基体金属),这时应该缩短阳极活化的时间,以防基体过腐蚀。

表面镀层为镍的半次品再镀镍,也可以用电抛活化的方法,使镍层活化,保证结合力。电抛活化配方如下:

工业硫酸(d=1.84)(用量见配制);

铬酐:50g/L;

甘油:50g/L;

溶液相对密度:1.58～1.62;

温度:室温;

阳极电流密度:1～10A/dm^2;

时间:3～5s。

电抛活化溶液配制时,先在槽内注入2/3体积的浓硫酸,并在每升浓硫酸中加入50g甘油。在另一只槽内用少量水溶解铬酐,铬酐的量是每升浓硫酸加50g。然后将带有甘油的溶液慢慢地加入到含有铬酐的溶液中(此操作必须非常小心,分多次加),这时溶液发热,剧烈地析出气体,每次加入必须激烈搅拌,一定要在气体停止析出时搅拌。溶液完全混合后,相对密度应该为1.58～1.62。溶液冷却至30℃,用铅板做阴极,镍板做阳极,进行电解处理,电解电压不小于10V,直到溶液中有10g/L镍离子即可(电解用时一般在25min)。

有专家认为电抛后原镍镀层经过钝化—去钝化的抛光作用,其表面是活化的。在再电镀时,阴极产生的氢原子会迅速还原镍表面,从而保证了沉积层与镍表面良好的结合力。

也有人介绍，将半次品镍镀件用阴极除油法，还原镍层上的氧化膜，这时表面会有一层黑色的膜，这层膜在弱酸活化时迅速溶解，即可镀镍。原理是利用阴极上产生的、具有很强还原能力的新生态氢原子，将镍层上的氧化层还原，暴露出镍金属的结晶，从而保证了结合力。总之，要在完全活化的镍层上镀镍，才能确保其结合力。

第二节　普通镀镍和预镀镍

5.2.1 普通镀镍

普通镀镍也叫瓦特镀镍，是很老的工艺，在20世纪50年代应用比较普遍。其耐腐蚀性、机械性能好，保持本色，可应用于仅考虑防腐蚀作用、不考虑外观装饰的工件；另外，也可应用于电铸等方面。这种镀镍溶液成分简单，便于控制，可以使用较大的阴极电流密度，是目前许多镀镍溶液的基础配方。瓦特溶液的配方是：

硫酸镍(6份结晶水)：250～320g/L；

氯化镍(6份结晶水)：40～50g/L；

硼酸：35～45g/L；

十二烷基硫酸钠：0.05～0.1g/L；

pH：3.8～4.4；

温度：45～60℃；

阴极电流密度：1～3A/dm^2。

目前钢铁件的预镀镍使用普通镀镍。在瓦特镀镍的基础上降低了硫酸镍浓度至120～150g/L；用氯化钠代替氯化镍，氯化钠在10g/L左右；温度在35～45℃；阴极电流密度也小，在1A/dm^2左右；不用加十二烷基硫酸钠(电流密度小，不会有针孔)。溶液成本降低了，预镀层的结合力很好，使用比较广泛。

5.2.2 预镀镍

预镀层是整个镀层体系的基础，因此必须确保预镀层与基体金属和后续镀层有良好的结合力。通常对预镀液并不苛求它的沉积速度，但是预镀层也不能太薄，以免之后镀酸性光亮铜等镀层时，铜溶液与基体金属发生置换反应而影响结合力。同时，预镀层结晶应该细致，以保证整个镀层体系表面平滑光洁。钢铁件的预镀镍前面已经介绍。用于不锈钢、锌合金、铝合金经浸锌处理表面的工件，其预镀镍配方和操作条件见表5-2。

表 5-2 预镀镍配方和操作条件

名称及单位	普通预镀	强酸性冲击镀	中性预镀
硫酸镍(g/L)	120～150		60～80
氯化钠(g/L)	8～12		
硼酸(g/L)	30～45		20～30
十二烷基硫酸钠(g/L)	少量或不加		
氯化镍(g/L)		240～260	25～35
浓盐酸(mL/L)		70～100	
柠檬酸钠(g/L)			160～200
pH	4.2～5.2		6.8～7.2
温度℃	35～45	25～35	45～55
阴极电流密度(A/dm^2)	0.8～1.0	2～4	0.5～1.5
时间(min)	3～5	2～3	4～6
适用基体	钢铁、铜合金	不锈钢	锌合金、铝合金

第三节　双层镍和高硫镍

5.3.1 双层镍

双层镍是指先镀暗镍或者先镀半光亮镍、再镀光亮镍的电镀两层镍工艺。第一层镍外观装饰性不强，但是耐腐蚀性好。这一层决定镀层的耐腐蚀性和机械性能，其厚度占总镀层厚度50%以上。这一层耐腐蚀的主要原因是不含硫或硫含量很少。含硫高的镍镀层电位较负，镀层的离子化倾向较大，因而容易腐蚀。不同镀镍溶液中得到的镍镀层其含硫量如下：

全氯化物溶液：含硫为0%；

瓦特溶液：0.001%～0.002%；

半光亮镍溶液：0.005%；

光亮镍溶液：0.03%；

高硫镍溶液：0.1%～0.2%。

由于每一镀镍层中的含硫量和结构的不同，第二层镍的电极电位比第一层低几十毫伏。在形成腐蚀电池时，第二层镍成为阳极性镀层，使腐蚀横向展开，从而保护了第一层镍，保护了基体。

现在的半光亮镍，运用无香豆素、无甲醛的电镀添加剂，镀层的整平性极佳，有

较好的光亮度，在多层镍体系中，成为防止基体腐蚀的“屏障”，成为汽车、摩托车、卫浴行业的重要镀种。

5.3.2 高硫镍

高硫镍是在双层镍之间再镀一层含硫量为0.1%～0.2%的镍层，也称为三层镍。高硫镍一般很薄，约在0.35～0.75μm。从含硫量可以看出，在组成腐蚀电池时，高硫镍率先腐蚀，这种腐蚀横向扩展，高硫镍层起了牺牲性阳极保护作用。高硫镍组成的三层镍优点是耐腐蚀性更好，保护了第一层镍，同时也保护了光亮镍，使外观不至于因腐蚀而难看。

高硫镍工艺不能用空气搅拌，若要提高电流密度，可以用机械阴极移动。因为空气中的氧气会氧化高硫镍溶液中的含硫添加剂。

第四节　镍　封

5.4.1 镍封

镍封闭，简称镍封，是为了提高防护装饰性镀层体系的耐腐蚀性而开发的镀层。镀液以光亮镀镍溶液为基础，加入非导体不溶于水的微粒，微粒直径约0.02μm。通电后，微粒与镍离子在阴极表面同时沉积，即成为镍封闭镀层。镍封通常镀在光亮镍层上面，然后再镀约0.25μm的铬，可获得微孔铬。在形成腐蚀电池时，铬层钝化是阴极，镍层是阳极，而微孔铬形成了无数个微电池，分散了镍阳极的腐蚀电流，使腐蚀电池的电流均匀分散在较大的表面上，从而减缓穿透向基体的腐蚀，提高了防护性能，形成了良好的耐腐蚀镀层体系。要镀好镍封，应该注意下列因素：

(1)非导体微粒的直径必须控制在0.02μm左右。若微粒过粗会影响镀层的光亮性，使镀层粗糙。若微粒过细，微粒会漂浮在液面上，难以达到共沉积的目的。镍封使用的微粒，应该具有良好的悬浮性、分散性、抗凝聚性。

(2)镀液中应该添有促进剂，以便促进微粒能吸附镀液中的镍离子带上正电荷，从而通电时与镍离子共同在阴极上沉积，形成镍封镀层。

(3)搅拌是保证微粒均匀分散，悬浮在镀液中的良好手段。它能使未悬浮的微粒悬浮起来，提高镀液中分散粒子的浓度，也使得微粒分散均匀，同时增加了微粒与阴极接触的机会，在电场的作用下，便于微粒与镍离子共沉积。

通常镍封层的微孔数以20000～40000个/cm^2为宜。微孔数过少，耐腐蚀性提高不明显；微孔数过多，多达80000个/cm^2以上，铬镀层会出现倒光，影响装饰性。铬层厚度宜为0.25μm左右，过厚会出现“搭桥”现象，将微粒表面遮盖，达不到微孔铬的目的。

5.4.2 镍封电镀中常见故障

1.镍封镀层微孔数少

微粒过细，漂浮的多；或者微粒浓度不足；或者搅拌不够，微粒未能充分悬浮；或者促进剂浓度过低；铬镀层过厚（铬镀层应小于0.5微米），产生“搭桥”现象，也会减少镍封镀层的微孔数。镍封溶液使用前要充分搅拌，使微粒均匀分散开来，充分悬浮在镀液中。

2.镍封镀层不亮

光亮剂不足或有机杂质过多；微粒浓度过高；温度低而电流密度又小。

3.毛刺

微粒直径太大；工件的悬挂方式不当；溶液搅拌方式不当；镀液中有阳极泥渣等其他悬浮杂质。

4.结合力差

光亮镍镀后应直接镀镍封层（不要水洗）。若水洗，表面就会钝化，造成结合力不好。其他影响结合力原因同光亮镀镍。

电镀多层镍是为了提高产品防腐蚀能力。要根据客户的要求镀双层镍、多层镍，还是镀镍封来选择，有时也要根据电镀自动线的工位来调整。

第六章　镀　铬

第一节　普通镀铬

铬镀层外观漂亮，在大气中表面很容易钝化，薄薄的钝化层几乎透明，长久不变色。铬镀层耐磨、硬度高，因而被广泛应用。虽然在电化序中铬与锌相近，电位较负，但是因为其表面的钝化膜使电位变正，作为电极行为，铬更近似于银，所以通常铬镀层属于阴极性镀层。

镀铬工艺有其自身的特点。主要特点为：

(1)镀铬的电解液不是用的铬盐，而是用铬酐溶于水为铬酸。溶液本身的导电能力很强，不需要另外加入导电盐。但是镀铬液中必须含有少量的外加阴离子，常用硫酸根、氟硅酸根等阴离子。

(2)镀铬使用不溶性阳极常用铅、铅锡合金或者铅锑合金。因为铬阳极很脆、容易断、很难制造，且在电解时是以三价铬形式溶解，溶解速度大于阴极沉积速度，溶液中三价铬会很快积累。而不溶性的铅或者铅合金阳极在电解时，表面形成过氧化铅薄膜，这层膜会帮助三价铬被阳极氧化成为铬酸，从而使镀铬液中的三价铬保持在一个稳定的状态下(阴极上六价铬还原时会还原出三价铬)。

(3)镀铬电解液必须要有少量的三价铬，一般含量在2～5g/L。镀铬时会有三价铬产生，但是新配槽时为了更快地使三价铬达到工艺要求，可以加些用过的老镀铬液；也可以加草酸或者乙醇将六价铬还原成三价铬。通常1.35g草酸，大约可以还原出1g三价铬。过低的三价铬会影响镀液的分散能力；过高的三价铬会影响阴极电流效率，缩小镀层的光亮范围，使镀液的电阻增加，不得不提高电压。三价铬浓度不得超过7g/L，否则将影响镀层质量。过多的三价铬可采用大面积阳极、小面积阴极、低电流密度的方法电解，其阳极面积：阴极面积为5：1、电流密度1～2A/dm^2、温度60℃时，4h电解可以氧化(消除)1g三价铬。在工作中，如果三价铬过高，可以观察到镀液的颜色呈棕黑色。

(4)镀铬溶液的分散能力及深镀能力较差。形状复杂的零件往往需要特殊的挂具，包括使用像形阳极。镀液的光亮范围比较狭窄，对于工艺规范要求很严格，在其他条件未变，温差不能超过3℃，电流密度要与温度密切配合，温度高了，电流密度一定要跟随开大，否则不能电镀出满意的铬层。

(5)镀铬采用的电流密度比一般电镀种类要高得多。要用大容量的电源，大的汇流铜排;镀槽的容量也要足够大,否则镀液升温很快;尤其在镀黑铬时,如温度过高,就难以获得满意的黑铬镀层,因此必要时需要配制溶液冷却装置。

(6)镀铬时温度,电流密度应该尽量保持稳定。不可忽高忽低,不允许中间断电。断电后镀层迅速钝化,再镀,镀层呈不均匀的乳白色。

(7)普通镀铬的阴极电流效率较低。通常只有 13%～18%,其他几乎都是氢离子放电,产生氢气;不溶性阳极上几乎都是氢氧根放电,产生氧气。这些气体的逸出,带出大量的铬雾,严重污染环境。因此应该使用抑雾剂,或者配置抽风装置和铬雾净化回收装置。

6.1.1 普通镀铬的配方及操作条件

普通镀铬的配方及操作条件见表 6-1。

表 6-1 普通镀铬溶液的组成及操作条件

名称及单位	低浓度镀液	标准镀铬液	高浓度镀液
铬酐(g/L)	100～150	250	350～400
硫酸(g/L)	1～1.5	2.5	3.5～4
三价铬(g/L)	2～5	2～5	2～6
温度(℃)	30～50	35～55	40～55
阴极电流密度(A/dm^2)	10～35	12～30	10～25

6.1.2 镀铬层发花、发雾

镀铬层发花,发雾通常有两类原因:

1.镀铬过程中产生的原因

电镀电源的波形不对,镀铬的电源波形要求类似直流电;如果用三相全波整流器,坏了一相就会出现这一现象。挂具对镀铬影响很大,这是因为镀铬溶液本身的分散能力和覆盖能力都很差,镀铬又采用较高的电流密度,所以挂钩必须导电好,弹紧接触好;否则也会出现这一现象。镀铬时温度过高,镀层会带有雾状乳白色。另外若镀铬溶液中带入较多的氯离子,也会造成镀层发花、发雾。

2.镀铬之前产生的原因

铬镀层发花、发雾大多数都是由于镀铬前的原因。镀光亮镍之后镀铬,若出现发花、发雾可能是因为镀镍的光亮剂加多了,或者镀镍后镍层受到污染,已经钝化了(后道清洗水等不清洁);如果是抛光后工件套铬,常常因为抛光膏没有除清而造成发花、发雾;如果是合金镀层抛光后套铬发花,发雾、常常因为合金中活泼金属所占的比例偏高了。例如:铜锌合金中锌的比例高了,铜锡合金中锡的比例高了,锌铁合金中锌的比例高了,这些活泼金属被镀液氧化了。

这里介绍两个小窍门:

(1)抛光后的工件套铬:抛光后道一定要用“白粉”拉一下,有时抛光膏不一定会拉干净,这时套铬会出现发花。如果将工件在铬液中停留几秒,往往就不会出现发花了。这是因为铬液的强氧化性,将抛光膏氧化除去了。不过这种方法只能临时救救急,一直用这种方法,镀铬液中的抛光膏分解产物增加,溶液的黏度增加,会影响镀铬的电流效率和覆盖能力。

(2)镀镍后的工件套铬:镀铬发花,如果是光亮剂多的原因,想镍镀层光亮整平饱满,又想避免镀铬层发花、发雾,可以在镀好光亮镍后,闪镀几秒不加光亮剂的普通镍,这时镀铬就不会发花、发雾了。

6.1.3 镀铬溶液的深镀能力差,深凹处镀不上铬

普通镀铬本身的覆盖能力就比较差,如果深凹严重,要用辅助阳极。若深凹不严重,可以先用大电流冲击一下,冲击约45s,再回到正常电流。如果平时可以走到位,而现在有问题了,那么可以从以下几方面查找原因:

1.溶液的原因

普通镀铬溶液的成分比较简单,主要是铬酸、硫酸、三价铬。铬酸浓度高,溶液的导电性好,深镀能力就好。如果出现深凹处没有镀层,首先要检查一下铬酸的浓度,不能低,应该高。溶液中硫酸含量虽然不高,但它应与铬酸含量相匹配。通常铬酸:硫酸=100:1。这也要看镀什么零件。如果硫酸比例相对较高,如达到100:1.5,深凹处就会镀不上,俗称“露底”;根据经验,有深凹的产品,其比例宜在100:(0.8~0.85)。溶液中三价铬含量应该在2~6g/L。过高的三价铬,镀铬的光亮范围缩小,电流密度大的部位烧焦,而小电流密度的部位镀不上铬,就“露底”了。降低三价铬含量,可以用电解法,条件是:阳极面积要大大地大于阴极面积;提高温度至60~65℃;阳极电流密度在1.5~2A/dm^2。镀液中如果没有三价铬或三价铬含量过低,不能镀出满意的铬层。要产生三价铬或者增加三价铬可以用以下三种方法:①电解。在有足够的硫酸条件下(电解时要消耗酸);在阴极面积大大地大于阳极面积的条件下电解。②用还原剂将六价铬还原成三价铬。较为常用的是酒精。用量为0.5mL/L(酒精含量为98%)加入酒精时,反应发热,一边慢慢加入,一边搅拌,防止铬液溅出。③加部分含三价铬较高的老铬液。这是较省事的办法。溶液中若有铜杂质、铁杂质过高,同三价铬过高一样也会造成溶液的深镀能力差,深凹处镀不上铬的现象。除了提高铬酸浓度可以有所改善外,还找不到理想的去除方法。曾经使用能够抗氧化的离子交换树脂吸附铜、锌、铁等金属杂质(包括三价铬)。这种方法有效,但是铬酸的氧化能力太强,离子交换树脂的寿命太短,处理费用过高。将此溶液用于塑料电镀粗化是可行的再利用。

溶液中若氯离子含量>0.5g/L，镀层裂纹增加，出现发雾，也会造成溶液深镀能力差，深凹处镀不上铬。用阳极电解可以除去氯离子，方法如下：阳极电流密度≥40A/dm^2；温度：约65℃；电解时不断搅拌溶液，让电解生成的氯气及时挥发掉。

溶液中若硝酸根含量>1g/L，则镀层灰暗、失去光泽等，也会造成溶液深镀能力差。除去也用电解法，条件如下：①加入适量碳酸钡，除去溶液中的硫酸根，以免铬在阴极上沉积；②加温至65℃；③阴极电流密度约15A/dm^2。除去硝酸根后，不要忘记补充硫酸，调整成分和工艺条件，然后试镀。

2. 电镀铬之前的原因

如果工件毛坯粗糙，在打磨、抛光时凹处够不着，镀铬前的镀层肯定是粗糙的，在镀铬时一定会出现深凹处镀不好的情况。另外，如果光亮镍层钝化了（如镀镍时阳极短缺，镀镍出槽前刚刚加过氧化剂；镀镍溶液中含硫物质过多；镀镍温度过高；镀镍后放置时间太长等等），也容易造成镀铬时深凹处镀不好。

3. 其他原因

挂具接触不好，没有弹牢挂紧；镀铬阳极导电不好；都会造成深凹处镀不好。镀铬阳极常用铅板、铅-锑或铅-锡板。在铅中加入6%～8%锑的合金作阳极，比用钝铅阳极强度好、导电性好、耐腐蚀性好，这种铅锑阳极普通镀铬使用比较广泛。电镀时阳极应为深褐色。若表面呈黄色，说明已经生成铬酸铅，导电不好，就会出现深镀能力差，深凹处镀不上铬的故障。应用钢丝刷除去黄色铬酸铅。在刷除前可先在下列溶液中进行阳极电解处理：氢氧化钠90g/L左右，碳酸钠90g/L左右，温度50～60℃，电压6～8V。电解处理能使铬酸铅松动，容易脱落。清理铬酸铅后的阳极要在通电（要求电压较高）的条件下，挂入镀槽。通电下不容易再生成铬酸铅，这时会生成深褐色的活性过氧化铅，其导电良好，不仅可以确保氢氧根放电析出氧气，还可以氧化三价铬成为六价铬，维持三价铬含量于一个较低的平衡状态（维持三价铬平衡在2～6g/L的工艺范围内）。

6.1.4 镀铬层电流密度小的部位出现彩虹色

1. 溶液原因

镀铬层电流密度小的部位出现彩虹色，大多是因为溶液中硫酸的比例低了，补充硫酸可以立竿见影。镀铬溶液虽然成分简单，但是每一种成分的影响却很大。硫酸少时，除了会在低电流密度区出现彩虹，还会使镀铬层光亮度变差，甚至表面出现棕色斑点。如果硫酸的比例高了，镀液的深镀能力差了，镀层裂纹较多，边角也容易烧焦。这时可以用碳酸钡，沉淀除去。如果镀液的温度过高，而电流密度没有跟上去，这时镀铬层也会出现彩虹。

2. 其他原因

入槽时如果电流密度太小，铬镀层会出现彩虹。这是因为工件上没有足够的

析出氢活化其表面，表面钝化形成的彩虹。挂具接触不良，造成镀层出现彩虹，也是这个道理。如果固定出现一面镀铬层正常、另一面出现彩虹色钝化层的现象，多数是因为双性电极原因造成的。另外，如果镀铬的电源出了问题，比如三相中坏了一相，二相电流也会这种彩虹现象。

6.1.5 镀铬应该重视的问题

1.温度

普通镀铬温度对镀铬层有明显的影响。温度过低，镀层呈灰暗色，走位较好；温度正常，镀层光亮；温度过高，镀层呈乳白色，带蓝光。硬度降低，阴极电流效率也降低。温度允许变化的范围很小。在电流密度不变的条件下，温差不能超过3℃。

2.阴极电流密度

镀铬阴极电流密度范围相当宽。但是与温度密切相关。温度低，阴极电流密度必须低，否则镀件上电流密度大的部位容易烧焦；温度高，阴极电流密度也应相应提高，否则走位不好，镀层色泽不好。温度与阴极电流密度必须匹配。一般温度与阴极电流密度的对应如下：

温度40℃ — 阴极电流密度10～20A/dm^2；

温度45℃ — 阴极电流密度15～30A/dm^2；

温度50℃ — 阴极电流密度20～35A/dm^2；

温度55℃ — 阴极电流密度30～50A/dm^2；

温度60℃ — 阴极电流密度40～65A/dm^2。

3.电源

镀铬所用的电流很大，随着温度的升高，所用的电流更大。因此镀铬的电源要有足够的容量。溶液浓度高，电阻小一些，但是普通镀铬，其额定电压应大于18V（电流强度具体视阴极面积而定）。镀铬电源要求电波平整连续，以前是用直流电机。为了节省电能，现在大多数都用三相全波电源并装有滤波电抗器，以保证电波的平整连续。

4.溶液的容积

镀铬时因为电流大、电压高，溶液升温较快。镀铬工艺对体积电流密度有严格的要求，应控制在15～20A/L，否则：①引起镀液升温过快。镀液温度一升高，电流必须跟上去，电流大了，温度升的更快。这样必然影响镀层质量。②镀铬溶液的容积太小，也会影响深镀能力。因为额定容积不足，必然影响阴阳极之间的自由空间，从而电力线分布不均匀，影响溶液的走位。因此，不主张镀铬工件挂太密、镀铬槽容积太小。

6.1.6 镍层钝化导致镀铬出现的故障

在电镀自动线上，有时会发现分布在挂具底部，尤其是在靠近槽边两端底部的镀铬层呈灰白色的现象。对此首先怀疑是镀铬弊病，可先后采取以下措施：①检查镀铬阳极是否钝化、短残；②清除镀铬槽底部的坠入工件和沉淀物；③镀铬溶液中加入适量硫酸并搅拌均匀。如果都没有解决问题，可将镀镍产品浸硫酸活化，带酸镀铬，如灰白现象大为好转，说明镀镍层在镀铬前已经钝化了。

检查镀镍层钝化的原因，主要是两点：①钛篮下部搁空，镍阳极下面短缺。面对的阴极零件缺少电力线，缺少氢的还原，镍层容易钝化；②镍槽产品经回收槽—“含镍废水离子交换闭路循环水”—流动清洗水—镀铬，其中含镍废水离子交换闭路循环水 pH 较高(pH 大于 5.8)，而且不干净(在气温高时，水已经有点气味)，水质不好，钝化了镍层。在钝化的镍层上套铬，铬层呈灰白的现象。

经过针对处理后，可避免类似故障。

第二节　复合镀铬

普通镀铬是以硫酸根作催化离子，镀液成分简单，容易控制；缺点是电流效率低，覆盖能力差，镀层容易产生裂纹。

复合镀铬同时有硫酸根和氟硅酸根(或者是稀有金属)两种催化离子，因而其电流效率较高，可达 26%(普通镀铬电流效率仅为 13%左右)；获得光亮镀层的操作范围宽，镀液的温度、电流密度的匹配不像普通镀铬那样要求非常严格；镀液的覆盖能力较好；镀层的裂纹比较细；溶液的浓度也有明显降低，对六价铬的废水处理减轻了压力。但是这种镀铬液腐蚀性强，对阳极、对没有铬层的基体都会腐蚀，所以要求阳极含锡量要高，至少达 8%，工件坠入要及时取出；因为溶液稀，对金属杂质比较敏感；现在含氟废水也受到限制使用。

稀土添加剂的开发，进一步打开了复合镀铬的大门，各种稀土添加剂纷纷亮相，随着市场的选择，一定会有越来越好的产品。现在的稀土添加剂，优越性非常明显。使用稀土添加剂的镀铬溶液，六价铬的浓度可以明显降低，减少了六价铬废水治理的负荷；电流效率明显提高，减少了铬雾污染；溶液的深镀能力、分散能力都有较大幅度的提高。

但是稀土添加剂基本上是混合物，由一种或者几种稀土混合，成分复杂不清。同一个供应商每批稀土添加剂的各种成分、含量也不一定完全相同，又不能精准化验分析其组分，因此难以控制，存在不稳定性，基本上靠经验操作。换了一批稀土添加剂，说不定又要摸索一阵子。另外，有的稀土添加剂镀铬时间长了(超过 5min)，镀层呈白色、不光亮；有的铬层上有一层黄膜，硬度也不稳定(在镀硬铬方面存在不少问题)。稀土添加剂一般含有氟离子,这也是一个问题。因此,稀土添加剂有待成分明朗化、标准化,这对认识稀土、使用稀土、改善镀铬工艺、废水治理都有益处。

目前,能够抗氧化的有机镀铬添加剂已经投入使用。美国M&T化学公司推出的HEEF镀硬铬工艺,阴极电流效率达到25%,该工艺在国内外已被广泛运用,是有机添加剂镀铬液的典型代表。

第三节　镀硬铬

6.3.1 镀硬铬简介

镀硬铬同镀普通装饰性铬操作上存在许多区别。镀硬铬有以下几个特点:①镀硬铬一般铬层要求比较厚,电镀时间长,电流密度大,因此挂具很重要,导电一定要好,防止导电接触点发热;溶液的体积电流密度要大,要配备溶液冷却装置。②由于镀铬的分散能力差,覆盖能力差,在镀厚铬层时这一问题更为明显,所以必须注意合理应用辅助阳极和像形阳极。③镀硬铬常常只需局部镀铬,因此不需要镀的地方要绝缘。绝缘材料必须附着力好,镀后去除方便;绝缘材料要耐溶液腐蚀,本身不容易坏,不产生对镀液有危害的杂质。④镀硬铬阴极效率低,大量析氢,时间长,镀层厚,渗氢是难免的,所以镀后要进行除氢处理。通常在镀硬铬后,镀件要用热水充分洗净,然后再干燥(不要用冷水！否则铬层迅速冷却,裂纹增多)。除氢通常用加热法,放在烘箱或者油槽中,保温一段时间,通常温度为150～250℃,时间0.5～5h。在热油中去氢的同时,又将油填进铬层的裂纹中去,从而提高了铬层的防腐蚀能力,这一方法值得选用。镀硬铬的工件有的还要进行研磨加工或者机加工,这要配合客户进行操作。

6.3.2 硬铬镀层的结合力

虽然镀液和操作条件对结合力有一定影响,但是对结合力起决定作用的是工件的镀前处理。镀前处理包括通常意义上的前处理,尤其是阳极处理。阳极处理要将镀件表面的油污全部除去,让基体结晶裸露出来。镀层要求越厚,阳极处理的时间也应相应延长。阳极处理时还应根据基体材料不同,选择处理条件。以下列出表6-1供参考:

表 6-1　不同基体材料的阳极处理

基体材料	镀层厚度(μm)	处理溶液	处理方式	处理时间(s)	阳极转阴极起始电镀的方式
低碳钢	10	镀铬液	阳极电解	30～60	冲击镀
低碳钢	50	镀铬液	阳极电解	60～120	冲击镀
高碳钢	10	镀铬液	阳极电解	3～5	冲击镀
高碳钢	50	镀铬液	阳极电解	10～15	冲击镀
铸铁	50	镀铬液	阳极电解	3～5	冲击镀
高速钢	50	镀铬液	阳极电解	30～60	阶梯式给电,3～5min 内电流从小到正常
钼钢	10	10%～15%硫酸	浸渍	60～120	同上
不锈钢	50	镀铬液	阳极电解	60～120	同上
不锈钢	10	10%～15%硫酸	浸渍	60～120	带电下槽,电压 2～2.5V,电流逐步升高至正常

6.3.3 铬镀层的硬度

铬镀层的硬度、厚度是客户提出的主要技术指标,镀液的成分、镀铬时的操作条件是影响铬层硬度的主要因素。镀铬溶液中硫酸根的影响较大,下面列出酸度比对铬层硬度的影响,见表 6-2:

表 6-2　酸度比对铬层硬度的影响

铬酐∶硫酸根	镀层硬度(HV)
100∶0.6	870
100∶0.8	900
100∶1	920
100∶1.4	977

在不同工作条件下从标准镀铬溶液中得到的铬层硬度,见表 6-3。

表 6-3 在不同工作条件下从标准镀铬溶液中得到的铬层硬度

阴极电流密度 (A/dm²)	镀液温度(℃)						
	20	30	40	50	60	70	80
	镀层硬度(HV)						
10	900	1000	1100	910	760	450	435
20	695	670	900	1000	895	570	430
30	670	690	1145	1050	940	755	435
40	670	690	1030	1065	985	755	440
60	695	690	840	1100	990	780	520
80	695	700	725	1190	1010	955	570
120	750	705	700	1190	990	990	630
140		795	795	1280	1160	970	
160	810		950			1010	

6.3.4 硬铬镀层的厚度

客户一般会要求准确的厚度。要电镀出指定的厚度,必须计算出镀液的阴极电流效率。通常铬酸浓度较低(硫酸比在 100∶1),阴极电流密度较高些;温度较低,都有利于提高电流效率。下面列出在不同工作条件下标准镀铬的电流效率,见表 6-4。

表 6-4 不同工作条件下标准镀铬的电流效率

阴极电流密度 (A/dm²)	温度(℃)						
	25	35	40	45	50	55	65
	阴极电流效率(%)						
5	12.5	7.5	7.2	6.8			
10	24.0	12.6	12.2	12.3	9.0		
15	28.8	15.9	15.2	14.7	12.5	9.9	6.3
20	32.2	19.0	18.2	16.1	14.5	13.2	8.6
25	34.7	22.0	20.4	17.0	15.8	14.8	10.3
30	36.4	24.7	21.5	17.8	16.7	16.2	11.6
35	37.5	27.0	22.6	18.4	17.4	16.7	12.5

（续表）

阴极电流密度（A/dm²）	温度（℃）						
	25	35	40	45	50	55	65
	阴极电流效率（%）						
40	38.5	29.5	23.5	19.0	18.0	17.3	13.4
45	39.0	31.6	24.3	19.5	18.6	17.5	14.1
50		32.9	25.1	20.0	19.1	18.1	14.8
55		36.0	26.4	21.0	19.9	19.0	15.8
60			27.7	21.9	20.6	19.5	16.6
70				22.9	21.3	19.9	17.2

知道了电流效率，根据厚度公式就可以在一定的电流密度下，选镀一定的时间，从而镀出准确的厚度。

镀层厚度公式：$\delta=\frac{CD_k t\eta_k\times 100}{60r}$

式中：δ：镀层厚度（μm）；C：电化当量（g/Ah）；D_k：阴极电流密度（A/dm²）；t：电镀时间（min）；η_k：阴极电流效率（%）；r：镀层金属的密度（g/cm³）。

注：

①厚度是指镀层平均厚度。

②计算时要化成指定单位代入公式。

6.3.5 大工件需要预热

体积大的工件入槽后会使溶液温度下降。工件越冷，体积越大，溶液温度下降越低。温度下降会影响镀层质量，从而生成黑色的粗糙镀层。在粗糙镀层上加厚铬层，镀层更粗糙。另外，因为热胀冷缩的原理，镀层也会有结合力问题，根据工件的大小选择预热的时间是必要的。

6.3.6 硬铬层退镀后再镀应该注意的事项

工件镀过较厚的硬铬层、铸件镀硬铬，或者合金钢镀硬铬，这些硬铬退镀后再镀铬，往往难以镀好。这是因为工件在镀铬过程中受过渗氢的影响。退镀后的工件，渗入的氢不但没有去除，可能渗氢更严重（用盐酸退铬层，也会有氢产生，造成渗氢）。渗过氢的基体，这时再镀铬，氢的过电位变小，会有大量的氢析出，镀铬变得很困难。所以，这类工件退镀后，必须经过去氢，才能再镀硬铬。如果是精密工件，退镀后还要去除可能渗入的氯离子，这是为了防止工件镀后遭到氯离子的腐蚀。

第四节 镀铬添加剂的应用

6.4.1 镀铬稀土添加剂的应用

在镀铬时应用稀土添加剂已经有很多年了，许多企业都在使用。目前国内有不下 20 种镀铬的稀土产品。各种稀土镀铬工艺的差别在于：使用何种稀土；是稀土氧化物还是稀土化合物。

稀土镀铬的主要优点：

(1)镀液中 CrO_3 浓度可以明显降低，一般在 120～180 g/L 就可以了，节约了铬原料。

(2)操作条件比较宽范，温度 10～50 ℃，阴极电流密度 5～30 A/dm^2，都可以正常生产。

(3)阴极电流效率提高了，可达到 20%～25%；提高了生产效率，节约了电能。

(4)提高了镀液性能：分散能力提高 30%～60%；覆盖能力提高 60%～85%。

(5)镀层的硬度、光亮度可以达到原来的水平，有的添加剂还能镀出微孔或微裂纹铬。

现在镀硬铬使用稀土添加剂也比较普遍，其硬度和耐磨性一般都比较好。

稀土镀铬的问题是不够稳定。镀液维护摸不到规律；有时外观达不到要求；不同的稀土添加剂其阴极电流效率有差别；每批的稀土添加剂组分也会有差异。镀硬铬如果需要精确的厚度，必须要测定溶液当下的阴极电流效率，确定电流密度的大小，然后计算出电镀时间。如果铬层厚度要求不必那么精确，使用稀土添加剂可以不必那么麻烦。

希望稀土添加剂的生产单位能够确定产品组分，提供准确的消耗量；提供使用产品，镀层能够达到的质量品质；明确产品中是否含有氟元素，含有多少(如果氟化物含量过多，镀件的低电流密度部位容易产生电化学腐蚀)。这对阳极材料的选用，对废水治理都是必须提供的资料，也是镀铬稀土添加剂发展需要解决的问题。

6.4.2 镀铬有机添加剂的应用

有机添加剂镀铬的应用比较困难，在氧化性很强的铬酸中，尤其在电解过程中，几乎没有什么有机物可以稳定存在。因此，限制了有机添加剂的开发和应用。1984 年，美国 M&T 化学公司成功地推出了新型硬铬工艺，目前该工艺已在国内外广泛使用。

以下介绍美国 M&T 化学公司推出的有机添加剂硬铬工艺，此工艺简称为 HEEF(即 High Efficiency Etch Free，意思为高效能、无低电流密度区腐蚀)。镀液中不含氟，故不侵蚀镀件的低电流密度部位。该工艺阴极电流效率为25%。

1.镀液组成及操作条件

HEEF—25镀液组成及操作条件见表6-5：

表6-5 HEEF—25镀液组成及操作条件

名称及操作条件	范围	标准(开缸量)
铬酸(g/L)	225～275	250
纯硫酸(d=1.84)(g/L)	2.5～4	2.7
温度(℃)	55～60	58
阴极电流密度(A/dm^2)	30～75	60
阳极电流密度(A/dm^2)	15～35	30

2.镀液的配制及添加剂的补充

HEEF—25的添加剂是在配制时加入的。下面介绍镀液的配制和添加剂的补充：

(1)添加250g/L开缸盐HEEF25GS或550mL/L开缸剂HEEF25G于镀槽内。

(2)加入纯水至所需水位，搅拌均匀，加温至55～60℃。

(3)分析并调整硫酸含量至2.7g/L，加入适量抑雾剂。

(4)电解4～6h，使镀液达到电化学平衡，试镀。

(5)镀液的补充：由于商业原因，HEEF镀液中只有铬酐、硫酸是公开的。开缸盐HEEF 25GS，开缸剂HEEF G只用于新配镀液，或补充带出损耗；液体的HEEF 25G含有450g/L铬酸及适量催化剂；补充盐HEEF 25RS(固体)及补充剂HEEF 25R(液体)其中含有铬酸和催化剂，只用于镀液的补充添加。镀液添加剂补充方法：

添加剂消耗量：(1000A·h)补充HEEF—25RS：150g或者补充HEEF—25R：350mL。

若带出损耗大，建议按每补充35～55kg HEEF 25RS(或100～150kg HEEF 25R)交替补充11～15kg HEEF 25GS(或30kg HEEF 25G)，确保催化剂浓度正常。

3.HEEF—25的工艺特点

(1)具有较高的电流效率和沉积速度。电流效率可达22%～26%。

(2)铬层硬度高。其显微硬度HV为900～1000。

(3)耐磨性一般可以提高20%；滑动摩擦提高25%。

(4)镀层裂纹数可达400条/cm，使腐蚀分散，提高了镀层抗腐蚀能力。

(5)电流密度范围宽，在70A/dm^{2}以下电镀，镀层一般不会烧焦，也不会粗糙；因为溶液不含氟化物，工件低电流密度区不会产生侵蚀。

(6)镀液的分散能力优于传统镀铬。

(7)传统镀铬工艺容易转换成HEEF—25工艺。

此外，有机添加剂在装饰性镀铬也取得很好的口碑。例如，安美特化学公司提供的 CR－843 装饰性镀铬工艺，具有很好的覆盖能力，采用 $16A/dm^2$，阴极电流效率可达 17％，对不锈钢、镍层都有活化作用，不过这种镀液中含有氟催化剂。

第五节　镀黑铬

6.5.1 黑铬电镀简介

黑铬镀层具有吸收光能、吸收热能的功能，且耐腐蚀、耐磨、耐温，其外观庄重酷丽。黑铬镀层不仅应用于光学仪器、军工武器、仪器仪表等方面，还应用于汽车、摩托车、自行车。现在应用于外观装饰也越来越多，如服装鞋帽装饰件、眼镜，皮包、五金装饰件等。

黑铬镀层是由金属铬和铬的氧化物组成的，氧化物的主要形式是三氧化二铬（Cr_2O_3），氧化物的化学组成如下：

铬—56.1；氮—0.4；碳—0.1；氢—1.25；氧≥26。

三氧化二铬是一种高射率的透明介质，由它形成了吸光中心，使镀层产生黑色。因此，镀层中三氧化二铬含量越高，其黑度越佳。三氧化二铬中存在金属铬的微粒，所以具有很好的耐磨性。若需要镀层吸光功能，黑铬层可以镀在粗糙无光的基体上；若需要光亮装饰效果，黑铬层可以镀在光亮基体上。

6.5.2 电镀黑铬的配方及操作条件

电镀黑铬的配方及操作条件见表 6－6。

表 6－6　电镀黑铬的配方及操作条件

名称及单位	配方 1	配方 2	配方 3	配方 4	配方 5
铬酐(g/L)	300～350	200～250	250～300	200～250	250～300
硝酸钠(g/L)	8～12		7～11	5	7～11
醋酸(g/L)		6～6.5		6.5	
硼酸(g/L)	25～30		20～25		3～5
氟硅酸(g/L)	0.1～0.3		0.1～0.3		
氯化镍(g/L)			20～50		
温度(℃)	20～40	≤40	18～35	30～50	25～30
阴极电流密度(A/dm^2)	45～60	50～100	35～60	50～100	40～50
时间(min)	15～20	5～10	15～20	5～10	15～20

注：

①阳极采用铅锑合金(含锑6%～8%)。

②最好在30℃以下电镀，电流密度可以采用30A/dm^{2}以上，因此溶液升温较快，应该配备冷却装置。

③一般电镀5min以上，若镀层不够黑，应延长电镀时间。

④黑铬镀层耐磨性很好，结合力好，但耐腐蚀取决于中间镀层。

⑤三价铬可以提高阴极电流效率，可以通过电解或者加入乙醇等方法获取。通常电解(方法同普通镀铬)4～5h即可。

⑥配制黑铬镀液一定要除清硫酸根，包括铬酐中的硫酸根。除去方法也是用碳酸钡沉淀之。

⑦Cu^{2+}在1 g/L以上镀层出现褐色条纹，Fe^{3+}在0.5 g/L时镀层出现灰色，而且分散能力差。除去这些离子可以用选择性的离子交换方法除去；或者用素烧陶瓷管电解方法除去。

⑧黑铬镀层容易吸附污物，因此禁止手触摸，防止污物污染，镀后应立即钝化并上有机罩光漆。也可以滚光上蜡、浸油，做好镀后处理。

6.5.3 电镀黑铬常见故障

1. 无黑铬镀层或者镀层呈黄褐色；镀层呈浮灰状

通常镀液中发黑剂——硝酸钠含量低了，或是催化剂氟硅酸低了，会出现这种现象；电流密度过低，或者温度高了也会出现这种现象。只要按照工艺规范调整即可。

2. 镀层有脆性，有脱落下来的现象

镀黑铬前零件表面被污染或者已经钝化；硼酸、氟硅酸含量过高也会出现这种现象；电流密度过大也会出现这种现象。所以镀黑铬前零件表面一定要清洁，活化；要时常检查并实施操作的工艺规范。

3. 镀层不够黑

挂具的导电不良；硝酸钠或三价铬含量不足；阳极面积过大；电镀时间太短。在前三项正常下，延长电镀时间是有效镀黑的手段。

4. 镀液的分散能力差

这是因为硼酸或氟硅酸含量低，需按工艺调整。

5. 镀层带彩虹色，或者带灰色

镀液中含有硫酸根杂质是首选；氯离子太多或者电流密度低也会出现这种现象。

6.5.4 不良黑铬镀层的退除

方法一：盐酸(d=1.19)：5%；温度：室温；时间：退尽为止。

方法二：(电解法)

氢氧化钠：50～100g/L；温度：室温；阳极电流密度：5～15A/dm^2；时间：退尽为止。这种方法在铜合金、铝合金、锌合金基体上不能使用。

第七章　镀　锌

镀锌大多应用在钢铁基体表面。锌镀层表面有一层氧化膜，在干燥环境中是稳定的，不容易被腐蚀；在潮湿环境下，或者在含有二氧化碳的水中，锌镀层的表面会形成一层紧密的碳酸盐薄膜，这层薄膜会保护基体不受腐蚀。镀锌的钢铁件在受到电化学腐蚀时，锌的电位较负，锌是阳极，它自身腐蚀保护了钢铁。锌镀层属于“阳极性镀层”。正因为锌镀层既有机械性(隔离)保护作用，又有电化学保护作用，所以锌的防腐蚀性能非常好。

锌镀层的镀后处理也很重要。常常将其“钝化”。这一工序不仅可以大大提高镀锌层的抗腐蚀能力，也可以改善锌镀层的装饰性。

镀锌成本低，耐腐蚀性好，有一定的装饰效果，便于储存。因此在各个行业得到广泛应用。获得锌镀层的方法有很多，如电镀、热浸锌、化学镀等；电镀锌也有各种工艺，如氰化镀锌、碱性锌酸盐镀锌、酸性氯化钾镀锌等。这里重点讨论这三种镀锌。

第一节　氰化镀锌

氰化镀锌工艺成熟，便于操作，镀液分散能力好，镀层结晶细致，结合力好，是应用广泛的工艺。按氰化镀锌中氰化钠的高低分高氰、中氰、低氰三种工艺，其原理类同。从操作、质量、环保等角度综合考虑，使用中氰浓度比较好。

7.1.1 氰化镀锌配方及操作条件

常用氰化物镀锌配方及操作条件见表7－1。

表7－1　常用氰化物镀锌配方和操作条件

名称及单位	配方1(高氰)	配方2(中氰)
氧化锌(g/L)	40～45	15～20
氰化钠(g/L)	90～110	30～40
氢氧化钠(g/L)	60～80	65～85
硫化钠(g/L)	0.5～3	0.5～3
甘油(mL/L)	3～5	
温度(℃)	15～35	15～35
阴极电流密度(A/dm^2)	1～2.5	1～2.5

注：

①阳极用0号锌；或用锌含量在99.5%的电解锌。杂质允许量：Pb<0.05%；Cu<0.002%；Cd<0.02%；Fe<0.02%。

②阳极需要阳极框，外用耐碱性锦纶布做袋。

③若锌含量升高时，可以用纯铁板或镀镍铁板取代部分锌阳极。

④也可以添加适量光亮剂，获得光亮的锌镀层，注意不要加过量，否则会引起镀层脆性。

7.1.2 操作中控制好氰化钠与锌的比值、氢氧化钠与锌的比值

氰化镀锌溶液中主要成分就是氰化钠、锌、氢氧化钠这三种成分，有的还加一些添加剂。氰化钠同锌的比值应该控制在3～3.5通常把它叫做M比；氢氧化钠与锌的比值应该控制在2.0左右。

氰化钠是锌的主要络合剂。如果M比小，游离氰化钠低，会导致镀层粗糙、发暗，锌阳极的溶解也不好。阳极的钝化会析出氧，分解氰化钠，使游离氰化钠进一步减少，形成恶性循环。所以若是氰化钠低了应该及时补充；若是锌太高了，应该减少锌阳极的面积，用不溶性阳极取代锌阳极，并保持镀液中电流的分布。操作时应该尽可能少用不溶性阳极，因为在不溶性阳极上析出的都是氧，氧会分解氰化钠，造成氰化钠不必要的损耗。一开始配溶液时锌不要配得偏高。如果M比过大，阴极电流效率下降，沉积速度下降，阴极上氢气析出较多，甚至导致镀层产生针孔。造成钢铁铸件等，本身就难镀上锌的工件，镀不上锌镀层，电镀这种工件M比更要小。

氢氧化钠在溶液中一可以络合锌，二可以增加溶液的电导。保持氢氧化钠一定的游离量，既可以增加溶液的导电能力，也有利于锌离子的多元络合，使镀层结晶细致。氢氧化钠浓度过高，阳极的化学溶解和电化学溶解都加快，锌太高了，镀层容易粗糙；氢氧化钠过低，则导电性差，电流效率降低了。实践证明，氢氧化钠与锌的比值宜控制在2左右。

7.1.3 镀层结合力不好

出现镀层结合力不好，先要找出其原因。结合力不好大多数是镀前处理原因。基体表面有油污，或者有氧化物；去油槽溶液表面，或清洗槽液面有油污黏附在零件上；高碳钢、淬火钢铁镀前酸洗时间过长，氢渗入基体，镀后产生小鼓泡；含硅、磷较高的基体在酸蚀后会有挂灰，这些原因都会造成结合力不好。

如果溶液中氰化钠含量太高，此时电镀钢铁铸件、镀合金钢，会发现结合力不好的现象；溶液中有较多六价铬，低电流密度镀层很薄甚至没有镀层，镀层甚至有条纹出现，这时结合力不会好。必须除去六价铬。六价铬的除去可以将溶液加温至50～60℃，加入0.4g/L保险粉，搅拌30～60 min。趁热过滤。调试时

加入 0.1～0.2 mL/L 30%的双氧水，将过量的保险粉氧化为硫酸盐，即可试镀。

7.1.4 镀层灰暗、粗糙或呈颗粒状

这类故障大多是因为溶液中锌离子含量过高、氰化钠含量偏低、氢氧化钠含量偏低，或者锌离子含量过高、氰化钠含量偏低、氢氧化钠含量太高所引起的。锌离子没有充分络合是产生故障的原因。如果阴极电流密度过大；阴、阳极距离太近，阳极面积又大；也会造成这种故障。

如果镀前清洗水不干净，会造成镀层灰暗；如果清洗水是干净的，镀液中有异金属，也会出现这种故障，这时要用小电流密度 0.1～0.2 A/dm^2 电解，可以排除少量异金属的干扰；如果异金属较多，可用硫化钠(1 g/L)或者锌粉(0.6 g/L)处理。

去除铜、铅等异金属方法如下：

(1)向镀液中加入 0.6g/L 的锌粉(用量视杂质的量而定)，搅拌 30～60min；

(2)沉降后过滤镀液；

(3)电解片刻后调试电镀。

锑、铅、铁、砷等可以用硫化钠处理。方法是：

(1)向镀液中加入 1～2 g/L 的硫化钠，搅拌 60 min，使这些异金属生成硫化物沉淀。

(2)电解片刻，调整镀液，试镀。

这种方法生成的沉淀颗粒较大，容易沉淀，不过滤就可以电镀；若业务不急，过滤更好。少量的铜、铅杂质也可以用小电流密度(0.1～0.2 A/dm^2)电解除去。

颗粒状的故障(毛刺)不排除溶液中有悬浮颗粒，应该过滤除去。

7.1.5 阳极上有白色覆盖物

镀锌有时阳极上出现白色覆盖物，这时电流下降，电压升高。这是阳极钝化的现象。造成阳极钝化不外乎游离氰化钠和氢氧化钠低了；或者溶液积累了过多的碳酸盐。前者是因为帮助阳极溶解的络合物，导电盐低了，阳极极化了；后者是过量的碳酸盐增加溶液的电阻，溶解的锌离子不能及时扩散，导致阳极上产生白色锌的氧化物。除去过量的碳酸盐可用冷冻法，具体可以参考氰化镀铜中碳酸盐的除去。

7.1.6 镀液中锌离子浓度渐渐升高

这是因为阳极电流效率大于阴极电流效率，溶解的锌比镀掉的多，锌离子慢慢积累了。出现这种故障不外乎两个原因：锌阳极面积大；游离氰化钠高了。为了不影响电流的分布，可以用纯铁板替代部分锌阳极；不镀的时候将锌阳极取出，以减

少锌的化学溶解。游离氰化钠高了，可以补充氧化锌，调节氰化钠与锌的比值。

7.1.7 镀锌后储存时泛色

表面轻度的生锈、泛色大多数是镀后清洗不良造成的；现象严重，则可能是基体有孔（例如铸件），或者镀层太薄。在保证镀层厚度的条件下，对于多孔件要加强清洗，最好清洗后在沸腾清水中煮沸 20min；或者在冷水—热水中反复清洗数次，将存留在多孔中的溶液洗涤干净，就可以避免这类故障产生。

2005 年，国家发改委第 40 号令，将“含氰沉锌工艺”列入调整范围。现在镀锌较少使用氰化物，而氯化钾镀锌、碱性锌酸盐镀锌已发展成熟起来了。

第二节 碱性锌酸盐镀锌

碱性锌酸盐镀锌其主要成分是氧化锌和氢氧化钠。显然仅仅依靠氢氧化钠的络合是远远不够的，那只能镀出粗糙的镀层。添加剂、光亮剂的开发及发展，给了这一镀种新的生命力。有机胺与环氧氯丙烷的合成物，可以有效改善镀层性能，镀出质量满意的锌镀层。

7.2.1 常用碱性镀锌的配方及操作条件

常用碱性镀锌配方及操作条件见表 7－2。

表 7－2 常用碱性镀锌配方及操作条件

名称及单位	配方 1	配方 2
氧化锌(g/L)	8～12	10～15
氢氧化钠(g/L)	100～120	100～150
三乙醇胺(g/L)	20～30	
添加剂①		
温度(℃)	10～30	10～40
阴极电流密度(A/dm²)	1～2.5	1～4

注：
①添加剂的品种较多，表中没有一一列出。有的厂商将适量三乙醇胺加入添加剂中。
②阳极要用 0 号锌，外用阳极框，再套锦纶布袋。
③若锌含量升高时可以用部分纯铁板或镀镍铁板取代锌板。
④有厂商提供的添加剂可以允许较高温度下操作，添加剂也不容易分解。

7.2.2 注意控制镀液的主要成分和操作条件

碱性锌酸盐镀锌溶液成分简单，主要就是氧化锌、氢氧化钠、添加剂。一般来

讲，成分越是简单，每种物质的作用越重要。

1. 氧化锌

镀液中锌含量低，镀层结晶细致，光泽均匀，镀液的分散能力和深镀能力好。但是，锌含量过低，电流密度上限小，电流效率也降低了，从而减慢了沉积速度。锌含量过高镀层发暗、粗糙，降低了镀液的分散能力和深镀能力。锌含量一般应控制在 8～12g/L。

2. 氢氧化钠

氢氧化钠既有络合作用，又有导电作用，还能促进阳极溶解。氢氧化钠含量过低，阳极钝化，槽电压升高，镀层发暗、粗糙；含量过高，阳极溶解过快，锌含量不断提高，造成镀层粗糙。氢氧化钠的高低应该与锌离子匹配，应该控制在氢氧化钠：锌＝(8～10)：1。

3. 阳极

如果镀液中锌含量慢慢降低，这往往是由于阳极质量不好或者阳极面积小；镀液中氢氧化钠、三乙醇胺太少也会造成这种现象。碱性锌酸盐镀锌应该用 0 号电解锌。只要锌阳极质量没问题，调整溶液成分、增加锌阳极的面积，溶液中的锌含量就可以相对稳定。如果镀液中锌含量高了，锌阳极面积要减少，适当控制氢氧化钠的含量。停镀时将锌阳极取出，以防止锌阳极的化学溶解。

4. 温度

要控制镀液的温度，最好不要超过 37℃，应该考虑配备溶液的冷却设备。这不仅有利于锌含量的稳定，也有利于镀层的质量。比较好的添加剂可以允许在较高的温度下操作，这已经成为衡量添加剂优劣的一项指标。

5. 三乙醇胺

镀液中加入三乙醇胺，有利于锌离子的多元络合，帮助阳极溶解，提高阴极极化，使镀层结晶细致、光泽均匀。三乙醇胺是辅助络合剂，用量不必太高，一般控制在 25～40g/L。三乙醇胺还是钢铁的优良缓蚀剂。有些供应商将三乙醇胺加入添加剂中，这些供应商提供的配方往往就没有三乙醇胺了。

6. 添加剂

添加剂在这一镀种中有着相当重要的作用。添加剂可以增加阴极极化，使镀层结晶细致，镀层光亮；扩大阴极电流密度范围；还可以改善镀液的分散能力和深镀能力。但是，添加剂也不能用量过多，否则引起镀层脆性；还会影响结合力。添加光亮剂一定要遵照少加、勤加的原则，这有利于镀件质量稳定。万一过量，可以用活性炭处理。为了不影响生产，可以将活性炭先吸附在过滤机中，然后循环抽滤镀液。一般镀液循环抽滤三遍，即可正常生产。

7.2.3 镀层粗糙,出光时有黑影,钝化时呈棕褐色

镀液温度太高;阴极电流密度过大,镀液中锌含量过高或者氢氧化钠,添加剂含量太低都会造成这一故障。如果在工件的边缘和尖端部位这种现象较严重,则电流密度大是首选因素;如果在镀件的向上面镀层较粗糙,镀液中可能有固体微粒;在用3%硝酸出光时,镀层不仅粗糙,还有黑影,钝化后膜层呈棕褐色,大多是因为溶液中有铜、铁或铅等金属杂质。当然,镀液中添加剂太少也会出现这一现象。如果金属杂质不多可以用电解法去除;如果金属杂质较多应该用锌粉处理,具体步骤如下:

(1)根据金属杂质的多少在镀液中加入0.6 g/L左右的锌粉,搅拌1h左右;

(2)加入2~3 g/L的活性炭,搅拌30min以上;

(3)静止,待活性炭沉淀完全,过滤镀液;

(4)调整镀液,补充适量添加剂,试镀。

7.2.4 镀层起泡,结合力不好

这类故障主要是两类因素引起的。一类是镀前处理不良。碱性锌酸盐镀锌其溶液活化能力很差,除去矿物油的能力也不好,所以前处理不好很容易造成这种故障。有人将前处理好的工件浸在镀锌溶液中(因为是碱性的溶液,工件不会生锈),结果工件表面钝化了,影响了镀层的结合力,这说明碱性锌酸盐镀锌溶液没有活化能力。另一类原因是添加剂问题。添加剂品质不好,分解产物积累过多,尤其镀液温度较低,添加剂用量较多时,更容易出现这类问题。同一类型添加剂由于制作的中间体品质不一样,添加剂的好坏相差很大。所以选用品质好的添加剂是镀好产品的关键,坚持少加、勤加添加剂是操作的原则,这对于碱性锌酸盐镀锌尤为重要。

如果确认是添加剂引起的这类故障,可以用双氧水—活性炭作经典处理。为了减少对生产的影响,也可以将活性炭吸附在过滤机里,循环过滤镀液2~3次,故障可以排除。

7.2.5 应该注意镀锌的阳极

碱性锌酸盐镀锌对阳极要求较高。锌阳极最好用0号电解锌,最好不要再翻型,以免带入杂质。溶液中的锌离子高了,尽可能用减少锌阳极的面积来调整,停镀的时候,将锌阳极取出来。实在调整不过来,可以用不溶性阳极。有人做过试验,低碳钢、不锈钢在通电条件下,铁、铬都有一定的化学溶解。石墨阳极通电时间长了,溶液略有变色,镀层会有粗糙,甚至出现毛刺。不溶性阳极最好用电解镍板,也有单位将铁板镀镍,这是一个很好的办法。

锌阳极最好放在阳极筐里,一定要用阳极袋(耐碱布)。阳极袋要定期刷洗,否

则时间长了，布袋被污物堵塞布孔，造成锌离子浓度下降，阳极钝化。刷洗过的布袋最好用稀盐酸浸泡，水洗干净后，用碱液中和，再使用。

7.2.6 沉积速度慢，分散能力及深镀能力不好

这类故障有以下一些原因：

如果前处理活化不好，或者工件表面钝化，会影响锌离子的沉积；镀液温度太低，溶液中离子的迁移慢，溶液导电能力差了，电流密度小了，自然要引起这种故障；溶液中氢氧化钠含量低了，导电能力差了，阳极容易钝化，也会引起这种故障；但是，氢氧化钠也不能太高，因为它还有络合锌的作用，浓度太高，电流效率低了，沉积速度也会慢；添加剂太少，当然不行，电流根本开不大，分散能力，深镀能力都会明显变差；以上都是溶液成分和工作条件引起的原因。特别要指出的是，溶液中如果带入有氧化性的物质，比如硝酸根、铬酸根，积累到一定量会造成严重的这类故障。①属于硝酸根污染的，可以采用小电流电解处理，将硝酸根还原为氨气逸出。②属于铬酸根污染的，可以采用保险粉将其还原为三价铬，用量一般在 0.2～0.4 g/L（视铬酸根量的多少而定）。如果溶液被异金属，比如铜、铅污染也会产生这类故障。铜的去除参考氰化镀锌中铜的除去。铅的除去可以用硫化钠使铅离子生成硫化铅沉淀，过滤除去；硫化钠切不可加入过量，以免引起镀层发黑；硫化钠加多少，视铅杂质多少而定，一般不超过 0.1～0.2 g/L；添加硫化钠必须充分稀释，在搅拌下慢慢加入。

7.2.7 铸铁表面难以沉积上锌

铸铁含碳量较高，一般高达 2%，材料中只有少量的碳会与铁形成固溶体，大多以石墨或者渗碳体形式存在。由于石墨会降低氢的析出电位，造成大量氢离子的放电，排挤了锌离子的放电析出。同时由于材料表面粗糙、多孔，工件实际表面积大大增加，电流密度明显不足；砂眼和缩孔中含有的磷、硫、硅、石墨、钛等元素会降低氢的析出电位，造成氢的大量析出，从而排挤了锌离子的沉积。使铸铁表面难以镀上锌，甚至引起针孔、结合力不良等问题。

对于铸铁镀锌最好采用氯化钾镀锌，如果只能用碱性锌酸盐镀锌应该考虑采取以下措施：

（1）用擦洗除油代替电解除油，以免渗氢，铸件表面也不容易被氧化。用石灰水擦洗，再用鬃刷刷一遍，砂眼中的污物可以刷干净。

（2）用喷砂代替酸洗，以免渗氢。

（3）改变通常的活化工艺。建议使用：盐酸：50 mL/L；氢氟酸：50 mL/L；室温下，浸泡时间 30～60s。

（4）电镀时先用大电流（高于正常电流密度 3～5 倍）冲击 1～2min，让铸件表

面先镀上一层锌，然后用略大于正常电流密度的电流再镀一会儿。这样就可以避免锌离子被排挤放电。

(5)如果能预镀一层酸性锌(比如氯化钾镀锌)，当然就可以避免上述麻烦，所以有的企业镀双层锌。

(6)铸铁件镀碱性锌酸盐镀锌，库存时常见泛白点。这类产品镀后应该加强清洗，最好在沸腾水中煮沸 20min，或者用热水—冷水反复清洗处理，以避免这一问题。

7.2.8 碱性锌酸盐镀锌应该注意的问题

除了应该注意镀液的主要成分，应该注意阳极之外，碱性锌酸盐镀锌还有几点亦请注意：

(1)该镀锌时溶液的温度对镀层的质量影响很大。当温度超过 40℃时，镀层的光亮度会下降，工件的边角部位容易出现粗糙；添加剂也容易分解，这时如果多加光亮剂，效果不明显，反而容易出现镀层发雾、针孔等弊病。当溶液温度低于 10℃时，电流密度上限明显下降，沉积速度减慢，镀层还容易起泡。因此，最好的温度控制在 25～30℃之间，在设计镀槽时，槽体要有足够的热容量(镀槽要大一些)，最好配备控温系统。

(2)添加剂一定要少加勤加，最好滴加。不同温度，消耗的添加剂是不一样。电流密度的大小(在阳极和阴极上)，添加剂的消耗也不一样。金属的沉积与电量有关，添加剂的消耗不仅仅与电量有关，还与其抗氧化能力有关；电流密度的大小表示氧化(阳极)还原(阴极)能力的大小，而一种添加剂的抗氧化能力是确定的。供应商推荐的消耗量，只能作参考(通常是正常条件下添加剂的消耗量)，各企业应该根据自己所镀的产品、电流的大小、镀液的温度来总结添加剂的消耗量。

(3)配制碱性锌酸盐镀液，应该注意氧化锌的质量；应该按如下步骤配制：①在槽内加入总体积四分之一的水，将计量的氢氧化钠，在搅拌下慢慢倒入槽中至完全溶解；②将计量氧化锌用少量水调成糊状，在不断搅拌下慢慢加入热的氢氧化钠溶液中，搅拌至完全溶解。稀释至总体积八成左右，加入三乙醇胺，搅拌均匀。③加入 1～2 g/L 锌粉(除去金属杂质)搅拌均匀，静置，过滤。④电解，加入计量添加剂(按下限～中限范围加)，加水至规定容积。搅拌均匀，电解试镀。这里要注意，加氧化锌时，槽中已经溶解氢氧化钠的溶液必须是热的，否则氧化锌不能完全溶解，会呈白色豆浆状。

(4)碱性锌酸盐镀液，因为有较高的氢氧化钠，在电解时，与空气接触会转化成碳酸钠.时间一长，碳酸钠积累，电流密度上限明显下降，镀层容易烧焦，溶液电阻增加，镀液容易升温。当碳酸钠积累到 80g/L 时，应该用冷冻法除去(方法同氰化镀铜中碳酸钠的除去)。

第三节　氯化钾(物)镀锌

在无氰镀锌的推动下，随着添加剂、光亮剂的开发和发展，氯化钾(物)镀锌越来越得到广泛应用。镀液的优点是不含络合物，电流效率高(达95%以上)，镀液稳定，可以允许较大电流密度，上电快，适合用于各种铸铁、高碳钢和热处理零件的镀锌；现在的无铵氯化钾镀锌，废水处理简单。起步阶段氯化钾(物)镀锌分散能力、覆盖能力不够好，光亮程度比氯化铵镀锌略逊一些，这些缺点目前都被新型的光亮剂所克服。只是配制溶液成本比氯化铵略高。氯化钾镀锌是很有前途的镀种。

7.3.1 常用氯化钾(物)镀锌配方及操作条件

常用氯化钾(物)镀锌配方及操作条件见表7-3。

表7-3　常用氯化钾(物)镀锌配方及操作条件

名称及单位	配方1	配方2
氯化锌(g/L)	50～100	50～100
氯化钾(g/L)	150～250	
氯化钠(g/L)		200～250
硼酸(g/L)	25～35	25～35
添加剂①		
温度(℃)	20～30	20～35
pH	4.5～6	4.5～6
阴极电流密度(A/dm^2)	1～2.5	1～3

注：

①添加剂种类较多，没有一一列出；现在已有厂商推出宽温度光亮剂。槽液浊点可达95℃以上。光亮剂不容易分解，耐氧化，可以使用空气搅拌；使用低泡润湿剂，以防针孔，以防渗氢。

②阳极使用0号锌，外用阳极框，使用涤纶布为袋。

③氯化钾的导电好，但是氯化钠价格便宜。要求较高的产品应该使用氯化钾。

④氯化钾或氯化钠可以提供氯离子，不仅有导电作用，还可以与锌离子形成不稳定的络离子，从而提高阴极极化提高溶液的分散能力。

⑤挂镀、滚镀都可以使用。

7.3.2 高度重视光亮剂的作用

在没有添加剂(光亮剂)的氯化钾镀锌溶液中,只能镀出灰黑色的粗糙镀层。加入添加剂之后,镀层光亮,结晶细致,溶液的分散能力、覆盖能力明显提高,并有一定的整平性能。选择品质优良的添加剂是氯化钾镀锌的关键,氯化钾镀锌的光亮剂一般由三部分组成:

(1)主光亮剂。大多是芳醛、酮类,例如:苄叉丙酮、草香醛、洋茉莉醛、大茴香醛、肉桂醛,等等。

(2)载体光亮剂。这类光亮剂会乳化不溶于水的主光亮剂,使之溶于镀液;它还可以提高镀液的阴极极化,使镀层细致。载体光亮剂采用的有平平加、OP 乳化剂、TX 乳化剂等。

(3)辅助添加剂。辅助添加剂可以扩大光亮电流密度范围,尤其是低电流密度区。常用的辅助添加剂有苯甲酸钠、扩散剂 NNO、糖精等。

这里提供一种早期的组合光亮剂供参考:

苄叉丙酮(用酒精溶解):20 g/L;平平加:160～180 g/L;苯甲酸钠:30～40 g/L;扩散剂 NNO:50～60 g/L。组合光亮剂的添加量是 15～25 mL/L。新配制的镀液应该另外再补充 3～5 g/L平平加。光亮剂应该少加、勤加。根据镀层质量,按照一段时间的总结,找出添加规律。过多的添加剂会使镀层脆性,镀层加厚脆性更加明显,甚至还会影响结合力;添加剂少了,阴极电流密度开不大,镀层容易烧焦,比较粗糙,镀层的光亮度也差,镀液的分散能力也不好。添加剂的掌控是做好氯化钾镀锌的关键所在。有必要提醒一下:要防止调 pH 时,溶液局部酸度过高,造成添加剂析出。pH 过低时,镀层光亮,但氢会大量析出,电流效率降低了,覆盖能力也差;pH 过高时,镀层粗糙发暗,局部呈灰黑色。正常电镀时 pH 会缓慢上升,可以用稀盐酸调整。调整时加酸要慢,搅拌要激烈。即使这样,添加剂的析出也是难免的,所以要注意是否需要适量补充一定的添加剂。

现在的添加剂发展很快,可以允许在较高的温度下使用(添加剂浊点温度提高了),光亮范围宽了。

7.3.3 镀层起泡,结合力不好

氯化钾镀锌溶液是弱酸性的,没有除油、除锈的能力。因此,前处理的好坏对其影响很大。前处理不良,不仅造成镀层发花、有条纹,而且会造成镀层起泡、结合力不好。造成这类弊病的另一个因素是光亮剂添加太多。工件表面吸附了较多的光亮剂,导致阴极工件表面憎水,憎水层夹附在镀层内,造成镀层与基体金属之间晶格不连续,从而结合力不好,造成镀层起泡。结合力不好还有一个因素是阴极电流密度过大。当电流密度过大时,阴极上氢离子放电急增,阴极区 pH 升高,金属

的氢氧化物或碱式盐夹附在镀层内，影响镀层晶格的正常排序。从而造成镀层结合不好。当硼酸含量低时，这一问题更突出。因为溶液中的硼酸是必要的 pH 缓冲剂；这一因素引起的故障常常率先在工件的尖端和边缘出现，在硼酸含量低的时候出现。

7.3.4 镀层上出现黑色条纹或斑点

镀锌前处理不良常常造成这种弊病；镀后如果不及时清洗，钝化，也会出现这种弊病。这是因为溶液是弱酸性的，溶液本身会腐蚀活泼的锌；阴极电流密度过大，金属的氢氧化物，碱式盐的夹附，也会造成镀层出现黑色条纹或斑点，溶液的 pH 偏高时，这种现象更容易出现；氯化钾含量偏低，(其络合能力本身就小)锌离子放电加速，镀层结晶不致密，很容易出现这种弊病；氯化钾镀锌的光亮剂组分较多，分解产物也较多，分解产物积累到一定量，镀层会出现这种弊病，用活性炭可以除去有机杂质，解决这一问题。如果镀液中带入较多的铜杂质，镀层也会出现这种弊病。铜的带入多数是在清洗极杆时造成的，铜的去除可以用置换法。在镀液中加入 1～2 g/L 锌粉，充分搅拌，静置，沉淀完全后，过滤除去。如果铜杂质较少，也可以用低电流密度 0.2A/dm^2 电解除去。

7.3.5 低电流密度区镀层灰暗

镀液温度过高或者阴极电流密度偏低都会出现这种现象。提高温度应该加大电流密度，但是溶液的分散能力、覆盖能力会下降。温度过高，镀层光亮度差，添加剂也容易分解；温度太低，电流开不大，工作效率低。镀液温度一般控制在 20～30℃比较好(要看光亮剂，有的温度范围比较宽，40℃亦在工艺范围)，一般情况下，镀液应该配备冷却装置。添加剂的不足也会造成镀层灰暗。造成这种弊病的另一个因素是重金属杂质的污染。铜、铅杂质的除去方法相同，都可以用锌粉置换；铁杂质的除去(铁离子含量大于 5g/L 时，镀层发黄、灰暗)，应先加 30%的双氧水 0.5～1 mL/L，将二价铁氧化成三价铁，充分搅拌并慢慢加稀释的碱溶液，将 pH 调至 6，等待铁沉淀后，过滤除去。氯化钾镀锌的阳极也应该用 0 号阳极，否则容易带入金属杂质，造成种种故障。

7.3.6 氯化钾镀锌溶液的配制

溶液配制方法如下：

(1)用 50～60℃的热水溶解氯化钾，溶解后加入槽内；

(2)用沸腾水溶解硼酸，溶解后加入热的槽液内；

(3)用自来水溶解氯化锌，溶解后加入槽内；

(4)用自来水溶解光亮剂，溶解后加入槽内；

(5)测定、调整 pH;

(6)低电流密度电解处理;试镀。

需要注意的是:①用化学纯盐酸调整 pH 时,必须充分稀释,慢慢加入,加入时要激烈搅拌,以免出现豆腐花状的物质析出;②加入光亮剂时溶液的温度要在工艺范围内,以免温度高造成光亮剂的快速分解。

7.3.7 注意镀后的清洗

氯化钾镀锌是弱酸性镀液,镀后清洗是否彻底,对镀件表面的防护性能影响很大。若清洗不彻底,表面吸附溶液就会影响镀层的耐腐蚀性。应该将镀好的工件先在流动水中充分冲洗,然后在热水中烫洗,最后再用热的稀碱溶液洗去吸附物。洗脱吸附物的工艺条件如下:

氢氧化钠:1～2 g/L;

碳酸钠:2～4 g/L;

温度:50～60 ℃;

时间:1～2 min。

经过洗脱的工件再经过冷水、热水清洗后在下列溶液中封闭处理:

铬酐:0.1～0.2 g/L;

温度:70～80 ℃;

时间:2～3 min。

工件若需要钝化处理的,经洗脱处理、冲洗干净后再转钝化工艺。如果按以上工艺要求操作,不钝化也不容易出现“白毛”,这种方法可以延长镀层变色的期限。需要钝化处理的工件,还可以防止钝化膜脱落。

7.3.8 氯化钾滚镀锌出现滚筒眼印

氯化钾滚镀锌很容易出现滚筒印。引起这一故障的因素较多,例如镀液中光亮剂比例失调,氯化锌含量太低,pH 过高,滚筒孔眼太小,滚筒转速太慢,电流密度过大,等等。

在滚筒内,阴极电流主要分布在贴近滚筒眼内的工件,及工件堆积的表面上。滚镀时,如果电流密度过大,电流主要分布的部位电流密度就过大,滚筒眼部位的工件就会烧焦——呈滚筒眼。一般我们采用的滚镀工艺,电流密度的范围在 0.5～1.5 A/dm^2。起初,使用 1 A/dm^2,结果工件大面积烧焦;随后,电流密度下降至 0.5A/dm^2,延长工作时间,不容易翻动的平面零件依然有滚筒眼印;最后,采用大电流密度冲击镀,解决了这一问题。大电流冲击时间在 10～20min 不等,冲击电流密度在 0.5～0.75 A/dm^2(视产品而定)。冲击后电流再回到原来工艺。用这种方法可以解决因电流密度过大造成的滚筒眼印的问题。

7.3.9 氯化钾镀锌层钝化发雾

氯化钾镀锌层钝化发雾，有时是由于前处理不良造成；有时是由于光亮剂过多；有时是由于有机杂质积累过多。钝化液本身的因素往往会被忽视。通常钝化是在室温下进行的，但室温很低时，钝化液中的六价铬离子迁移缓慢，钝化膜不能统一老化，漂白后也会出现发雾现象。这时将钝化液加温至 25～30℃（加速六价铬离子的迁移速度，促使钝化膜统一老化），钝化出黄 10～15s，再钝化出白，这样漂白后就不会再出现发雾的现象。

第四节 镀锌层的后处理

7.4.1 去氢

不是所有的零件镀锌之后都要进行去氢处理，但弹性材料、很薄的材料（0.5mm）或者机械强度要求很高的钢铁零件是必须要进行去氢处理的。

零件在镀锌前处理进行阴极电解除油、酸洗，以及电镀过程中都可能渗氢，造成晶格扭曲、内应力增大、产生脆性，就是通常说的氢脆。为了消除氢脆，要进行加热处理，将氢赶出晶格。这就是去氢。

去氢通常在 200～250 ℃烘箱内，烘上 2～3h。温度的高低要看材料，锡焊件去氢的温度就不能高。去氢前镀件必须清洗干净，防止污物附着在零件上，污物经烘温后会咬牢零件，很难去除。去氢后的零件钝化会有难度，可以在钝化前，先用 10%的硫酸活化。

如去氢时温度过高；或时间过长；或零件去氢前清洗不彻底，表面残留镀液；或有机添加剂过多吸附，会造成去氢后零件表面会变暗，钝化后的表面外观较差。针对这一情况，可以在去氢后再镀一层薄锌，一般只要镀 3～5min。镀前不必进行除油、酸洗。只要表面不沾污，镀锌层应尽可能薄，能达到光亮并经得起钝化即可。去氢的锌镀层表面虽然有一层很薄的氧化层，但电镀锌时在溶液中会迅速溶解，因此不影响结合力。在锌表面镀锌，析氢的过电位较大，电镀的时间又短，一般不会再严重渗氢。可以不必再去氢。

7.4.2 钝化

镀锌层在钝化时对其表面进行了抛光，使之光亮；并生成各种色彩的膜，增加了零件的装饰性；镀锌钝化还可以提高锌镀层的耐腐蚀性、耐磨性，很大程度上延长了零件的使用寿命。表 7－4 是镀锌层未经钝化和钝化后对抗腐蚀性的对比。

表 7-4　镀锌层未经钝化和钝化后对抗腐蚀性的对比

锌镀层厚度(μm)	未钝化生铁锈(h)	钝化	
		泛白点(h)	生铁锈(h)
5	30	96	132
8	56	96	152
13	96	96	192
20	152	96	248
25	192	96	288

镀锌层钝化一般是在有铬酐的溶液中进行的。使其表面生成铬酸盐薄膜。这层薄膜致密稳定,以三价铬的化合物为主要成分,也有六价铬的化合物夹附在其中。

六价铬化合物的夹附分布在膜内,起着填充的作用。六价铬化合物可以溶于水,在有水的情况下,它能从膜中慢慢地渗出来,溶解在膜的表面形成铬酸,而铬酸又可以再次钝化膜层。修补损伤的膜层,从而抑制锌镀层的腐蚀。这是六价铬特有的自修复功能。

三价铬化合物一般呈绿色,在膜中呈蓝白色;六价铬一般呈黄色或者橙色,六价铬化合物与三价铬化合物混合在一起,形成彩虹色。钝化膜的厚度与彩虹的色泽变化有着有趣的变化,厚度慢慢增加,色泽变化如下:青白色—浅黄色—紫红色—绿色—橄榄绿色—金黄色—玫瑰红色—红褐色,颜色由浅入深。

7.4.3 低铬酸彩色钝化

由于对环境保护的重视,目前使用低铬酸彩色钝化比较多。从钝化膜的质量来说,低铬酸钝化和高铬酸钝化差不多,但是两者光亮度差别比较大。再者低铬酸的浓度低,操作时变化也比较大。为了解决钝化层的光亮问题,钝化前必须出光。出光溶液的配方和操作条件,见表 7-5。

表 7-5　出光溶液的配方及操作条件

名称及单位	配方 1	配方 2	配方 3
硝酸(mL/L)	30～40	30～40	30～40
氢氟酸(mL/L)		2～4	
盐酸(mL/L)			5～10
温度(℃)	室温	室温	室温
时间(s)	3～5	3～5	3～5
特点	简便常用	比较光亮	膜略黄,适合彩色钝化

出光后的锌镀层可以使用低铬酸彩色钝化。以下是低铬酸彩色钝化的配方和操作条件，见表7-6。

表7-6　锌镀层低铬酸彩色钝化配方及操作条件

名称及单位	配方1	配方2	配方3
铬酐(g/L)	5	5	5
硝酸(mL/L)	3		
硫酸(d=1.84)(mL/L)	0.4		
高锰酸钾(g/L)	0.1		
硫酸镍(g/L)	1		
硫酸锌(g/L)		1～2	
硝酸钠(g/L)			3
硫酸钠(g/L)			1
pH	0.8～1.3	1～2	1.5～2
温度(℃)	室温	室温	室温
时间(s)	3～7	10～20	10～30

下面介绍超低铬酸的彩色钝化配方和操作条件供参考，见表7-7。

表7-7　超低铬酸彩色钝钝化配方及操作条件

名称及单位	含量
铬酐(g/L)	1.2～1.8
硝酸(mL/L)	0.4～0.5
硫酸钾(g/L)	0.4～0.5
pH	1.6～2.0
时间(s)	40～60
锌粉(g/L)(新配溶液时加)	0.2
温度(℃)	室温

超低铬酸彩色钝化要在空气搅拌的条件下进行，钝化后在空气中略微搁置。镀锌层的彩色钝化，铬酸的浓度越低，溶液越不稳定，操作难度越大。所以超低浓度的钝化使用比较少。

7.4.4 低铬酸钝化溶液的调整和维护

低铬酸钝化溶液的调整和维护，需要注意以下问题：

(1)新配的低铬酸钝化液，需要加点锌粉，使部分六价铬还原为三价铬。锌粉加入量不宜过多，一般为1～2 g/L。

(2)如果钝化成膜慢，需要补充铬酐和硫酸。铬酐含量影响钝化膜的生成，硫酸补充氢离子，提供钝化的酸性介质。如果没有酸性条件，钝化膜是很难生成的。但是硫酸不宜添加太多，硫酸过量，钝化膜层疏松，并且容易脱膜。

(3)如果钝化膜光泽较差，可以补充硝酸，硝酸有出光作用。但是，也不能补充过多，硝酸会促使膜的溶解，膜薄了，膜的结合力会变差。硝酸加得太多，甚至还会脱膜。

(4)钝化液中可以加入高锰酸钾或冰醋酸，以增加膜的结合力和耐磨性。

(5)必须严格控制pH，钝化过程消耗氢离子，pH会渐渐上升，可以用铬酸、硝酸或硫酸来调整(尽量少用硫酸)。

(6)低铬酸钝化时，一定要充分搅拌溶液，这样钝化膜的色泽才能均匀一致。

(7)注意控制钝化时间。一般来讲，开始使用或补充原料后，钝化膜容易生成；用了一些时间以后，成膜会慢些，钝化时间需要延长。需要在工作中积累经验，掌握规律。

7.4.5 镀锌层的白色钝化

有的客户需要白色的钝化膜。白色钝化的配方和操作条件见表7-8。

表7-8 镀锌层白色钝化的配方和操作条件

名称及操作条件	氯化铬(g/L)	铬酐(g/L)	氟化钠(g/L)	硝酸(mL/L)	硫酸(mL/L)	温度(℃)	时间(s)	
							溶液中	空气中
含量	2～5	2～5	2～4	30～50	10～15	室温	2～10	5～15

注：

①新配溶液时加入氯化铬，是为了增加三价铬，以后不必再加。该钝化膜呈蓝白色。

②氟化钠可以用氟化氢或氟化钾代替，主要为了引入氟离子。

③白色钝化前必须先出光，钝化后用含0.2～0.5 g/L铬酐的热溶液(60～80 ℃)封闭，以提高其耐腐蚀性。

7.4.6 彩色膜的漂白

白色钝化膜也可以通过彩色钝化膜漂白来实现。彩色钝化膜不经过老化处理，直接浸入漂白溶液中，以除去彩色，形成白色钝化膜。彩色钝化膜的漂白工艺见表7－9。

表7－9　彩色钝化膜漂白工艺

名称及单位	配方1	配方2	配方3	配方4	配方5	配方6
铬酐(g/L)	150～200	7～10		1.5～2		
碳酸钡(g/L)	1～6	0.2～0.5		1～1.5		
氢氧化钠(g/L)			10～20			
硫化钠(g/L)			20～30			
硫化钙(g/L)						40～50
磷酸三钠(g/L)					60	
硝酸(mL/L)				0.5		
pH				1.6～2		
温度(℃)	室温	室温	室温	80～90	室温	室温
时间(s)	10～20	20		15～30		
膜的色泽	银白色	银白色	蓝白色	银白色	蓝白色	天蓝色

注：

①白色钝化膜耐腐蚀性比彩色钝化膜差。

②漂白成分不同，钝化膜的耐腐蚀性也不同。铬酸漂白、浓碱漂白所得到的银白色膜比碱液漂白所得到的蓝白色膜耐腐蚀性要差。

③漂白处理后，一定要彻底清洗，以防残留液进一步腐蚀钝化膜，导致膜层泛白点。

7.4.7 镀锌层的黑色钝化

使用银盐的镀锌黑色钝化质量好，但成本比较高。这里介绍一种使用铜盐的镀锌黑色钝化。其配方及操作条件如下：

硫酸铜(5份结晶水)：35～45 g/L；铬酐：18～25 g/L；二水甲酸钠：20～28 g/L；醋酸：80～120 g/L；表面活性剂：0.05～0.1 g/L；pH：2～3.5；钝化时间：1～2.5 min；空气中停留时间：10～20s；调节pH用稀硫酸或者稀氢氧化钠。

注：

①硫酸铜是黑色钝化液着色剂，其含量对黑色钝化膜影响很大。下面列出硫酸铜含量对钝化膜颜色的影响：

硫酸铜(g/L)	10	20	30	40	50
钝化膜外观	彩黄色	浅灰色	深灰色	黑色	疏状黑色

②铬酐是黑色钝化液氧化剂。铬酐含量对钝化的黑色也有很大影响。在以上配方中只改变铬酐含量，可以看到钝化膜颜色的如下变化：

铬酐(g/L)	10	15	20	25	30
钝化膜外观	灰褐色	浅黑色	黑色	黑色	军绿色

③甲酸钠是黑色钝化液活化剂。它会加速膜的形成,其对钝化膜的影响是:大于15g/L黑色逐步加深,结合力也好;但大于35g/L时钝化膜开始发花,结合力下降。其含量控制在20～28 g/L最佳。

④醋酸是稳定钝化液pH的缓冲剂。对钝化膜的色泽也有影响。醋酸含量低于60 g/L时,钝化膜发黄,含量70 g/L时钝化膜开始转黑,超过120 g/L钝化膜又出现黄绿色,其含量控制在70～120 g/L。

⑤pH对钝化液的稳定、钝化膜的色泽有很大影响。pH＜2,钝化膜呈灰褐色,钝化膜甚至还会脱落;pH＞3.5,溶液不稳定,钝化膜发黄。因此,pH以2～3为佳。

⑥钝化时间的长短对钝化膜影响也很大。钝化1min,钝化膜呈彩色,时间若逐步增加,钝化膜黑度逐步提高。但钝化时间也不宜过长,否则会造成钝化膜结合力下降,膜层呈疏松状。钝化时间控制在1～2.5min为宜。

此外,还要注意钝化的后处理,干燥温度不宜高于70℃,温度大于70℃钝化膜容易发黄、发花。干燥时不宜碰划,防止钝化膜破损、划痕。黑色钝化膜容易吸附污物,不能用手摸,会有印迹。钝化后常用有机罩光漆保护钝化膜,这可以提高其抗蚀性、耐磨性,提高膜的光泽。

从以上看来,影响黑色钝化膜的因素很多,各种因素影响又都很大,实施操作要求很高,要稳定钝化膜质量、稳定黑度是不容易的。

7.4.8 镀锌钝化膜的老化

钝化膜形成后必须进行老化,否则这层膜很嫩,是不牢固、不稳定的。常常使用烘干老化法。老化温度约在60℃,时间约为15min。老化前零件要洗清甩干,或者用压缩空气吹干。要注意老化的温度和时间。如果老化温度高了,或者老化时间延长,会导致钝化膜开裂,并会降低钝化膜的耐腐蚀性。

现在为了减少六价铬的污染,许多公司开发了三价铬钝化,其色彩鲜艳,耐腐蚀性也不错,已经有许多厂家使用。这一工艺将放在后面章节介绍。

第八章 镀 锡

早期是用热熔方法镀锡,到了20世纪30年代,电镀锡逐渐取代热熔法。20世纪70年代电镀法有了更大的发展,尤其是添加剂的开发和发展,加速了电镀法的应用。通过电镀法可以得到均匀的锡镀层,可以得到想要的厚度。复杂零件、有凹陷的部位都可以镀上满意的锡层;对于锌制品、铝制品只要通过适当的预处理,也能镀上满意的锡镀层。这些以前是不可想象的。锡有良好的耐腐蚀性,无毒、可焊、柔软,因而被广泛应用。不过,纯锡在一定条件下会发生相变,还会产生"须晶"。在电子工业中,一般要加少量的铅、铜、锑或铋与锡共沉积,来提高电子产品的质量,防止出现"须晶"。现在已有添加剂能防止纯锡出现"须晶",在美国、欧洲有着普遍的应用,国内也有少数企业在应用。

常用的镀锡溶液主要是酸性镀锡。碱性镀锡没有理想的添加剂、光亮剂,使用的企业比较少。

第一节 酸性镀锡

酸性镀锡主要是指硫酸盐镀锡。如果没有添加剂,普通硫酸盐镀锡的镀层是粗糙的。加入适当的添加剂,不仅可以稳定二价锡,而且镀层光亮细致。现在也有添加剂可以镀出哑光的效果,所以在镀液中添加剂起了至关重要的作用。硫酸盐镀锡阴极电流效率很高,接近100%,成本低,是重要的镀锡工艺。

8.1.1 常用硫酸盐光亮镀锡配方及操作条件

常用硫酸盐光亮镀锡配方及操作条件见表8-1。

表8-1 常用硫酸盐光亮镀锡配方及操作条件

名称及单位	挂镀	滚镀
硫酸亚锡(g/L)	40～60	30～40
硫酸(g/L)	140～200	140～200
光亮剂①		
温度(℃)	15～35	10～35
阴极电流密度(A/dm^2)	0.5～5	
阳极	纯锡	纯锡
面积比(阴极∶阳极)	1∶2	1∶2

注：

①光亮剂品种较多，不一一列出。也有厂商推出宽温度光亮剂、哑光添加剂。

②挂镀需要阴极移动 20～30 次/s。

8.1.2 硫酸盐镀锡溶液配制时应该注意的事项

配制硫酸盐镀锡溶液时需要注意以下问题：

(1)配制溶液要用去离子水或者蒸馏水。如果用自来水、井水、河水(过滤过)，水中的氯离子、钙离子、镁离子等附在镀层上，会对焊接带来影响。氯离子还会使镀层出现晶纹。

(2)使用的硫酸、硫酸亚锡要用化学纯的，硫酸亚锡的含量要大于 97%；加入硫酸亚锡时，溶液应是热的，并不断搅拌，因为硫酸亚锡溶解较慢，必要时将其倒入不锈钢细网内，挂入溶液中，使其慢慢全部溶解。如果自己制备添加剂，制备酚磺酸或甲酚磺酸等使用的原料也要用化学纯的，以免带入杂质。

(3)酚磺酸或者甲酚磺酸一般要自己配制。方法如下：将苯酚与浓硫酸在 50～60 ℃进行磺化反应，继续加热至 100～110 ℃，再加硫酸进一部磺化，保温 2 小时即可。在制备时硫酸都会过量，这无关紧要，游离硫酸高些是有益的。

(4)前道、后道清洗水要用去离子水或者蒸馏水。如氯离子、硝酸根离子等阴离子污染镀液会很难处理的，而且影响很大，因此要尽量避免带入。

(5)硫酸盐镀锡溶液中有甲醛。甲醛是还原剂，可以防止二价锡氧化成四价锡。四价锡会使镀液浑浊，淤渣增多，阴极电流效率下降，镀层粗糙，结晶疏松。

8.1.3 镀层不细致，光亮度不好，发雾

简单盐类的镀液，一般来讲添加剂、光亮剂都起着非常重要的作用，硫酸盐镀锡也不例外。如果没有添加剂，镀层是粗糙的；光亮剂不足，镀层也会略有粗糙，光亮度不好；如果光亮剂过多，也会有光亮度不好、发雾的现象，甚至造成镀层脆性。在硫酸盐镀锡的工艺中，温度很重要。温度不能大于 25 ℃。最好在 10～20 ℃(现在已经有宽温度下使用的添加剂)。温度高了，不仅二价锡容易氧化成四价锡，光亮剂也容易分解，造成镀层不够光亮、发雾、有花斑等故障。如果溶液中硫酸太低，或锡含量太高，镀层不细致，也会光亮度不好。光亮剂过多，可以电解除去，应急处理时可用过滤机中吸附活性炭(注意，应使用无氯活性炭)，过滤镀液 2～3 个循环，可以除去过多的光亮剂。如果阴极电流密度过大，或者硫酸亚锡含量太高，也会造成镀层不细致、光亮度不好、发雾这类故障。

8.1.4 镀层有气流状条纹，或有针孔

硫酸盐镀锡所加的添加剂，除了有醛、酮之类，一般还有乳化剂、表面活性剂。

使用一段时间后，这些有机物会分解、积累，造成镀液颜色变黄、黏度增加。同时也会使阴极极化增大、阴极电流效率降低、阴极上气泡增多，造成气流产生镀层有条纹状。如果氢气不能及时离开阴极表面，就会使镀层出现针孔。

出现这类故障，除了要控制光亮剂用量，及时用活性炭吸附除去有机物的积累之外，还应加快阴极移动，阴极移动应该在 30 次/min 以上。硫酸盐镀锡不适合使用空气搅拌，因为空气中的氧气会将二价锡氧化成四价锡，带来其他故障。

8.1.5 溶液浑浊

在硫酸盐镀锡溶液中，硫酸起了很大的作用。硫酸可以提高溶液的导电能力，提高均镀能力、改善阴极极化、促使阳极溶解，硫酸还能抑制二价锡离子的氧化，有利于镀液稳定。当硫酸少时，最明显的是溶液会出现不溶性沉淀物，溶液浑浊。

硫酸盐镀锡的溶液很容易浑浊。这不仅仅是因为二价锡的容易被氧化，还因为是二价锡的水解，或添加剂的聚合，或异金属杂质的带入。这些因素都会造成溶液浑浊。随着温度的上升，这种现象更明显。轻度的溶液浑浊问题不大，如果程度严重，镀层的质量将会受到影响，光亮度降低，深镀能力变差。另外，锡阳极钝化也是造成溶液浑浊的因素，锡阳极面积要大于阴极面积，如果阳极电流密度大了，阳极会析出的氧气，二价锡会被氧化，也会造成溶液浑浊。因此，不生产时不要取出锡阳极，或者可将锡阳极浸入水中，尽量减少氧化，防止锡阳极表面产生氧化膜。

浑浊的溶液因为二价锡的水解，过滤比较困难，需要加少量凝聚剂。具体步骤如下：先加 5 g/L 的活性炭，充分搅拌，再加 0.1 g/L 左右的凝聚剂，充分搅拌，静置沉淀后过滤。凝聚剂一般可用聚丙烯酰胺。溶液的净化过程不要加热，为的是防止二价锡在温度高的时候被氧化。

8.1.6 除去溶液中的杂质

有机添加剂在电镀过程中，由于被氧化及自身分解，成为了有机杂质，使镀液颜色变深、发黄。有机杂质过多，镀液黏度增加，镀层粗糙、发脆，甚至出现条纹、针孔等弊病。

除去有机杂质，可将镀液加温到 25～30 ℃，加入无氯活性炭 2～3 g/L，充分搅拌，待活性炭吸附完全后，静置、沉淀、过滤除去。处理后的镀液需要调整成分，补充添加剂，电解试镀。特别要注意尽量避免氯离子、硝酸根的带入，这些离子对镀液影响大，且难以除去。

工件的掉入是金属杂质产生的主要原因。溶液中的金属杂质主要是铁离子、铜离子，其含量大于 0.01mol/L 时，镀层明显发暗、产生针孔，镀液的覆盖能力也会下降。金属杂质可以用小电流密度（0.2 A/dm^2）电解除去。

8.1.7 镀锡层表面的保护

镀锡多用于焊接。锡镀层放置时间久了，表面会被氧化，影响了焊接性能。形状复杂的小件碰到这一问题很棘手，可采取以下措施：

(1)严防有机杂质、无机杂质与锡共沉积，以保证锡镀层的纯度，延缓锡的变色。

(2)加强镀后清洗。用冷水、热水反复冲洗，将吸附在零件上的物质冲洗干净。

(3)使用电解保护粉，在其表面生成一层致密的钝化膜。

(4)冲洗干净的零件经充分干燥，密封保存，防止腐蚀或沾污。

当镀层出现变色，可采用以下手段解决：

(1)用自来水浸泡 2min。

(2)用稀盐酸除去氧化膜。盐酸：30～50mL/L；温度：室温；时间：10～15s。

(3)流动水冲洗。

(4)中和。碳酸钠：5～10g/L；温度：室温；时间：30～60s。

(5)用流动水冲洗。

(6)电解保护，钝化其表面。

(7)去离子水清洗。

(8)吹干，再烘干。温度：50～60℃，时间：5～10min。

(9)保存在密封干燥器内待用。

第二节　其他镀锡工艺

8.2.1 氟硼酸盐镀锡

氟硼酸盐镀锡镀层细致，可焊性好，可以采用较大的阴极电流密度。阴极和阳极的电流效率都非常高，都接近 100%，溶液中锡离子几乎能自动保持平衡，维护很简单，在带钢的连续电镀、电缆铜线的连续电镀、电子引出线的连续电镀，电子线路板的电镀上应用比较多。

氟硼酸盐镀锡溶液中二价锡的含量可以很高，锡含量可达 60～150 g/L，为快速镀锡提供了条件；为了镀液稳定，需要适量的游离氟硼酸。为了防止产生氢氟酸，需要加入硼酸。

氟硼酸盐镀锡溶液也需要加添加剂，常常采用明胶和 2 -萘酚，也可以使用 4,4 -二羟基联苯甲烷(0.6 g/L)或者二羟基二苯砜(3 g/L)；光亮镀锡使用甲醛和胺一醛系，用非离子型表面活性剂作分散剂。

氟硼酸盐镀锡溶液的维护比较简单，平常将比重控制在 1.17，pH 控制在0.2。

若镀层结晶有点粗糙时，应该补充添加剂。定时用活性炭处理溶液，处理后重新加入添加剂。为防止二价锡的氧化，溶液不可以用空气搅拌，若要提高电流密度，只能用阴极移动。过滤时不要用含硅的助滤剂，否则会生成氟硅酸盐，氟硅酸盐会使阳极产生泥渣。

氟硼酸盐镀锡溶液带出的废水含有氟硼酸根，有毒，且治理比较困难，因此使用受到限制。很多工业园区禁止使用含氟化合物。如果将来在废水治理这方面有所突破，这一工艺将会得到更多的应用。

8.2.2 碱性锡酸盐镀锡

锡酸盐镀锡溶液呈强碱性，不会腐蚀钢铁基体，其溶液均镀能力、深镀能力都很好，特别适合用于形状复杂的零件。锡酸盐镀锡中阴极电流效率比酸性镀锡要低，大约在 60%～80%，阳极电流效率还要低，生产中需要补充锡酸盐，因此生产成本比较高。电镀时操作温度也很高，一般要 60～80 ℃；使用钾盐体系时，温度甚至可以升至 90 ℃，电流密度可达 7～9 A/dm^2，以提高工作效率。

锡酸盐镀锡有钠盐、钾盐两种体系。前者成本低些，后者性能好些。一般不用添加剂，镀层发白、结晶细致、没有光泽。滚镀锡常用钾盐体系。

锡酸盐镀锡使用的主盐锡酸钠，含锡量大于 41%；锡酸钾含锡量大于 38%。含锡低的锡酸盐一般杂质较多，不宜使用。锡酸盐镀锡使用的阳极最好是纯锡阳极。在生产中，阳极的正常状态呈金黄色。开始使用时，阳极电流密度应该迅速提高到 4～6 A/dm^2，电压上升，使之钝化，阳极上产生金黄色的钝化膜，然后阳极电流密度恢复正常。电镀过程中不要断电，断电 1min 以上，钝化膜会溶解，又要重新钝化处理(可以在阴极上常挂一两块钢板)。如果阳极溶解太快，可以挂一部分钢板或镍板，在这些不溶性阳极上析出的氧气会将二价锡氧化成四价锡。当二价锡含量较高时，阳极周围缺少气泡，槽电压小于 4V，镀液呈灰白色或暗黑色。实际生产中很难完全避免二价锡的生成，可以加 0.2～0.4 mL/L 的双氧水将其氧化，然后通电处理。

要注意经常净化镀液。沉淀的泥渣要及时除去；过多的碳酸钠要用冷冻法除去；铅、锑等有害金属要用小电流密度电解除去；为防止氯离子、钙离子、镁离子的带入，应该使用纯水；要用波形平稳的电源，否则镀层发暗，阳极溶解也不正常。

8.2.3 晶纹镀锡

先在工件上镀 1～4μm 的锡，然后在 280～350 ℃烘箱中烘至锡层融化，取出慢慢冷却，可发现晶纹。稍加浸蚀之后(可以用 10%的硫酸去除表面的氧化物)，再以 0.2～0.4 A/dm^2 的阴极电流密度镀锡 3～10min。清洗，干燥，然后上清漆。晶纹镀锡有美丽的花纹，常用于装饰性镀层，也有人称之为“冰花”电镀。

8.2.4 防止锡须

锡镀层存放一段时间后会生长出晶须。锡须直径在 1～2μm，长 10cm，并有弹性。镀层薄或者光亮锡层更容易长出锡须。出现锡须的原因目前说法不一，防范措施也没有可重现的有效性。已知的是如果镀锡层中含 3％的铅，这种锡铅镀层就不会长出锡须。现在已经有添加剂可以防止纯锡镀层产生晶须，有些企业已经使用多年，效果不错。

第九章　氰化镀银

镀银很早就被应用了。银可锻、可塑,容易抛光,有很好的反光能力,有很好的导电、导热性,可焊性很好,抛光后的白银也很漂亮。但是,银原子很容易扩散,沿着基体表面滑移,在潮湿的条件下还会产生“银须”,容易造成短路。因此,在中高档的电子产品行业,不用镀银层,而是用镀金层。镀银,一般是用氰化钾镀银。

第一节　氰化镀银工艺特点

9.1.1 常用氰化镀银配方及操作条件

常用氰化镀银配方及操作条件见表 9－1。

表 9－1　氰化镀银配方及操作条件

名称及单位	挂镀	滚镀
氰化银(g/L)	60～70	35～45
氰化钾(g/L)	80～150	90～110
碳酸钾(g/L)	10～20	15～20
pH	11～12	11～12
温度(℃)	20～30	20～30
阴极电流密度(A/dm^2)	0.5～1.5	
阳极	纯银	纯银
面积比(阴极∶阳极)	1∶1	1∶1.5
阴极移动	需要	不需要

9.1.2 为什么氰化镀银使用氰化钾,而不用氰化钠

氰化镀银使用氰化钾、不用氰化钠的原因是:

(1)氰化钾的含硫量比氰化钠要少。有硫的存在,银镀层容易变黄、发黑。

(2)钾盐的导电能力比钠盐要好,这样可以使用较高的电流密度,有利于阴极极化,提高了镀液的深镀能力,镀层也比较细致。

(3)使用钾盐,阳极不容易钝化。

(4)生产中会生成碳酸盐,碳酸钾盐的溶解度要比碳酸钠盐的溶解度高。

生产中应该加一些碳酸钾,碳酸钾可以增加溶液的导电能力,有利于提高溶液的均镀能力。但是,碳酸钾含量如果超过 80 g/L,阳极容易钝化,导致镀层粗糙。碳酸钾过量时可以加硝酸钙或者加氢氧化钙,使之生成碳酸钙沉淀除去(除去 1 g 碳酸钾,大约需要 0.5 g 氢氧化钙或 1.2 g 硝酸钙)。

9.1.3 镀银的前处理

一般基体的标准电极电位比银的标准电极电位低,基体浸入镀银溶液后,立即会有电化学置换倾向。这种置换银层与基体的结合力是不牢固的。在置换的同时,基体金属杂质也带入镀液,影响了镀液的正常性能。因此,基体镀件在浸入镀银槽前,除了按标准工艺除油酸洗之外,一般还需要对零件进行特殊的预处理。对于钢铁零件、铜锌合金零件还应该先镀一层铜镍打底,然后再进行特殊的预处理。特殊的预处理比较可靠的方法是预镀银,预镀银的工艺特点是:氰化银浓度很低,约 1～5 g/L,氰化钾浓度很高,约 70～100 g/L。因此有效的银离子浓度非常非常低,溶液中又有 70 g/L 氢氧化钾,在这样的碱性氰化钾络合溶液中,抑制了置换反应发生的条件。这时如果零件能带电入槽,就更不会发生置换反应。在通电的条件下,零件表面被镀上了一层薄薄的银层。这层银与基体的结合力相当好,因此可以放心地加厚银层。

预镀银时银离子低、氰化钾含量高,若使用银阳极,银离子含量会很快提高,这就不符合预镀银的工艺要求(容易发生置换反应),因此可以用不锈钢阳极代替银阳极。

浸银、汞齐化也可以作为镀银的特殊前处理。汞毒性很大,汞齐化已经基本不用,相比之下还是预镀银比较好。

在装饰性镀银行业中,有些商家为了降低成本,对于低档的装饰件镀银,就用预镀银的配方,只镀很薄的银。但他们对镀银前的镍层要求很高,要求有一定厚度;对于镀银后的清洗水质,要求也很高,都用去离子水,钝化用先进的电解钝化,然后清洗(全部去离子水),烘干,上保护漆膜。这些装饰品在市场上因价格便宜,很受欢迎。

第二节　氰化镀银常见问题

9.2.1 银镀层不白,带有黄色

有时银镀层有点黄,呈米黄色,干燥后更为明显。这种现象时常会碰到,令人头疼。可以从以下几方面寻找原因:

(1)镀银溶液中带入了钠离子。溶液的配制水中、原料中、前道漂洗水中，都有可能带入钠离子，钠离子会导致银镀层有点黄。钠离子很难去除，只有杜绝钠离子的带入，别无办法。银是贵金属，镀银溶液很贵，所以必须要用去离子水，用化学纯原料。

(2)碳酸钾如果累积过多，也会使银镀层带有米黄色。当其含量大于100 g/L，就应该用钡离子、钙离子等将碳酸根除去。过多的碳酸钾不仅会使银镀层带有黄色，还会使镀层粗糙、阳极钝化。

(3)当银含量降低，镀液对累积杂质的容忍能力也会下降，这时阴极电流密度如果较大，镀出的银层就会带有米黄色。对此，及时补充银含量、调整阴极电流密度是必要的。

(4)阳极钝化。氰化镀银需要高纯度的银阳极。银含量不能低于99.97%。如果阳极不够好，电镀时阳极中难溶的铅、硒、钯、碲等会富集在阳极表面，形成黑色的膜；如果氰化钾含量低了，阳极也容易生成这种黑色膜。由于阳极钝化膜的影响会使银镀层不够白，带有米黄色。

(5)对于光亮镀银，氰化银含量太低、银层镀得太薄也容易造成镀层不够白。这有可能是底层镍不够白(镍再白也没有银白)，银层实在太薄，白不出来。如果光亮镀银溶液的成分正常，银层也有一定的厚度，可以在溶液中加入0.3～1 mL/L的磷酸，添加时逐步加入，到色泽合格为止。

银镀层呈米黄色可以不必清洗，当即浸入50 g/L左右的氰化钾溶液中，浸4～5min；或者浸入50℃的镀银溶液中，浸30s即可。米黄色的银层当即变成漂亮的银白色。

9.2.2 防止银镀层变色

银和硫的亲和力极高，尤其是在温度高、湿度大、有氧存在的条件下，微量的硫化氢就可能使银表面生成薄薄的硫化银，银层变色、失去反光能力。一般情况，下空气中常有二氧化硫、硫化氢。因此，银镀层在含硫物质的腐蚀下，表面很容易变色，由白色—浅黄色—褐色—黑色。如果温度高，湿度大，这种变色更容易。变色的银镀层不仅影响美观，而且失去了银良好的物理、化学性能，甚至失去了银镀层的使用价值。

空气中含硫物质的腐蚀是银镀层变色的主要原因，但是电镀过程中如果溶液中添加剂加入过多，或者有机分解产物累积过多，银镀层更容易变色；镀银后清洗不好，在空气中停留时间较长，也会造成银镀层容易变色；溶液中有金属杂质、银镀层比较薄，也容易造成银镀层变色。

防止银镀层变色，除了要防范上述问题，使用去离子水之外，应该进行钝化处理。钝化处理当中，首荐电化学钝化，即电解钝化(例如市售CH－D电解保护粉)。

先进的电解钝化不仅能生成致密的氧化(钝化)膜,而且其表面还有一层致密的有机保护膜,不影响外观的美丽、不影响焊接。如果银镀层用于反光方面、用于装饰性零件上,电解钝化后还可以覆盖一层罩光漆,经久耐用。

银层如果已经变色,变色严重时,可以用硫脲 90 g/L、96%的硫酸 10 g/L 浸泡除去;如果本身是银器,一般的变色,可以用硫脲 45 g/L、96%的硫酸 10 g/L 浸泡除去,不会损伤银器。

9.2.3 镀银溶液中有害杂质的除去

镀银溶液中有害杂质的除去方法如下:

(1)钠离子。钠离子会使银镀层色泽带有黄色、不白。钠离子组成的碳酸钠溶解度较低,会使镀层粗糙。然而,钠离子很难除去,因此要尽可能避免带入。

(2)硫离子。硫离子会同银离子生成硫化银,夹镀在银镀层中,使镀层粗糙、溶液变色。可以用活性炭吸附,然后过滤,减少其含量。处理得好或者多处理两次可以除去硫离子。

(3)铁离子。铁离子会同氰化钾生成铁氰化物,夹镀在银镀层中,使银镀层产生黄点。此时要用较细的过滤介质,过滤除去。(少量的铜离子夹镀在银层中问题不大,铜的电位较正,也容易镀去,不会积累。所以可以忽视。)

(4)碳酸盐会慢慢积累,含量大于 60 g/L 时,会使镀层粗糙、带有黄色,并且造成阳极钝化。除去方法在前面章节(例如氰化镀铜章节)中已经介绍。

(5)氯离子如果积累过多,会使银镀层出现彩虹色。氯离子的除去也是比较困难的。若用电解除去,要耗费较多的银,所以应尽可能避免带入。

第十章 镀 金

金不仅美观，而且化学稳定性很好，不会变色，是非常理想的装饰性镀层；金接触电阻很低，导电性好，同焊接材料能很好结合，采取适当的工艺，可以获得有一定硬度的镀层，是很好的可焊性镀层。金镀层耐高温，对红外线有良好的散射和反射特性，这种功能在航空航天、电子仪表方面得到广泛应用，现在许多电子产品、手机、电脑、汽车、航天航空零件、接插件上，都用到镀金技术。

第一节 碱性氰化镀金

10.1.1 碱性氰化镀金的注意事项

氰化镀金工艺成熟，使用历史较长，应用也较为普遍。使用较多的是碱性氰化镀金。

碱性氰化镀金的 pH 在 9～13 之间，镀液覆盖能力、分散能力都很好，阴极电流效率很高，很少会有杂质共沉积。金镀层纯度很高，但是质地较软、孔隙多；若要应用在焊接电子领域，需要镀层厚度为 5～10μm，而且最好在其表面再镀一层薄薄的硬金。

(1)配制碱性氰化镀金必须使用去离子水，原料应该用化学纯，要防止钠离子的带入，尽可能避免不必要的杂质带入溶液。镀液很贵，没有必要为了节省费用，使用低档药品。

(2)碱性氰化镀金采用纯金作阳极。如果溶液中带入钠离子，会有氰化金钠覆盖在阳极表面，造成阳极钝化，影响阳极正常溶解。金阳极导电好、溶解度高，溶液中的含金量有升高的趋势，因此要将部分金阳极改为不溶性阳极，铂是最理想的不溶性阳极，但是太贵，所以常常用镀铂的钛。(最好不要使用不锈钢、石墨做不溶性阳极。)

(3)碱性氰化镀金溶液中的成分比较简单。一般来说，氰化金钾的浓度都不高(金盐贵，要防止带出液浓度高、损耗大)，因此，阴极电流密度都不开大；如果含金量过小，镀层的颜色较浅，不够漂亮；溶液中有足够的游离氰化钾，所以溶液的阴极极化较高，覆盖能力、分散能力都非常好，只是阴极电流效率低一点，这应该也没有问题。阳极溶解速度大于阴极的沉积速度，金含量会有升高的趋势。这时要用不溶性阳极，以保证镀液中电流分布均匀。碱性氰化镀金应该加磷酸钾盐，缓冲 pH，防止阴极、阳极电流效率的不等，带来 pH 的激烈变化。pH 对镀层的外观和硬度都有影响，过高、过低都不好。

(4)碱性氰化镀金溶液的温度要注意。温度主要影响的是镀层的外观。温度高，镀层不够细致，在电流密度大的部位镀层偏红，严重时发暗，带有黑色；温度过低，镀层脆性增加。

10.1.2 控制碱性氰化镀金层的色泽

碱性氰化镀金大多是用于装饰，因此色泽是很看重的。

(1)金镀层偏红。这种现象比较常见。出现镀金层偏红，有可能是金含量高了。起初色泽正常，镀着镀着色泽有点红，再镀下去，色泽越来越红了。这种现象多数是金含量高了。在电镀过程中阳极电流效率大于阴极电流效率，金的溶解大于金的沉积，金积累的多了，就会表现在镀层色泽越来越红。有经验的师傅在电镀过程中会注意及时调整不溶性阳极的表面积，防止金离子的积累。这样就可以避免上述现象发生。此外，如果温度太高、阴极电流密度太小也会出现这种现象。温度高，有利于阳极溶解，而溶解下来的金容易扩散。金离子增多，温度高，有效地增加了溶液的导电能力，阴极极化减少，镀层会粗糙、变红，甚至发暗、发黑，所以电镀过程要控制好温度。阴极电流密度太低，金镀层色泽偏淡，如果溶液中有少量的铜杂质，此时金镀层会偏红。铜杂质难以除去，所以要尽量避免带入。如果带入了铜，只能用来镀偏红的(如玫瑰金)装饰件。镀一定时间，铜消耗了，色泽会趋于正常。有的厂家在铜层上镀金(一般应该在镍层上镀金)，金镀层又薄，也会表现出金镀层偏红的现象。

(2)金镀层色泽偏淡。这是因为溶液中金含量低了，阴极电流密度小了，金镀层太薄。对此，只能调整至工艺范围，镀得时间长一些。

(3)金镀层带有褐色。溶液中氰化钾浓度太低，镀层粗糙会呈现出褐色；溶液中如果带入钠离子，金镀层也会呈褐色，所以要尽量避免带入钠离子。

(4)金镀层带有绿色。这是因为溶液中带入了银离子，很难除去。

pH 对镀层的色泽也有影响，应该控制在工艺范围内。

如果镀金前的镀层是银，银与金之间的偶合电势较低，银会向金镀层表面扩散，扩散到表面的银会改变镀层的颜色。如果银进一步与空气中的硫化物接触，会生成褐色或黑色的硫化银。镀金前的镀层还是选用镍层比较好，当然也要防止镍层钝化，以防“脱金”现象(即在金层上用手摸时，有的地方金脱掉了，有的地方金还在)。

第二节 酸性镀金

10.2.1 常用酸性镀金

常用酸性镀金镀液的性能与碱性氰化镀金基本相似。溶液稳定，金以氰化金钾形式存在，金离子的浓度比较低，其络合剂用柠檬酸盐。虽然阴极电流效率不高，但是阴极电流密度的上限比碱性氰化镀金来得高，所以沉积速度并不慢。镀层致密，硬度较高，几乎没有孔隙，可焊性好。若添加微量的其他金属，镀层可以有不同的色泽，因此广泛应用于装饰性镀层、电子印制板电镀。酸性镀金溶液的配方和工作条件见表10-1。

表10-1 酸性镀金溶液配方和工作条件

名称及单位	配方1	配方2	配方3
氰化金钾(g/L)	0.3～2.0	25～35	10～15
柠檬酸钾(g/L)	50～100	15～25	30～45
柠檬酸(g/L)		25～35	20～30
磷酸二氢钾(g/L)			25～35
pH	4.5～5.5	5.0～6.0	4.0～5.0
温度(℃)	50～60	50～55	25～50
阴极电流密度(A/dm^2)	0.1～0.5	0.3～0.6	2.0～6.0

为了增加阴极电流密度，应该使用阴极移动。阳极使用不溶性阳极，铂、不锈钢都可以用。对于很小的零件镀金，整流器上有可能读不出安倍数，这时可以在阴极或阳极电路中串联一个500mA一挡的万用电表，将电流调到几百毫安范围(实际电流可能仅仅零点几安)，这样就可以准确地找到所需要的电流密度。

10.2.2 酸性镀金的注意事项

酸性镀金时需要注意以下事项：

(1)配制酸性镀金镀液要用去离子水，要用化学纯的原料，防止有害杂质的带入。

(2)溶液中加入少量的有机镍盐(乙二胺二乙酸镍)，2～4 g/L，可使镀层更为光亮致密，硬度也有所提高。少量的钴可以提高镀层的硬度。镍、钴等金属对镀层的硬度影响很大，根据镀层的需要其含量要严格控制。因为不仅影响硬度，这些金属会对金镀层的成色有所影响，往往会使镀层色泽变淡、变青、变红，使用时要引起注意。

(3)铜、银等金属离子在电镀过程中会与金共沉积，影响镀层的结构、外观和可焊性。这些金属难以除去，因此应该尽量避免带入。如果零件坠入槽中，要及时捞出。使用时间很长的镀液，积累了较多的铜、锌、镍等金属离子，电镀时起初镀层色泽淡黄，时间镀长些，色泽黄中带红、不鲜艳、发雾。从溶液的颜色看，新配制的溶液是无色的(一价金无色的)，如果积累了较多金属杂质，溶液呈淡蓝色或淡绿色。这一问题过去常常用冲淡溶液或者更换溶液来解决。现在可以用除杂剂除去大部分金属杂质(很难彻底)。除杂剂是铁氰化钾，铁氰化钾可以与铜、锌等金属离子生成沉淀(镍离子常常被裹挟其中)，从而减少这些金属杂质，改善镀层的色泽。操作时一般将铁氰化钾配成 50g/L 的溶液，慢慢加入，其用量视金属杂质的数量而定(用这种方法处理的镀液，溶液会呈褐色，用于装饰性镀金并没有什么影响)。

(4)有机杂质对镀液的稳定性、阴极电流效率、镀层色泽都有很大影响，必要时可以用活性炭吸附除去。

(5)氯离子会降低镀层的结合力，所以配制溶液时要用去离子水，镀件入槽前的清洗水都要用去离子水，防止氯离子的带入。一旦带入氯离子是很难除去的。

(6)因为使用不溶性阳极，所以要定时添加金氰络合物。可以根据分析添加，也可以累积数据，按 A·h 少加、勤加。镀金层色泽的变化是有经验的师傅加金盐的提示。

(7)酸性镀金溶液是比较容易维护的，要定期分析，及时调整工艺范围和工作条件。至于色泽上的变异，可以参考碱性氰化镀金予以处理。不要忽视 pH 的影响。当 pH 低于工艺要求时，常常会引起镀层发雾，要用试剂级氢氧化钾稀溶液，调整 pH 到工艺范围(低 pH 时，由于络合物的酸度效应原理，其络合能力大大下降，会降低阴极极化)。

10.2.3 酸性镀金更要注意“脱金”现象

酸性镀金溶液偏酸性，氰化物含量很少，溶液没有什么活化能力。如果镀金前的镀层有钝化现象，其与金镀层的结合力是有问题的。常常镀出来时看不出，用手一摸，金层脱落了。不是一起脱落，而是底镀层钝化的部位金脱落。为防止这种“脱金”现象，首先要防止底镀层的钝化，其次要提高溶液中络合剂(柠檬酸钾)的含量，防止底金属产生浸金层(置换层)。温度高、pH 低都会有利于浸金层的产生。为防止底镀层的钝化，镀镍后要及时清洗，及时再浸柠檬酸溶液(稀)，然后入镀金槽。用这种方法要常常注意 pH 的变化，及时用氢氧化钾调整 pH。

第十一章 电镀合金

第一节 电镀镍铁合金

11.1.1 电镀镍铁合金简介

为了节约电镀成本,节省镍资源,电镀工作者长期不懈地努力着。电镀镍铁工艺就是这一努力的成果之一。这种合金镀层以铁取代了部分镍,镀层的色泽、韧性、整平性、硬度、套铬性能都不比纯镍差,甚至有些性能还比纯镍层好,如套铬性能等;镍铁合金的溶液性能有的方面也比纯镍溶液要好,如抗杂质离子的能力、镀层的结合力等。这种镀层特别适用于管状钢铁零件的电镀、适用于有深孔的钢铁零件。这些零件很难使用"厚铜薄镍"工艺、很难使用酸性光亮镀铜工艺,应用电镀镍铁合金,却恰到好处。因此,镍铁合金有一定的应用范围。这种工艺溶液中要加入稳定剂,稳定剂虽然种类颇多,但都属于络合剂,因此给废水处理带来一定的困难。另外,镀层中含有一定比例的铁,不良镀层的退去也有一定的麻烦。许多企业退除表面铬(或仿金)镀层后,通过复镀镍铁来解决一般的次品,但是起皮、严重弊病的次品还是麻烦的。

11.1.2 不良镍铁合金镀层的退除

退除不良镍铁合金可用化学法或电化学法,详见表 11-1

表 11-1 不良镍铁合金镀层的退除方法

	方法 1	方法 2
化学法	间硝基苯磺酸钠:40 g/L 焦磷酸钾:130 g/L 硫酸铵:30 g/L 硫氰酸铵:10 g/L pH:9 温度:80 ℃	对硝基苯甲酸:70～80 g/L 焦磷酸钾:150～200 g/L 乙二胺:150～250 g/L pH:9.5～10.5 温度:60～80 ℃ 需要机械搅拌

（续表）

	方法 1	方法 2
电化学法	硝酸铵:50 g/L 氨三乙酸:25 g/L 六次甲基四胺:10 g/L pH:6 温度:30 ℃ 电压:6～12 V 阳极电流密度:15 A/dm^2 阴极:不锈钢或镀镍铁板	硫酸:500 mL/L 六次甲基四胺:20 g/L 温度:20 ℃ 电压:6～12 V 阳极电流密度:15 A/dm^2 阴极:不锈钢或镀镍铁板

为了节省镍，许多企业采用先镀“高铁”（含铁量高）镍铁合金、再镀“低铁”（含铁量低）镍铁合金。这是节约镍的好方法。

11.1.3 电镀镍铁合金的配方和操作条件的讨论

具体的配方和工作条件许多书上都可以找到，就不一一列出了。这里只讨论其特点，讨论应该注意的地方。

1. 镍铁合金的配方和工作条件与光亮镀镍的差别

(1)镍铁合金配方中硫酸镍的含量要比光亮镀镍低很多，但是阴极电流密度的使用范围却相差无几(阴极电流效率略低些)。这就减少了溶液的带出损耗。

(2)镍铁合金配方中要加入稳定剂，光亮镀镍配方中没有。稳定剂选用络合剂，所谓稳定剂都有还原作用。稳定剂可以络合二价铁离子，减少其有效离子浓度，使之不容易被氧化成三价铁；稳定剂还有一定的还原能力，保护二价铁、二价铁就不易被氧化。但是，因为加了稳定剂(络合剂)，给废水处理带来了麻烦，废水要进行破络处理。

(3)镍铁合金的工作条件 pH 比较低，一般在 3～4。这是因为 pH 高了会加速三价铁的形成，也容易生成氢氧化铁，导致溶液混浊、镀层毛刺、脆性增加。

(4)镍铁合金的工作条件一般不用空气搅拌。这是为了防止空气中的氧气氧化二价铁、增加三价铁的形成。但是对于有还原能力的稳定剂是可以使用空气搅拌的。不用空气搅拌的，必须使用阴极移动，以增加阴极电流密度的上限，提高工作效率。用阴极移动可以使用十二烷基硫酸钠作润湿剂。使用空气搅拌则应该用低泡润湿剂。

(5)镍铁合金所用的阳极，除了镍板外，还要有高纯铁板(型号 DT－3)。两种阳极板不要放在同一钛篮子里，否则会形成电化学溶解，加速铁的溶解。阳极都要用阳极框，外面套阳极袋，阳极袋要用型号 747 耐酸涤纶布。只要调整好镍板与铁

板的表面积就可以控制镀液中镍离子与铁离子的比例。

2. 镍铁合金溶液中的铁离子

镍铁合金溶液中要加入硫酸亚铁引入铁离子。一般先镀高铁(含铁量较高),再镀低铁(含铁量较低)。高铁溶液中加入 20～35 g/L 硫酸亚铁;低铁溶液中加入 8～12 g/L 的硫酸亚铁。镀层中的含铁量与镀液中的镍与总铁之比有关,具体参见表 11－2。

表 11－2　镀液中镍与总铁之比对合金层成分的影响

镀液中镍/总铁	镀层含铁量(%)
30.14	7.65
17.60	18.40
9.79	27.40
6.44	34.10

配方中若硫酸亚铁含量高,溶液中稳定剂的含量也要相应提高。镀层中铁含量过高时,它在腐蚀介质中容易产生淡棕色的斑点。

3. 镍铁合金使用的光亮剂、润湿剂

镍铁合金使用的光亮剂、润湿剂与光亮镀镍是一样的,可以通用。

11.1.4 镍铁合金溶液的维护

镍铁合金镀液的维护与光亮镀镍相仿。不同点在于:

(1)在钢铁零件上电镀镍铁合金不需要预镀。但是因为溶液没有去油能力,要求镀件的前处理要足够好,否则容易使镀层发花,甚至起皮。

(2)应该严格控制溶液中各组分含量。尤其注意镍、铁离子的比例。在高铁溶液中,镍离子与铁离子之比控制在(10～15)∶1;在低铁溶液中:镍离子与铁离子之比控制在(30～40)∶1。

(3)镍铁合金镀液要严格控制三价铁。一般来说,三价铁的含量应该控制在占总铁量的 10%以下。当三价铁容易积累时,应该补充稳定剂;控制温度不要高;防止阳极钝化(钝化阳极析出氧气,氧化二价铁,产生三价铁)。

(4)镀液一般不使用压缩空气搅拌。要防止空气中的氧气氧化二价铁,即使使用有还原能力的稳定剂最好也不用压缩空气。因为氧气也会氧化这种稳定剂,减少其使用寿命。

(5)镍铁合金镀液最好配备吸有活性炭的连续过滤机,及时吸附三价铁的沉淀物。在定期处理镀液时,不要加双氧水,防止其氧化二价铁。

(6)由于镍铁合金溶液的 pH 比较低,应尽可能及时捞出掉入镀槽的零件,防止零件化学溶解,产生三价铁。

(7)因为稳定剂是络合剂之类,废水破络可以先用螯合型树脂进行处理。

11.1.5 镍铁合金电镀时常见的毛刺

电镀镍铁合金最常见问题的是毛刺,镍铁合金溶液中的三价铁是镀层毛刺的主要原因。镍铁合金溶液中有二价铁,二价铁会被空气中的氧气氧化,也会被阳极析出的氧气氧化(阳极电流效率不可能是100%)。因此,三价铁是不可能完全没有的。尤其在阳极区,氢氧根富集,会很容易生成氢氧化铁沉淀、造成镀层毛刺。溶液中三价铁较高、稳定剂含量不足、pH偏高,都会产生氢氧化铁沉淀,造成镀层毛刺。所以要尽可能控制三价铁含量。措施就是防止阳极钝化(阳极钝化会析出更多的氧气);稳定剂要用上限,选择使用有还原能力的稳定剂;pH不能高;不要使用压缩空气搅拌;控制镀液的温度不要偏高。

镍铁合金的阳极泥渣较多。铁阳极虽然用的是高纯铁,但是在电镀过程中,它仍然会有碳粉、铁的氧化物、硫化物产生。若阳极袋太稀或破裂,就会有泥渣进入镀液,从而导致镀层毛刺。铁阳极可以考虑使用双层阳极袋(双层阳极袋不能太厚,否则阳极容易钝化),镀液应该配备连续循环过滤装置。

三价铬是带入的六价铬被镀液中的二价铁还原的产物,一定量的三价铬也会产生镀层毛刺。如果用沉淀法处理,那就要连铁离子一起除掉,然后再添加硫酸亚铁。这显然事半功倍,所以要尽可能避免六价铬的带入。

镍铁合金其他故障与镀光亮镍大同小异,可以参考光亮镀镍章节。

第二节　电镀黄铜

11.2.1 电镀黄铜简介

黄铜镀层实际是铜锌合金。黄铜镀层通常含铜量在70%左右、含锌量在30%左右。黄铜镀层色泽美观,深受人们的喜爱,被广泛应用于五金、灯具等装饰性行业。为了防止镀层变色,应该进行钝化处理,然后覆盖有机罩光漆,以长久保持镀层的漂亮外观。黄铜镀层还可以用作热压橡胶钢铁件的表面镀层,以改善其黏结性。

根据黄铜镀层中含铜量、含锌量的不同,镀层的颜色是不一样的。表11-3是黄铜颜色与镀层含铜量的关系。

表11-3　黄铜的颜色与含铜量的关系

含铜量(%)	98	90～80	75	70	65	48	40	25
色泽	红	红中带黄	淡金黄	淡黄	黄中带白	灰中带黄	白	暗灰

很多人将黄铜叫做仿金,其实两者色泽是不一样的。仅仅调整铜、锌的比例要

镀出金的色泽是很困难的，金的色泽要老沉的多、厚重的多。

电镀黄铜一般要用氰化物，用氰化物少的低氰黄铜，色泽呈柠檬黄，也很漂亮；原(上海)南市电镀厂的微氰黄铜工艺使用几十年，很受客户欢迎。随着无氰工艺的探索，不用氰化物的黄铜也已问世。一般来说，无氰黄铜工艺溶液不够稳定，镀层色泽变化也比较快。

不同的客商对黄铜色泽的要求不一样，有的要黄一些；有的要带点绿(有人称为青)；有的要柠檬黄。黄铜色泽的调试很有技巧，有的属于个人技巧产权。恕不能一一标明。

11.2.2 电镀黄铜的配方和操作条件

黄铜的配方虽然各有不同，但大同小异。这里介绍一些经典的配方供参考。见表 11-4。

表 11-4　黄铜配方和工作条件

名称及单位	配方 1	配方 2	配方 3
氰化锌(g/L)		6～8	6～15
焦磷酸锌(g/L)	5～6		
焦磷酸钾(g/L)	100～140		
氰化亚铜(g/L)	5～8	18～22	9～15
游离氰化钠(g/L)	1.5～3	15～18	5～10
酒石酸钾钠(g/L)	30～50		
氨水(mL/L)	5～8	0.5～1	0.5～1
氨三乙酸	20～30		
pH	9～11	9.5～11	10～11
温度(℃)	25～35	25～40	20～30
阴极电流密度(A/dm²)	0.1～0.3	0.3～0.5	0.3～0.5
阳极铜锌比	7∶3	7∶3	7∶3
阴极阳极面积比	1∶(0.5～1)	1∶2	1∶2

注：

①配方 1 属微氰黄铜配方，色泽为柠檬黄；

②配方 2 是常用黄铜配方，色泽可以调试成黄中带红、黄铜本色、淡黄铜色、黄铜色带绿(青)。

③配方 3 用于钢铁热压橡胶。

11.2.3 电镀黄铜配方和操作条件的讨论

1. 铜、锌离子的共沉积

黄铜镀层是由铜和锌组成的，铜的沉积电位与锌的沉积电位相差很大，在碱性溶液中相差也是很大，铜要比锌容易析出。要使这两种离子同时析出，必须要有络合剂，并且络合剂络合铜的能力要大于络合锌的能力。最佳的络合剂就是氰化物。电镀黄铜不用氰化物，溶液容易不稳定，很难控制镀层的色泽。无氰黄铜虽然已经问世，但大面积应用还不成熟。微氰黄铜则利用多元络合剂来控制铜离子（当然也控制锌离子，只是控制锌离子弱一些），以达到铜离子、锌离子的共沉积。

2. 氰化镀黄铜在使用时，要注意铜、锌、氰化钠的比例

这常常是控制镀层色泽的关键，建议氰化锌：氰化亚铜：氰化钠（总量）=1∶3∶6。若要色泽偏红，可以提高氰化亚铜的含量（适当降低氰化钠的含量，作用并不好），温度提高一点；若要色泽淡点，可以适当提高氰化锌的含量。氰化钠的含量应该保持稳定，以控制铜离子和锌离子的共沉积电位。

3. 温度

电镀黄铜中，要控制色泽，温度很重要。一般来讲提高温度，会减少浓差极化，有利于铜的析出，黄铜镀层色泽偏红。但是当锌离子浓度高了，温度要提高一些，否则锌络合体（体积大）缺少热动能，黄铜的色泽不会好，黄不出来。如果是要做青古铜，黄铜层要有一定的厚度，那么铜离子、锌离子都不能低，这时阴极电流密度可以开大些（否则电镀时间太长）。还要适当提高溶液的温度，否则黄铜层色泽偏淡。

4. pH

电镀黄铜不像电镀单金属，pH 只会影响电流效率，还会影响铜离子、锌离子的共沉积。当 pH 低时，因为络合物的酸度效应，络合物的络合能力下降，铜离子被“解放出来”就多些，铜离子就容易在阴极析出（锌离子也被“解放”，但锌离子的电位要负的多。相对铜离子来说，没有那么容易在阴极上析出）。此时表现在镀层上，色泽就偏红。当 pH 高时，络合剂络合能力强，相对来说铜离子被管制得严厉一些，锌离子在阴极析出就多一些，此时表现在镀层上，色泽的黄色就淡一些、偏白些。

5. 阴极电流密度

从电极电位来说，铜要比锌容易在阴极析出。在阴极电流密度小的时候，锌离子较难析出，而铜离子受到的影响要小一些。表现在镀层上，电流密度小的时候镀层偏红；反之，电流密度大的时候镀层偏青白。

综上所述，控制好铜、锌、氰化物的比例，控制好电镀的工作条件是控制好黄铜镀层色泽的关键所在。

11.2.4 注意黄铜电镀的阳极

不少电镀工作者往往不注意阳极。阳极虽然不是问题的主要方面，但有时问题的难点却是在阳极。曾有一家企业在黄铜电镀时，黄铜镀层呈灰色，还有黑褐色条纹。从溶液的成分、铜/锌/氰化钠的比例、电镀的工作条件，都找不到故障的原因。后来，用硫化钠处理了镀液，镀层色泽正常了。休息片刻，镀层色泽又有点灰，不一会褐色条纹又出现了。可以判断，肯定是铁、铅等离子的影响。取出阳极一看，阳极上有灰白色的附着物，阳极有轻度钝化。原来该企业前一天刚刚补充了一批黄铜板。这一批黄铜板是自己用黄铜头子浇制的。浇制用的模子是用来翻制镀铬铅板的。问题清楚了，是黄铜板中带入了铅、铁的原因。于是用硫化钠处理溶液（一般加 0.05～0.2g/L 硫化钠，这次加 0.3g/L），换掉了自制的黄铜板，故障就排除了。由此可见铅、铁杂质的危害，也说明阳极的重要性。

如果溶液中氰化钠少了，或者溶液中碳酸钠积累过多，都会造成黄铜阳极的钝化。电流太大也会造成阳极钝化。这时阳极上会有附着物，白中带有灰黑色。阳极钝化时间长了，铜、锌含量降低，比例失调，镀层色泽变淡、变白，色泽也不鲜艳。

11.2.5 镀层发雾

黄铜镀层发雾是常见的故障。如果底镀层钝化，黄铜镀层会出现发雾；金属离子浓度过高，尤其是锌离子浓度过高，黄铜层容易发雾；阴极电流密度过大，镀层容易发雾；络合物浓度太低，而 pH 又低，也是同样的原因，镀层容易发雾；如果 pH 过高，有利于锌的析出，镀层也容易发雾；溶液中带入有机杂质会造成镀层发雾；碳酸钠积累过多也会造成镀层发雾。这是因为络合物不能有效地控制锌离子，锌离子夹带其他物质一起沉积。解决发雾问题，主要是管好锌离子。当然，电镀时间过长而出现镀层发雾不是由于锌离子的原因。

11.2.6 黄铜镀层的保护

黄铜镀层通常作装饰用，如果表面不进行保护，很容易泛色，而失去美观的外表。镀好黄铜的零件要清洗好；然后，进行钝化；钝化清洗后，应该再用去离子水清洗；烘干；再上有机漆膜，并将漆膜烘干达到一定的透明度和硬度。

首先要强调的是，钝化后、上漆膜前一定要使用去离子水。高档的产品还要先用活性炭吸附水中的有机物，再制作成去离子水（纯净水），这样产品镀层上才不会有水迹。

还要强调的是钝化。以前钝化大多是化学钝化，随着科技的发展，现在大多数都用电化学钝化（例如使用 CH－D 电解保护粉）。电化学钝化膜效果好得多。这种先进的电解保护方法，在钝化层上覆盖一层有机膜，这层膜极薄但很致密，而且不影响与有机漆膜的结合力，不影响焊接。同时，由于铬的浓度低，废水处理也比化学钝化容易得多。

最后要注意，上有机漆膜时，一定不能有微粒、细泡，喷漆使用的压缩空气要有过滤装置；漆膜要烘到指定的温度，以保证漆膜的透明性和硬度。上过有机漆膜的黄铜零件要及时离开化工车间、电镀车间，存放在干燥、通风的仓储中。

第三节　电镀仿金，古色

11.3.1 仿金镀层简介

有些人将黄铜镀层叫做仿金，其实两者色泽是不一样的。仿金的色泽老成，华贵。而黄铜的色泽要淡薄一些、普通一些。仿金有仿 14K 金、18K 金、22K 金、24K 金的，还有仿玫瑰金的。市面上常见的是仿 18K、24K、玫瑰金。仿金作为装饰效果看上去要比黄铜高档一些。更受消费者欢迎。尤其是手饰、提包、灯具等小件，镀得好，仿金色泽可以和真金一样，是很美观的。电镀仿金层仅用铜、锌合金要达到仿金效果是不够的。最后必须要使用带有仿金漆浆的清漆，或者在黄铜层上涂好清漆，干燥后，再浸代金胶（一种可以吸附在清漆上的染料，由广州二轻研究所研制）。

仅仅依靠电镀要达到仿金色泽的效果，一般要添加金属锡，即铜、锌、锡三元合金，其色泽更接近金色。铜与锡的合金也是可以达到金黄色的，且与金色也相差无几。如果镀层中含锡量在 8%～12%之间，铜锡合金镀层的色泽就是金黄色的。

一般来说仿金层很难镀厚。镀厚，镀层就容易发雾。仿金镀得时间长了，色泽也不稳定。仿金都很薄，薄薄的仿金层就更需要进行镀层保护。仿金的镀层保护同黄铜镀层保护完全一样。如果用在比较高档的产品上，那要求应该更严格一些。

11.3.2 仿金配方和操作条件

仿金的配方很多。配方越是多，越是说明没有非常经典的配方。下面就使用过的、比较靠谱的配方，做个简单介绍，供同行参考，见表 11-5。

表 11－5 仿金配方和工作条件

名称及单位	配方 1	配方 2	配方 3	配方 4
氰化亚铜(g/L)	17～21	20～24	15～18	11
焦磷酸锌(g/L)	4.5～7.5			
焦磷酸钾(g/L)	40～60			
氰化锌(g/L)		2.5		4～6
游离氰化钠(g/L)	6～9	32(总)	5～8	16
锡酸钠(g/L)	6～9	9～15	4～6	1～2
酒石酸钾钠(g/L)	25～40	20～25	30～35	
氨水(mL/L)	5～7	3～5		
氢氧化钾(钠)(g/L)				20
pH	10～11	9.5～10.5		
温度(℃)	25～35	40～45	20～40	60
电流密度(A/dm^2)	0.2～0.5	0.1～0.2	0.5～1.0	
阳极(铜∶锌)	7∶3	7∶3	7∶3(锡)	7∶3

注：

①配方 1 为 18K 金色配方；

②配方 2 为玫瑰金色配方；

③配方 3 为铜锡仿金配方；

④配方 4 为 24K 金色配方，要求电压：①先开 5～5.5V，镀 12s；②调至 3～3.5V，镀 8s；③再调至 0.8～0.15V，镀 14s。

仿金镀的很薄，色泽稳定，色泽鲜艳。要准确达到客户色泽要求，需要调整好溶液中各种金属的比例、把握准确的工作条件、控制好游离氰化钠的成分。当然，选择好配方和工艺条件是第一位的。

现在进口的仿金盐也很好用，操作简单，一般的操作工容易控制色泽，使用也比较广泛，但用仿金盐配制的镀液很难直接镀出 18K、22K、24K 金色，色泽上还是有差别的。

11.3.3 青古铜简介

我国的青铜器举世闻名。工艺品做成青古铜，很受一些人喜爱，青古铜的制作其实挺简单，但是，要做得漂亮却不容易。有以下几点心得，供大家参考：

(1)必须把黄铜镀好。黄铜色泽如果有点红，或者有点淡，有点白，做出来的青古铜都不好看。做青古铜的黄铜要么老黄，色泽沉着，做出来像古朴厚重的老货；

要么带点绿(有人称之为青),像尘封多年,已经有铜绿锈迹的"古董"。

(2)黄铜镀好之后,有两种方法做古色(褐色或者枪色或者黑色)。一种是化学法,用配好的溶液浸蚀。褐色还是黑色要根据客户的要求。另一种是电化学法,镀枪色或者黑镍。化学方法中,浸蚀溶液一般是用硫化物或者氧化物,这些物质同黄铜表面镀层进行反应,随着反应的进行,这些物质的浓度、pH 会有变化,如果不及时调整,染出来的色泽就有差异,因此需要有经验的师傅来操作。用电化学的方法镀枪色或者镀黑镍,要容易的多,色泽也稳定。问题在于要选择好的配方,有的配方比较老,还是用镍锡合金。这种配方镀的时候常常会有红色或者蓝色花纹出现,操作条件稍有变动,不正常的色泽就出来了,这是两种金属不能协调的共沉积所致。镀枪色现在先进的配方是用单金属镍,只要原料好,不会有其他色泽出现。色泽要稳定的多。镀黑镍,经典的配方也有改进,还是要加锌。但是镍锌的共沉积可以得到保证。总的来讲,电化学方法获得的枪色、黑色要稳定得多,容易控制,镀层也细致得多、漂亮得多,对黄铜镀层也没有氧化和腐蚀。

(3)黄铜做好古色之后,要选择性留色。小件要用滚筒擦色,根据镀层的硬度和留色的多少放入谷皮、皮角或木屑,进行滚擦;大件常常借助机器用尼龙丝帖拉丝。

(4)选择性留色之后,要求高的产品,应该清洗、钝化。钝化之后的最后清洗,也要用去离子水;干燥后,上有机清漆,烘干。

按上述工艺做出的青古铜不仅漂亮,色泽也能保持长久。

11.3.4 红古铜简介

红古铜是在铜镀层上着古色。基体是红铜的零件也必须抛光再着色,而且由于光亮度不够还是没有镀过酸性光亮铜的鲜亮。直接在酸性光亮铜层上着色效果并不好,这是因为酸铜层的表面容易变色。但酸性光亮铜是一定要镀的,因为要它的光亮度、要它的整平饱满。镀了之后须再镀薄薄的一层氰化铜,或者是镀一层薄薄的焦磷酸铜。这样既不失去光亮度和整平饱满,铜镀层又不容易变色。如果客户不要那么光亮,也可以先镀光亮酸铜,然后镀焦磷酸铜的时间长一点。这样做出的红古铜整平饱满,由内透出光泽,漂亮。

在铜层上做古色、擦色或者滚擦留色、钝化、清洗、烘干、上清漆,与做青古铜时的要点一样。

11.3.5 银古色简介

银古色一般不用银,而多仿银。常用镍做底层,要求光亮镍层越白越好。为了使镀镍层白,要用白亮型镀镍光亮剂,必要的话可加入镁盐。有的客户要求不含镍,或者要求非常白,这时可以镀其他代银镀层,如锡钴合金、锡银合金、或白铜锡合金(锡含量高的铜锡合金或者铜锡锌三元合金)等。

在仿银镀层上做古色、擦色或者滚擦留色、钝化、清洗、烘干、上清漆，要点与做青古铜一样。

第四节　枪色和黑镍电镀

11.4.1 枪色、黑镍电镀简介

枪色呈灰黑色，有淡、有深，但是总有点灰色。黑镍没有灰色，有的带点红光，有的不够黑。枪色和黑镍镀层在服装饰品、鞋帽饰品、五金零件、灯具零件有广泛的应用。在仪器、仪表、光学和电子行业，有许多零件要求黑色，以消光和改变热性能。这些零件往往电镀黑镍。黑镍溶液有很好的深镀能力，形状复杂的零件最适合这一工艺。黑镍的耐腐蚀性能不好，所以要镀好底镀层。镀了黑镍层，表面要涂腊或者上清漆，一来可以提高零件的耐腐蚀性，二来防止黑镍层附着污染物（黑镍层表面容易附着污物）。

11.4.2 枪色、黑镍电镀的配方及操作条件

表 11－6 中介绍几个枪色、黑镍电镀的工艺配方和操作条件，供大家参考。

表 11－6　枪色、黑镍电镀的配方和操作条件

名称及单位	配方 1	配方 2	配方 3	配方 4
氯化亚锡(g/L)	10	15		氯化锌 10～15
氯化镍(g/L)	75	70		50～70
硫酸镍(g/L)	20		70～100	氯化铵 45～55
焦磷酸钾(g/L)	250	280		
蛋氨酸(g/L)	5	5		
硫酸镁(g/L)			25～30	
硫酸锌(g/L)			40～50	
硫氰酸铵(g/L)				15～20
酒石酸钾钠(g/L)			12 烷基硫酸钠 0.05～0.1	10～15
硼酸(g/L)			25～35	30～40
pH	8.5	8.5～9.5	4.5～5.5	4～5.5
温度(℃)	50	60	55～65	40～50

（续表）

名称及单位	配方 1	配方 2	配方 3	配方 4
阴极电流密度（A/dm^2）	1～2	1～3	0.1～0.8	0.5～2
阳极	镍板	镍板	镍板或不溶性阳极	镍板或不溶性阳极
阴极移动	不需要	不需要	不需要	不需要

注：

①配方 1、配方 2 是枪色镀层的配方和工作条件。

②配方 3、配方 4 是黑镍镀层的配方和工作条件。

上述两个枪色配方都是含有镍、锡两种金属离子的溶液。两种离子要共沉积，沉积电位要拉近，必须要有络合剂。一般在碱性溶液中，络合剂才能较好发挥作用（因为络合剂都有酸度效应）。因此，络合剂、溶液 pH 会影响两种离子的共沉积。同时操作条件又容易引起浓差极化（温度）、电化学极化（电流），影响两种离子的共沉积。也就是说，影响两种离子共沉积的因素较多，镀层的色泽容易不稳定。温度高了，容易出现蓝色和红色条纹。温度低了，电流开不大，色泽会太淡等等；如果要开大电流密度，使用阴极移动，色泽不容易稳定，使用空气搅拌，溶液中的蛋氨酸又容易被氧化。总之，红色、蓝色的干扰很难完全避免。

现在先进的枪色工艺只用镍金属，只要原料品质好，几乎没有什么故障。有发黑作用的蛋氨酸也被有抗氧化能力的物质所取代，可以用空气搅拌。如果作表面镀层，电流开大，时间镀长些，镀层也比较硬，如果上腊或者上清漆外观更漂亮。如果用作古青铜、红古铜、古银，希望镀层不要太硬，可以镀的时间少点，pH 低点，便于擦色。

配方 3、配方 4 是使用比较多的黑镍工艺。黑镍一般都要加锌，不加锌的话，没那么黑。如果不要求那么黑，可以用配方好的枪色，再多加发黑剂；要求像黑漆那样的黑，只能用氧化法，或者用加锌的黑镍工艺。

11.4.3 黑镍镀层中锌、镍比例的变化与镀层色泽的关系

正常的黑镍镀层，镍含量约占 60%，其余是锌，也有少量的硫和有机物质。黑镍属于合金镀层，当镀液中锌镍比例失调时，镀出的黑镍没有那么黑。当锌含量过低，镀层带有浅黄色，还会出现条纹，镀层的结合力也会变差；当镀液中锌含量过高，镀层带点灰色。所以要常常调整镀液，保持锌镍离子的比例。许多有经验的师傅干脆用不溶性阳极，定时加入配好锌镍离子比例的浓缩液，这样镀层的色泽要稳定得多。当然，这需要经验积累。锌、镍离子的消耗量，不同的操作条件，不同产品的带出液，这些都需要摸索出规律。

11.4.4 黑镍溶液中 pH 的影响

黑镍电镀的阳极电流效率不是很高，如果使用不溶性阳极，阳极上几乎都是氢氧根放电。溶液消耗的氢氧根远远大于在阴极上消耗的氢离子，pH 会下降较快，所以要加硼酸缓冲剂以稳定 pH。但完全靠硼酸是不够的，pH 还是会下降。如 pH 过低，镀层色泽会带点黄，所以还要时常用碳酸盐，最好用碳酸锌或者碳酸镍来调整 pH。最好不要用碳酸钠，过多的钠离子会影响镀层的色泽。用氨水也不好，一来容易生成镍、锌的氢氧化物沉淀，损失主盐；二来氨会络合锌、镍离子，其络合物的稳定常数也不一样，这就影响了锌、镍离子的沉积电位，从而干扰了镀层中锌、镍的比例，使镀层色泽难以控制。在电镀黑镍过程中请注意这一点。

11.4.5 其他影响黑镍镀层色泽的因素

黑镍镀层的色泽很容易带点灰或带点黄。影响黑镍镀层色泽的因素还有：①电流的大小。黑镍层电阻比较大，如果挂钩上的黑镍层没有除去，会影响零件的导电；如果镀黑镍时，中途断电后（包括取出看看）在黑镍层上再镀黑镍，由于镀层在空气中被氧化，镀层的电阻增加了，影响了镍离子、锌离子的沉积电位，影响了锌离子、镍离子的共沉积，从而会影响镀层的色泽。②温度也会影响镍离子、锌离子的共沉积。温度高会更有利于镍的沉积，温度低更有利于锌的沉积。因此，温度的变化会改变黑镍层的金属组分，从而改变镀层色泽。

现在好的黑镍配方，问题要少得多。好的配方只要主要原料品质好，色泽很稳定。

第五节　铅锡合金

11.5.1 铅锡合金简介

铅锡合金镀层在工业上应用广泛。含锡 5%～15%的合金镀层，可以提高钢带的防腐蚀能力，提高与油漆的结合力，其可焊性、润滑性也有所提高。锡镀层中含铅 1%～3%，可以防止“锡须”的产生。铅锡合金镀层是过饱和固溶体，X 射线衍射的结果表明镀层中存在铅锡两相。

由于铅和锡的标准电极电位相差不多，因此这两种金属离子很容易共沉积。随着溶液中铅、锡离子浓度的变化，可以得到任意成分的铅锡合金镀层。镀层成分不同，用途也不一样。表 11－7 是不同成分铅锡合金的用途表。

表 11-7　各类铅锡合金镀层用途表

镀层中含锡量(%)	镀层用途
6～10	用于轴瓦、轴套,以减少摩擦
15～25	用于钢带表面,润滑、助粘、助焊接
45～55	用于防止海水等介质腐蚀
55～65	用于钢、铜、铝表面,改善焊接性(最常用)

考虑到镀层的性能、品质,以及镀液的性能、稳定性,大多数铅锡合金镀液使用氟硼酸盐,氟硼酸盐镀液产生的废水要严格处理。

11.5.2 电镀铅锡合金的配方和操作条件

常用电镀铅锡合金的配方和操作条件见表 11—8。

表 11-8　氟硼酸盐镀铅锡合金的配方和工作条件

名称及单位	配方 1	配方 2	配方 3	配方 4
氟硼酸铅(g/L)	110～275	74～110	55～85	15～20
氟硼酸锡(g/L)	50～70	37～74	70～90	44～62
游离氟硼酸(g/L)	50～100	100～180	80～100	260～300
游离硼酸(g/L)				30～35
胶类(g/L)	桃胶 3～5	桃胶 1～3	明胶 1.5～2.0	蛋白胨 3～5
温度(℃)	室温	18～45	室温	室温
阴极电流密度(A/dm^2)	1.5～2	4～5	0.8～1.2	1～4
阳极	铅锡合金(含锡 6%～10%)	铅和锡板	铅锡合金(含锡 50%)	铅锡合金(含锡 60%～70%)
阴极移动	不需要	不需要	不需要	需要
镀层成分(含锡%)	6～10	15～25	45～55	60

氟硼酸盐镀铅锡合金,溶液成分简单,均镀能力可达 80%,可以满足深孔电镀要求。加入适当的添加剂可以获得光亮镀层。溶液维护简便,成分容易控制,可以使用合金阳极。但是,氟硼酸盐溶液腐蚀性很强,操作时要注意保护。其废水有毒,必须严格治理,废水治理比较复杂,成本较高。有些地区指定,不允许含氟元素废水的项目立项建厂。由于这一原因,氟硼酸盐镀种越来越少。如何在废水治理方面有所突破,是这一工艺发展的前提。

11.5.3 配制铅锡合金溶液时的注意事项

配制铅锡合金溶液时需注意以下几点：

(1)应避免将硫酸根、氯离子带入镀液中，因此镀前活化应使用氟硼酸或者氨基磺酸。

(2)为了避免二价铅离子被氧化，配制时温度不要超过40℃。

(3)因为二价铅离子容易生成沉淀，镀槽应设计得深些，以防止沉淀物泛起。

(4)胶、胨等添加剂可以提高阴极极化，促使镀层结晶细致；有利于扩大电流密度范围，减少镀层条纹、发黑等故障。同时，胶、胨添加剂的含量对镀层中锡含量有显著影响，其含量增加，镀层中锡含量也会增加。过多的胶、胨增加了溶液的黏度，会引起镀层脆性。这些添加剂在使用时还会分解，分解产物也会增加溶液的黏度，影响溶液的导电；而且会造成镀层中锡含量下降，结晶粗糙，脆性增加，产生条纹。因此，定期用活性炭吸附、除去是必要的。注意：处理时不要加双氧水，以防止二价锡离子的氧化。

(5)配制时要有足够量的氟硼酸，以防止二价锡离子、二价铅离子水解。

11.5.4 电镀铅锡合金时的注意事项

电镀铅锡合金时需注意以下几点：

(1)为了避免二价铅离子被氧化，电镀时温度不要超过40℃，溶液要配备冷却装置。

(2)镀前活化用水、氟硼酸溶液配制均应使用去离子水，以免带入氯离子等有害杂质。

(3)要选用品质好的阳极，防止铜、铁、镍、锌、银离子的带入。这些离子会影响镀层的焊接使用。若累积有害离子过多，可以用电解法除去。铜及铜合金零件电镀铅锡合金应带电入槽。所用阳极必须使用阳极袋，防止阳极泥渣污染镀液，引起毛刺。

(4)电镀时可以在溶液中悬吊一个装有硼酸的布袋，以免产生游离的氢氟酸。

(5)除了控制溶液的成分外，还应该重视操作条件的影响。阴极电流密度的变化对镀层成分的影响比较大，阴极电流密度越高，镀层含锡量越高。

(6)铅锡合金溶液导电很好，槽电压较低。因此，所用电源在低电压范围要求可以微调。光亮镀层所用的整流电源波形要平整连续，不宜使用单相整流电源。

(7)仓储时，有时会发现镀过铅锡合金的产品，镀层与基体金属“相变”，“相变”后形成金属间化合物。因此，某些有特殊要求的零件在基体与铅锡合金之间应该加镀一层阻挡层。

(8)为了提高焊接性能和延长仓储存期，有些零件在镀铅锡合金后，再进行热熔处理，其工艺如下：甘油：100％；温度：180～200℃；时间：0.5～2min。片状小零件温度应降至170～180℃。

第六节　代铬镀层——锡钴合金

11.6.1 锡钴合金简介

锡钴合金含锡80％、含钴20％，镀层色泽酷似铬层，光亮洁白，硬度达HV500～600，比镍层硬。现在不少商品不允许镀镍、也不允许镀铬，锡钴合金越来越受到重视，用锡钴合金代铬、代镍有着广泛的使用价值。有的小件很难镀铬，有的零件凹得很深，也无法使用像形阳极，镀铬无法覆盖，碰到这种情况，往往也须用锡钴合金代替。

锡钴合金溶液电流效率高，覆盖能力好，特别适用于复杂形状的零件，适合于小零件的代镍、代铬。含锡量在80％的锡钴合金镀层，对钢铁基体而言属于阴极性镀层。该镀层必须经过钝化，经钝化后镀层抗酸碱的能力提高了，抗变色的能力也大大提高了。钝化的方法，可以借鉴黄铜钝化。

锡钴合金是一种前景广阔的代镍、代铬镀层。为了镀层的色泽更像铬，有的配方中还加入一点点锌，让成品带点蓝光，效果不错。

11.6.2 锡钴合金、锡钴锌合金的配方和操作条件

常见锡钴合金、锡钴锌合金的配方和操作条件见表11－9：

表11－9　锡钴合金、锡钴锌合金的配方和工作条件

名称及单位	配方1	配方2	配方3	配方4
焦磷酸钾(g/L)	150～200	柠檬酸铵：170		
氯化亚锡(g/L)		30	15	
锡酸钠(g/L)	60～70			50～60
氯化钴(g/L)	6～10	30	25	
硫酸钴(g/L)				4～7
EDTA(g/L)	10～16	胨：15	乙二胺：12	
酒石酸钾钠(g/L)	15～20		酒石酸铵：170	50～60
硫酸锌(g/L)				2～4
氯化锌(g/L)	5(或不加)			

（续表）

名称及单位	配方 1	配方 2	配方 3	配方 4
其他		1,2 丙二胺：70mL/L	1,2—丙二胺：20mL/L	DG—4：25～30g/L
温度(℃)	55	55～60	50	45～55
pH	10～11	4	7.5	11～12
电流密度(A/dm²)	1～2(或滚镀)	1～1.5	1.5～2	0.5～2

注：

①配方 1、配方 4 若用锡阳极，锡阳极会以二价锡形式溶解，当二价锡大于 0.1g/L，镀层发白没有光泽。这时应该加 0.2mL/L 的双氧水，将二价锡氧化为四价锡。

②焦磷酸盐体系的锡钴合金。当溶液中焦磷酸钾太低，或者钴含量太高会导致镀层带暗色，低电流密度部位尤为明显。

③配方 4 中的 DG—4 由广州新民电镀厂研制。

此外，市场上也有配好的锡钴合金镀液，工艺比较稳定，容易操作，镀层质量比较有保证，就是使用成本较高。

11.6.3 镍钴钨三元合金

在镀镍溶液中加入钴会提高镀层的白度，效果有点像铬。如果再加入钨，可以代铬。这种镀层光亮，耐腐蚀好；镀液覆盖能力好，可也以滚镀。其配方和工作条件见表 11－10。

表 11－10 镍钴钨三元合金的配方和工作条件

名称及单位	含量
硫酸镍(g/L)	200～250
钨酸钠(g/L)	1.5～2.5
硫酸钴(g/L)	2～5
硼酸(g/L)	30～35
柠檬酸钠(g/L)	50～70
通用镀镍主光剂	按镀镍加入
通用镀镍柔软剂	按镀镍加入
pH	5.2～6.2
温度(℃)	30～40
阴极电流密度(A/dm²)	1.5～2

第七节　合金电镀需要重视的问题

11.7.1 不同金属离子共沉积——络合剂所起的作用

无论是电镀二元合金，还是电镀三元、多元合金，不同的金属要在同一镀液中共沉积，是有难度的。不同的金属有着不同的电极电位，电极电位相近的金属比较容易共沉积，但是能不能按照人们意愿组成一定的比例，是另一回事。这需要调整溶液中的金属含量，找到电镀的操作条件等。如果组成合金的电极电位相差很远，要它们共沉积就更困难了。首先是选择络合剂。选用适当的络合剂，它不仅可以大大降低金属离子的有效浓度；而且它可以使电位比较正的金属极化电位值大幅度提高，而对电位比较负的金属极化电位值提高较少。这样两种金属的沉积电位就容易接近，就有条件在阴极上共沉积。铜离子、锌离子的电位变化。

表 11－11　铜离子、锌离子的电位

	在硫酸盐溶液中的电位(V)	在氰化物溶液中的电位(V)
铜离子	＋0.34	－1.00
锌离子	－0.76	－1.20

上表可见，由于络合剂氰化物的作用，铜、锌离子的电位原来相差很远，现在相差不多了。

一种络合剂如果还不能达到目的，那么可以使用两种，甚至三种络合剂。两种络合剂分别将两种金属离子的电位向负方向移动，使原来电位较正的金属离子更负一些，以达到两种金属离子的电位接近。多元络合剂的理论在实践中逐步形成，反过来又指导、解释了实践。

11.7.2 电镀合金中添加剂的作用

添加剂的作用真的神奇。拿单金属来说，比如酸性光亮镀铜，加点光亮剂，镀层就细致(必须阴极极化才会细致)、光亮。合金电镀中加了添加剂，就能显著增加金属的阴极极化。添加剂的神奇还在于，它有很强的针对性。选用得当，它可以主要增加某种电位较正的金属离子的阴极极化，而不增加(或者很少增加)另一种电位较负的金属离子的阴极极化。这样两种金属离子的沉积电位就容易相近，就容易在阴极上共沉积。

添加剂的实践，成功案例不少。现代电镀工艺的发展、提高，离不开添加剂的发展。

11.7.3 电镀合金中电流密度的影响

电镀的操作条件中电流密度很重要，电镀合金也是如此。两种金属离子要共沉积，主要是要分别控制两种金属离子的有效浓度，控制两种金属离子的过电位。电流密度的大小直接与过电位有关。选择适当的电流密度，有利于两种金属离子共沉积。一般说来，阴极电流密度大，金属离子的过电位高。阴极电流密度大到一定数值，会更有利于原来标准电极电位较负的金属离子沉积。在黄铜电镀时，电流开大了，镀层发白，镀层中锌的成分多了。相反，电流密度小了，镀层红了，镀层中铜的成分多了。

电流密度会影响金属离子的过电位，要选择适当的电流密度，就是要找到两种金属离子共沉积的过电位。在溶液搅拌或使用压缩空气搅拌溶液的情况下，溶液的浓差极化减少了，有利于标准电极电位较正的金属离子沉积，本来好好的合金层，组分会发生变化。如电镀黄铜时，原来黄铜色泽正常，当阴极移动或者压缩空气搅拌时，合金层色泽变红了。这时，要镀出正常的合金镀层，一般要开大电流密度，使两种金属离子在新的溶液状态下，找到自己新的过电位，以谋求按原来的比例共沉积。

11.7.4 电镀合金中温度的影响

电镀过程中不仅需要电位差产生的电化学动力，还需要热动力。温度是一定要有的。所谓室温，也有一定的要求，一般指 10～27 ℃左右。温度过低，离子的迁移很困难，导电就成问题。合金电镀也少不了控制温度。温度高了，会增加离子的迁移速度，溶液的导电能力增加了，电流密度提高了；温度高了，离子迁移速度快了，溶液的浓差极化降低了；这两方面影响的结果是，金属离子的过电位降低了，更有利于原来标准电极电位较正的金属离子沉积。例如：在电镀黄铜时，正常情况下，提高温度，镀层会变红些。这是铜离子析出多的结果。这时需要开大电流密度，调整两种离子共沉积的过电位。对于合金电镀来说，络合离子本来就体积大，迁移较吃力，温度一低，迁移更困难。一般来说，降低温度，对原来标准电极电位较负的金属离子影响要小一些。在电镀黄铜时，正常情况下，降低温度，镀层会淡白些，这是对锌离子影响较小的结果。从刚才列举黄铜的例子可以看出，电镀合金不能轻易改变温度范围，否则合金镀层的色泽就会变化，色泽就不稳定。

11.7.5 电镀合金中 pH 的影响

在合金电镀中，pH 不是直接影响金属离子的过电位，而是直接影响络合物的络合能力。络合物有酸度效应，在酸性趋强的条件下，络合能力会下降。还是用电镀黄铜来举例：当电镀黄铜时，pH 下降了，氰化物的络合能力减小了，金属离子的有效浓度增加了，过电位降低了，这时有利于金属离子的沉积；相对来说，原来电极电位较正的金属离子更容易沉积，则铜离子较锌离子更容易沉积，黄铜镀层的色泽就会偏红。反之，如果 pH 升高了，络合物的络合能力强了，就会减少金属离子的有效浓度，增加过电位，控制金属离子的沉积；相对来说，对铜离子的控制更强些，而对锌离子的影响要小些，这时黄铜镀层就会显得淡白些。pH 还会影响金属离子的电极电位。同一种金属离子在酸性或碱性溶液中的电极电位是不一样的，如表 11－12 所示。

表 11－12　金属离子在酸性或碱性溶液中的标准电极电位(25℃)

金属离子电极反应	在酸性溶液中的电位(V)	在碱性溶液中的电位(V)
锌离子	－0.763	－1.26(氰化物)
二价铁离子	－0.44	
三价铁离子	－0.036	
二价镍离子	－0.25	－0.47(氨水)
二价锡离子	－0.136	－0.91
二价铅离子	－0.126	
二价铜离子	＋0.337	－0.12(氨水)
一价铜离子	－0.52	－0.43(氰化物)

11.7.6 电镀合金中的阳极

同电镀单金属一样，电镀合金的阳极要能够导电，有的金属表面有一层很厚的钝化膜，阻止阴离子放电，连氢氧根也无法放电，这样的阳极不能使用，如钛板。电镀阳极的材料，形状要能控制电流在阴极上的分布。电镀阳极若能够自溶解、补充镀液中金属离子的消耗就更为理想。一般电镀合金的阳极最好与镀层的成分一致。最好能均匀溶解，恰好补充电镀合金各种金属离子的消耗。例如，电镀黄铜，使用铜∶锌为 7∶3 的黄铜板。一般来说溶解的铜、锌金属离子与镀掉的基本平衡。尚若溶液中的某种金属离子偏低了，例如铜离子偏低了，可以挂一二块铜板，很快就平衡了。也有分别挂两种金属阳极的，如镍铁合金。镀层含量多的，多挂些；镀层含量少的，少挂些。如果两种金属的溶解电位相差很大，还要分开两条阳极电路，其间再串联一个可变电阻，分别控制两种金属阳极板的溶解电位和阳极电流密度。如果溶液中某种金属的含量很低，则只挂一种金属阳极板，少量的该种金属可以加其盐来补充。

综上所述，电镀合金时要重视络合物和添加剂，重视操作条件，重视阳极。

第十二章 塑料电镀

第一节 电镀的塑料制件

12.1.1 塑料电镀简介

塑料与金属相比有其独特的优点，它质量轻、耐腐蚀、可塑性好、容易加工成型。塑料表面金属化，有助于克服塑料本身的一些缺点，改善其性能。例如：可以增强制件的机械强度，提高耐磨、耐热、耐溶剂、抗老化等性能，使制件表面能够导电，从而可以防静电效应、防磁效应。此外，塑料电镀之后产品还具有金属的美丽外观。正因为塑料表面金属化可以充分利用两种材料的优点，扬长避短，又可以节约大量金属材料，降低成本，所以塑料电镀越来越受到人们的重视。

塑料表面金属化的方法可以分为两大类。一类是干法，主要是指金属喷镀、溅射镀和真空镀膜；另一类是湿法，包括直接采用导电塑料，或在塑料或者其他材料上涂导电物，或采用特殊工艺在塑料上进行化学镀，使之金属化，等等。这里主要讨论如何进行化学镀，使塑料表面金属化，随后实施常规电镀。

12.1.1 对塑料基体的讨论

塑料电镀最重要的问题莫过于结合力，确保镀层的结合力要从多方面入手。首先就是基体的选择。不同塑料与金属镀层的结合力是不一样的，如果能从选材入手，那么镀好塑料电镀要容易得多。表 12-1 是不同塑料与金属镀层间结合力的大小。

表 12-1 不同塑料与金属镀层间的结合力

序号	塑料种类	结合力(N/cm)	序号	塑料种类	结合力(N/cm)
1	ABS(通用级)	1.18～8.82	8	尼龙	13.72
2	ABS(电镀级)	13.72～52.92	9	改性聚苯乙烯	1.37～13.72
3	聚丙烯(PP)	6.86～69.58	10	聚苯醚	8.82
4	氟塑料	8.82～69.58	11	聚乙烯	6.86～8.82
5	聚砜	28.42～29.4	12	聚丙烯酸酯	1.76～2.65
6	聚碳酸酯	26.46	13	聚苯乙烯	0.98
7	聚缩醛	0.98～17.64			

装饰性电镀要求塑料与镀层的结合力为7.84～14.7 N/cm，印刷线路板上的铜箔与基体的结合力要求达到5.88～25.48 N/cm。聚丙烯、氟塑料、聚砜、聚碳酸酯等塑料虽然结合力好，但是价格较贵，所以较少采用。目前塑料电镀件主要是使用电镀级ABS塑料、聚丙烯(PP)塑料，尼龙也有一定的使用数量。

12.1.3 对塑料成分的讨论

在电镀塑料制品时，除了要注意塑料种类之外，还应注意塑料成分、造型设计、模具设计、制造成型、加工工艺等环节，这些环节对电镀质量都有一定的影响，我们先讨论塑料成分的影响。

对于ABS塑料来说，丁二烯(B)的含量影响较大。在化学粗化时，丁二烯(B)被粗化液溶解刻蚀，表面形成微小凹坑、洞孔，镀层微粒嵌入穴洞，形成"锁扣"，有利于塑料基体与镀层的结合力。制塑时，丁二烯(B)含量高，流动性好，保证了材料成分的均匀性，"锁扣"分布也就均匀、密集，有利于提高镀层的结合力。电镀级ABS塑料的主要特点就是将丁二烯(B)的含量控制在18%～28%，聚合方式为接枝共聚。

对于聚丙烯塑料来说，分子量的高低，涉及熔融指数。分子量高，熔融指数则小，塑料加工性差；分子量低，熔融指数则大，塑料加工性好。一般而言，加工性好的聚丙烯，镀层的结合力好。但是，如分子量过低，塑料强度会受到影响，力学性能也不好，所以应该选择适当分子量的聚丙烯。

应用PC或者ABS/PC混合塑料时，在粗化前可以使用塑料膨胀剂。日本Daicel化学工业和Daicel聚合物公司研制不用六价铬粗化的新技术。该工艺将电镀材料ABS换成PC(聚酰胺)和ABS合胶，技术关键点在于改进添加剂，提高相容性，使ABS更容易在PA基质中分布；通过工艺改进，使PA发生膨胀，从而可以使电镀底层的镍层像树在土壤中扎根一样在膨胀层中生长，由此提高了电镀的附着强度。镍层是无电解镍用化学法获得的，厚度大约数百微米。有了这层镍就可以进行电镀了。

市场有现成的塑料膨胀剂，使用简便。经过膨胀处理，粗化就容易多了，效果也更好了。

无论哪种塑料，成分中的杂质影响是很大的，会影响塑料与电镀层的结合力。因此，再生塑料由于杂质多，就不容易镀好。然而，有意识地少量添加某些成分则是有益的，比如在ABS塑料中加入少量碳酸钙，或金属盐，或二氧化硅填料等，这些填料在粗化时容易形成凹孔，有助于提高了塑料与镀层的结合力。不过，填料的选择、用量，需要反复试验确定，实际应用比较少。

无论哪种塑料，吸附了水分都是不利的。如湿度太高，在制作塑料压注后，制件表面会产生小气泡，电镀后气泡鼓起来，影响镀层的结合力。

目前，使用较多的还是电镀级的 ABS，大约占 80%。这种塑料与金属镀层的结合力较好，塑料本身性能也较好，而且材料成本比较适宜。在汽车、日用五金、电子产品等行业，电镀级 ABS 塑料使用最为广泛，尼龙也有一定的使用，PA（聚酰胺）与 ABS 合胶，由于膨胀剂的开发，使用也多起来了。

12.1.4 对塑料制品造型设计的讨论

用于电镀的塑料制品在造型设计时不仅要考虑到适应电镀工序要求，而且要考虑到适应塑料表面金属化工序的要求。在不影响外观和使用的前提下，设计应满足下述要求：

（1）造型应避免直角、锐边。这是因为在直角、锐边处应力集中，容易导致镀层开裂；在直角、锐边处由于电镀的边缘效应，容易导致镀层烧焦。另外，边角突出碰撞时容易导致镀层脱落。因此，造型设计时边角应倒圆，半径约为 0.2～0.3 mm。

（2）造型设计应避免大面积平面状。化学镀之后，塑料表面的金属层一般很薄（约 0.1～0.3μm），电阻较大，在大面积中心部位电流分布较小，所以常常亮度、整平度不够；另外在大面积平面处，由于反光率提高，容易暴露划痕、凹坑等缺陷，影响装饰效果。因此，应使用略带弧型或者刻有花纹的造型。

（3）造型应避免盲孔及小孔。由于塑料电镀工序多，盲孔和小孔中的溶液容易存留，不仅污染下道溶液，而且容易造成盲孔、小孔处的各种弊病。造型时孔径应大于 3mm。

（4）塑料电镀件的壁不宜太薄，厚薄不应突变过大。由于太薄的塑料在电镀加工时受热，受浸蚀后容易变形，厚薄突变容易导致应力集中，镀层开裂。一般厚度不宜小于 3mm，厚度差在交界处不应超过 2.5 倍。

（5）塑料制品上设计槽、格栅、标记、符号的要求。

• 槽。不应采用长方形或 V 形，槽宽度应大于或等于槽深度的 2 倍，最小槽宽不应低于 5mm。槽的底部应倒角、修圆，其半径应大于 3 mm。

• 格栅。格栅制件的槽宽要等于梁宽，槽深要小于厚度的 1/2。一般梁宽应大于或等于 1.5mm，斜度以 5°为宜。注意格栅的厚度不要太薄，以防变形。

• 标记、符号。设计标记、符号应突出平面 0.3～0.5 mm，斜度 65°，字形采用流畅手写体为佳。

（6）减少塑料制品电镀时的保护工序。塑料制品设计时要尽量避免采用螺纹和金属嵌件，以免增加保护工序。不得已采用螺纹时，则应用粗螺纹。

（7）扩大镀件装挂的接触面积。塑料制件设计时，电镀装挂位置与挂钩要有足够的接触面积。若接触面积小，电阻过大，电流分布小的部位很难镀亮，触点也容易因电阻大而“烧坏”。

12.1.5 对塑料制品模具的讨论

准备电镀的塑料制品其模具设计时应该注意以下几点：

(1)模具内应留有排气孔，以免产生气孔。

(2)为了避免塑料在浇道中冷却，浇道要宽一些，截面最好为圆形。

(3)分模线、熔接线和浇口要在不显眼的地方，浇口直径要求比普通浇口大些。对较大塑料制件，浇口应多增加几个。

(4)模具表面光洁度要求达到镜面水平，常用钢、不锈钢、铜、黄铜材料制作模具，为了防止腐蚀和便于脱模，模具表面最好要镀铬。

12.1.6 对塑料制品加工成型的讨论

塑料制品在加工成型时应注意以下几点：

(1)注塑前应除去塑料中的水分，烘干后请立即注塑，以防塑料在空气中重新吸湿。ABS 塑料注塑前一般要在 80～85℃热风干燥箱烘 2h 以上。

(2)最好采用螺旋式注塑机，以免塑料受热不匀、混合不均。

(3)模具应保持清洁，一种塑料最好专用一个模具。

(4)注塑时应保证模具有一定温度，以 60～80℃为宜。注塑温度尽可能高些，ABS 塑料一般控制在 220～260℃，充填速度不宜太快，以 6s/次为宜，这样残余应力较小；为了防止丁二烯(B)球状体变形，注塑压力低一些较好，一般为 700～800N/cm。

(5)注塑时最好不要用脱模剂，绝对不能用有机硅系列的脱模剂。若必须用脱模剂时，只能用滑石粉或者肥皂水。

(6)一般不要用下脚料的 ABS 塑料，若要掺用，只能限用 15%以下的下脚料。下脚料也必须注意其质量、规格、型号，必须经过挤压机打成粉末、混合均匀之后方可使用。

第二节　塑料制件的镀前处理

塑料制品是非导体，要电镀，必须表面先要赋予一层导电层。这层导电层应与塑料基体有良好的结合力，与金属镀层也有良好的结合力，所以塑料制品的镀前处理与金属制品大不相同。塑料制品的前处理应该经过以下步骤：检查和消除应力、去油、粗化、敏化与活化、化学镀。

12.2.1 检查和消除应力

塑料制品，即使是选用电镀级 ABS 塑料，由于设计造型不尽合理或者加工成

型的不当,也会产生应力集中的现象。应力的存在会影响镀层的结合力,所以要检查并消除之。鉴定应力大小的方法是将零件放在冰醋酸中浸泡3min,然后小心清洗表面,待干后观察其表面。若产生白色裂纹,则显示应力较大;应力大的塑料件,不适合立即电镀,应进行消除应力的工序再电镀。

消除应力的方法是:在75℃下,烘烤2h,然后自然冷却。ABS塑料还可以用丙酮水溶液来消除应力:丙酮与水的体积比为1∶3,在室温下浸泡20～30min,效果也不错。用丙酮水溶液连续处理请注意丙酮的挥发,需要适时补充,并注意防备有害气体。

12.2.2 塑料制件的除油

塑料制品在成型、加工、搬运等工序中,可能会沾染油污。若油污较多,将会影响粗化效果。粗化溶液中如果经常带入油污,铬酸氧化油污,变成三价铬,粗化能力就会降低,从而会影响粗化效果。有的单位没有除油工序,粗化液的使用寿命不长,就是这个原因。塑料电镀除油工序是需要的,但若塑料制品上的油污很少,也可以进行简单除油。除油溶液的浓度不必很高,配方见表12-2。

表12-2 塑料制品的除油配方和工作条件

名称及单位	含量
氢氧化钠(g/L)	20～30
碳酸钠(g/L)	30～40
磷酸三钠(g/L)	20～30
“OP”乳化剂(g/L)	1～3
(或海鸥洗涤剂)(mL/L)	5～10
温度(℃)	55～65
时间(min)	15～20

注:除油时温度不能太高,不宜超过70℃,以免产品变形。尤其对于壁薄的塑料制品,更是如此。

12.2.3 粗化的方法

塑料制品的粗化是否得当,对于化学镀是否露塑、对于镀层与塑料的结合力、对于电镀后的产品外观,都有重要影响。因此,粗化是塑料电镀的关键工序之一。

粗化的方法有机械粗化、化学粗化两种。机械粗化是指喷砂、滚磨、打磨等手段。单独采用机械粗化不能确保有良好的结合力,它只能作为化学粗化的辅助手段。化学粗化是有效、可靠的手段。一般大型塑料制品应该先用机械粗化,再实施化学粗化,以提高镀层的结合力。化学粗化使塑料制品表面有足够的微观粗糙度,均匀分布在ABS塑料中的丁二烯(B粒子)受到粗化溶液的浸蚀,表面形成许许多多的凹坑。在化学镀时,金属离子沉积在凹坑中,形成了许许多多的铆合点,增强了与镀层的结合力。经过粗化,塑料制品表面由憎水性转变成亲水性,凹坑中引入了活性基团,这些基团与金属镀层产生了化学结合力,这个结合力是非常牢固的,所以化学粗化是保证镀层结合力的可靠手段。用于ABS塑料的化学粗化常用配方见表12-3。

表12-3　化学粗化常用配方和操作条件

名称及单位	配方1	配方2
铬酐(g/L)	350～450	200
硫酸(g/L)	400～450	1000
温度(℃)	50～65	60～70
时间(min)	20～30	30～60

12.2.4 粗化的操作和维护

本节讨论的主要是化学粗化。粗化时,塑料镀件应全部浸入粗化溶液中。由于ABS塑料的密度比粗化溶液小,应该用重的物品压住镀件。为了保证镀件各部位能够均匀粗化,还应该时常翻动镀件。若在自动线上粗化,塑料镀件要挂牢、扎紧,防止漂浮(因为粗化溶液的密度比较大)。

在粗化时,由于镀件带水入槽,出槽要带出粗化液,粗化液中的有效成分会逐渐减少,所以要经常按分析补充铬酐和硫酸;粗化过程中,六价铬浸蚀塑料时被还原成三价铬,三价铬浓度过高会影响粗化效果;塑料成分中被氧化的物质也会扩散到粗化溶液中去,塑料表面如果有油也会被六价铬氧化,使粗化溶液粘度增加,影响粗化效果,导致化学镀的“露塑”、起泡等故障。三价铬的含量可以通过分析确定,从粗化液的颜色也可以判断,如果粗化液颜色变暗发黑,或是呈墨绿色,显示三价铬的含量较高。三价铬超过40g/L应该净化,可以用素烧陶瓷隔膜电解降低其含量。但是粗化溶液黏稠的问题解决不了。这些黏稠物是塑料被六价铬,硫酸氧化腐蚀的有机产物。如果黏稠物多了,会沉淀在溶液下面,可以利用虹吸现象抽弃(注意后续治理),再补充部分新鲜的粗化液。

粗化程度是否得当,可以观察塑料制件的表面。如果表面仍然光滑或者呈疏水状态,则粗化不足;如果表面色泽显著变暗,甚至呈白霜状,则粗化过度。粗化不足将导致镀层结合力不良、露塑等弊病;粗化过度,不仅影响镀层外观,而且容易造成镀层毛刺或花斑。掌握粗化程度,并做到恰到好处是很重要的。不同的材质,甚至不同的型号、批号,粗化的强度是不一样的。一般来讲,粗化后的塑料件表面倒光，水可以润湿，就恰到好处；如果塑料表面有粉状出现，那就粗化过度了，将会引起镀层呈现细麻砂状。

粗化后的各道工序对六价铬都很敏感，所以粗化后必须将六价铬漂洗干净，为确保除去六价铬，应该设有还原工序。还原溶液的配方如下：

水合肼(40%) 5～10 mL/L；

pH<2(用盐酸或硫酸调)；

室温下，浸入 1～2 min。

若粗化时使用铬酐浓度不高，也可以用 1∶1 的盐酸浸洗数分钟。

粗化溶液六价铬含量很高，其废液、废水的毒害很大，给环境保护带来很大压力。安美特化学有限公司收购 Pegastech 的塑料电镀技术，其中包括不含六价铬的粗化工艺，这对塑料电镀是一项重大的利好消息。

12.2.5 敏化

塑料制品粗化后还不能立即进行化学镀，还要敏化和活化。在塑料制品上进行化学镀是自催化过程，为了诱发化学镀的发生，塑料制品表面必须形成催化中心。这就要将塑料表面进行敏化和活化处理。

敏化是用含有还原剂的溶液来处理塑料制品的表面。最常用的敏化液是酸性氯化亚锡溶液，其配方见表 12-4。

表 12-4 敏化液配方和操作条件

名称及单位	含量
氯化亚锡(g/L)	10～30
盐酸(mL/L)	40～50
锡粒	若干
温度(℃)	室温(20～30℃为佳)
浸渍时间(min)	1～3

为了防止氯化亚锡水解，使用时要定期添加盐酸；为了防止二价锡被空气氧化，应在敏化液中放入一些金属锡粒，以便将氧化成四价的锡再还原成二价锡。

吸附在塑料制品上的敏化液是不牢固的，在用水清洗时敏化液发生水解。水解产物呈微溶性，凝聚在被粗化的凹孔中和塑料制品的表面。由于凝聚的作用力，水解产物吸附得很牢固。

12.2.6 敏化后的水洗

敏化后的水解产物要靠水洗才能牢固吸附在塑料制品表面。敏化效果与清洗条件有关：①如果清洗水呈弱碱性，可以中和水解反应生成的氢离子(本质就是酸)，从而加速水解反应，沉积在塑料制品表面的水解产物将明显增加；②如果用温水，温度提高也能加快水解反应。但清洗水若碱性过强，或者水温过高也会溶解部分水解产物。③清洗水水压过低，流速过慢，水解反应较慢；如果水压过高，流速过快，则不利于水解产物的附着。因此，敏化过程的水洗是十分重要的。化学镀不好，有时就是因为敏化水洗环节被忽视了。

12.2.7 影响敏化的因素

除了水洗会影响敏化的效果之外，敏化液的酸度也会影响敏化效果；酸度高，清洗水中的氢离子相应较多，不利于水解反应进行；敏化液中二价锡含量低，生成的凝聚物中锡化物较少，将减少二价锡盐的沉积。

敏化效果还与塑料品种、制件形状、塑料表面的粗化度有关。这是因为不同的塑料对锡盐凝聚物吸附能力不一样；形状复杂的塑料表面，敏化液中的酸不容易洗干净，会影响水解，也会溶解凝聚物；若粗化不足，表面吸附的有效面积减少；若粗化过度，渗入凹孔中的酸不容易清洗干净，残留的酸会溶解凝聚物中的锡盐，使凹孔中的二价锡离子减少，影响敏化效果。

敏化溶液使用次数过多，四价锡增加，敏化效果很差，此时应更换敏化溶液。平时不用时，敏化溶液应该密闭保存，防止空气中的氧气氧化二价锡，造成敏化溶液失效。

12.2.8 活化

1. 硝酸银活化

敏化后的塑料制品表面虽然吸附了胶状二价锡盐，但是二价锡本身不具有催化的活性，它只能帮助具有催化性能的活性金属离子还原沉积。因此，敏化后的塑料镀件还必须经过活化。目前，常用的活化溶液有硝酸银活化液。表 12－5 就是硝酸银活化液的配方和操作条件。

表 12－5　硝酸银活化液的配方和操作条件

名称及单位	配方 1	配方 2
硝酸银(g/L)	2～5	30～90
氨水(25%)(mL/L)	20～25	20～100
温度(℃)	15～25	18～30
活化时间(min)	4～10	2～5

配制与维护的注意事项：

(1)配制溶液要使用蒸馏水或者去离子水，防止水中的氯离子与活化液中的银离子生成氯化银沉淀。

(2)溶液应注意避光,防止银离子见光还原成金属银,提高活化溶液的稳定性。

(3)尽量减少带入液的污染,尤其要防止敏化液的带入,敏化液带入会导致银离子还原,活化液失效。

(4)使用过一段时间的活化液,难免有细小的银粒,应该及时过滤,以免产生细麻砂,影响表面装饰。

硝酸银活化液成本较低,适用于一般小零件。较大的塑料制品使用硝酸银活化容易露塑,容易在较大平面上呈现细麻砂状。有丰富经验的技术师傅,较大的塑料制件照样用硝酸银活化。而且维护得很好。关键在于知道原理,细心操作,精心维护。

2. 离子钯活化

常用的活化液还有离子钯活化液,见表 12-6。

表 12-6 离子钯活化液和操作条件

名称及单位	含量
氯化钯(g/L)	0.5～1.0
盐酸(mL/L)	10～20
活化时间(min)	5～10

使用时按分析及时补充钯盐;控制适当的酸度。酸度过高,塑料制品表面上的敏化物,即二价锡的凝聚物将被溶解掉,降低了活化效果;酸度不足,难以生成 $H_2P_dCI_4$ 化合物,溶液中会有沉淀生成,导致钯离子的损失,也影响了活化效果。pH 控制在 1.5～2.5 之间。

为了防止钯盐溶液带入化学镀溶液,引起化学镀溶液的自发分解,也为了回收贵重的钯盐,活化之后可以不水洗,直接用次亚硫酸钠 30～50g/L 进行还原处理。

室温下,还原 3～10min。还原后,清洗,即可进行化学镀。如果使用含有次亚硫酸钠的化学镀镍溶液,可以不必清洗,直接入槽。

这种活化液不像硝酸银活化液那样,只对铜离子有催化活性。离子钯活化液对铜离子、镍离子都有催化活性,活化效果好得多,活化液也比较稳定。

3. 胶体钯活化

胶体钯活化的实质是将敏化和活化一次完成。胶体钯活化液同时含有锡盐和钯盐。这种活化的主要优点是,对清洗的要求不苛刻,从而提高了正品率。更值得一提的是,这种活化可以适应一次装挂,应用于自动生产线,为塑料制品大规模电镀创造了条件。胶体钯活化的配方和操作条件见表 12-7。

表 12-7 胶体钯活化的配方和操作条件

名称及单位	配方 1	配方 2
氯化亚锡(g/L)	2	50～60
氯化钯(g/L)	0.5	1～1.5
盐酸(mL/L)	10	250～300

注:配方 2 适合自动生产线。

4. 双组分胶体钯活化

双组分胶体钯活化活性更好,溶液更稳定,但配制比较麻烦。这种溶液先分成两种组分,以配制 1L 溶液为例:

甲溶液:氯化亚锡:2.5g;氯化钯:1g;盐酸:100mL;去离子水:200mL。

乙溶液:锡酸钠:7g;氯化亚锡:75g;盐酸:200mL。

配制甲溶液:先将氯化钯溶于盐酸和部分去离子水中,待全部溶解再加足水。30℃左右液温,在不断搅拌下加入计量氯化亚锡(固体,并没有潮解),然后继续搅拌 15min。再与事先配制好的乙溶液相混合,并激烈搅拌均匀,将所得棕色溶液在 60～65℃水浴中保温 3h,再用去离子水稀释至 1L,即可使用。(在室温下配制的乙溶液是悬浊液。)

配制的关键在于甲溶液中氯化亚锡的准确称重。温度、搅拌要严格控制,时间不足,溶液活性差;时间太长,容易凝聚。

使用时注意尽量减少盐酸的挥发,要时常补充新配制的活化液。活化液若长时间不用,应该经常搅拌之,以保持胶体状。

考虑到钯很贵,溶液成本很高,使用时应注意以下几点:

(1)为了避免塑料件将清水过多带入活化液,活化前可在下述溶液中浸渍 2min:

氯化亚锡:40g/L;盐酸:100mL/L。

浸渍后再浸活化液。也可以将塑料件先浸入活化液的回收槽,然后再浸活化液。注意:活化回收槽也应该用去离子水,回收液可以用来补充活化液的消耗。

(2)塑料件活化后应尽量沥干,减少带出液。

(3)活化液请用水浴加温。使用一段时间若发现分层现象,可加入 10～20g 氯化亚锡调整,使之恢复胶体状。

(4)若发现活化液有沉淀产生,应及时虹吸吸取,用浓盐酸煮沸使之溶解,过滤回用。

(5)活化液应定期吸滤,否则沉淀物会导致细麻砂状弊病。

(6)化学镀后的露塑产品,不要再放置于活化液中活化,否则溶解下来的镀层金属离子逐渐积累,会造成活化液过早沉淀、失效。

安美特化学有限公司收购 Pegastech 的塑料电镀技术，其中有不含钯的活化剂。钯很贵，这项技术将会降低塑料电镀的成本。

12.2.9 还原或解胶

活化后应该认真清洗，否则塑料件上残留的银离子（硝酸银活化）或者钯离子（氯化钯活化）会带入到化学镀的溶液中，这些离子会被还原，造成化学镀溶液过早分解。考虑到有的塑料件形状复杂，清洗可能不彻底，应该在化学镀前浸还原溶液。

（1）使用硝酸银活化后浸的还原溶液配方如下：甲醛：1 份；去离子水 9 份；室温下浸 0.5～1min。

（2）使用氯化钯活化后浸的还原溶液配方如下：次亚硫酸钠：20～50g/L，用去离子水配，室温下浸 0.5～3min。

（3）使用胶体钯活化液，塑料件表面吸附的是胶体钯微粒，这种微粒被锡离子包裹着的。必须把锡离子解脱出来，让钯裸露出来，钯的催化活性才能发挥作用，这就需要解胶。常用的解胶溶液有两种，配方如下：①酸性解胶配方。盐酸：80～120mL/L；温度：35～45℃；时间：3～5min。②碱性解胶配方。氢氧化钠：50g/L；温度：40～50℃；时间：3～5min。使用碱性解胶溶液，容易生成碱式锡盐沉淀，容易造成化学镀粗糙，一般较少使用；使用酸性解胶效果好，成本低，应用较广泛。

目前较为先进的塑料前处理方面技术包括：①不含六价铬的粗化工艺；②不含钯的活化剂；③不会出现挂具上镀现象的技术。④适用于多种塑料，包括 ABS、ABS/PC、双色料的新工艺、新技术。这些新工艺、新技术的逐步推广使用，将为塑料电镀发展提供新的动力。

第三节　塑料制品表面金属化

塑料制品经过镀前处理后，表面密布着催化活化中心将其置于含有还原剂的铜离子或者镍离子的溶液中，就会发生自催化的还原过程，通常称为无电解镀，或者叫化学镀。塑料制品上沉积了铜或镍，新生的铜镀层或镍镀层便自身作为催化剂，使反应继续下去，以致沉积层不断加厚。目前普遍采用化学镀铜或者化学镀镍。普通塑料制品较多采用化学镀铜，因为成本较低；面积大、形状复杂、容易碰触的产品，或者比较高档次的产品往往采用不容易露塑、镀层硬度较高的化学镀镍。

12.3.1 化学镀铜的配方及讨论

化学镀铜的经典配方和操作条件见表 12－8。

表 12-8 化学镀铜的配方和操作条件

名称及单位	含量
硫酸铜(g/L)	7～10
酒石酸钾钠(g/L)	35～50
甲醛(mL/L)	10～20
pH	11～13
温度(℃)	25～30
时间(视厚度需要)	一般 15～20min

配方和操作条件的讨论：

(1)配方中铜离子含量不宜过高，否则溶液容易自分解。铜离子含量太低，则沉积速度太慢。

(2)甲醛是铜离子的还原剂，如含量低，还原速度慢。还原时不仅要消耗减少，还要消耗碱，所以使用时要时常补充甲醛和碱。当然，也不能一下子补充太多，否则溶液会自分解。在补充时，料要稀、要慢，一边加料，一边搅拌。注意：空气中的氧气也会氧化甲醛，即使不发生铜离子的还原反应，甲醛也会自然消耗。配制溶液时，要到使用时再加入甲醛。冬季可以多加些，取其上限，夏季取其下限。

(3)甲醛在碱性条件下还原能力强，由于还原反应要消耗碱，所以要经常补充碱，但是碱太多，也会导致甲醛的无谓消耗。pH 应该控制在 11～13 为宜。

(4)化学镀要注意控制温度。温度高很容易加快还原速度，溶液很容易自分解。温度要控制在 25～30℃为宜。

(5)酒石酸钾钠是铜离子的络合剂，控制铜离子的有效浓度，使铜离子沉积在极化的条件下进行，从而得到细致的铜镀层。

12.3.2 化学镀铜溶液的维护

化学镀铜溶液稳定性不好，这不仅因为反应过程的原料消耗和分解，而且因为溶液中若有微小颗粒的铜，或者是槽壁沉积了铜，都容易引起溶液的自分解。为了维护溶液的稳定，应采取以下措施：

(1)添加稳定剂。稳定剂的类型分两类。一类是络合剂，如 EDTA、氰化物、有机物等；另一类是杂环化合物，如含硫的 2-巯基苯并噻唑、乙撑硫脲、甲醇等。使用这两类稳定剂可以提高溶液的使用寿命，但同时降低了铜离子的有效浓度，减慢了铜的还原速度。为了提高铜离子的沉积速度，可以适当提高溶液的温度。

(2)为了清除铜的微小颗粒，可循环过滤溶液，经常清除槽壁上的铜和沉积物，

减少自分解因素。

(3)控制一次化学镀的产品容载量。装载量过多，溶液不稳定。一次容载量应该控制在 $3dm^2/L$ 为宜。

(4)甲醛应在上班前加入，使用中必须补充的话，要注意稀释和搅拌。也可以将事先配好的、含有甲醛的化学镀溶液，慢慢在搅拌下加入，防止溶液局部甲醛过浓，导致溶液自分解。

目前在塑料电镀，化学镀铜因为成本低，占有一定的比例。若能进一步增加了镀液的稳定性，将得到更广泛的使用。

12.3.3 化学镀镍的配方及讨论

化学镀镍溶液的稳定性要比化学镀铜好，沉积速度也较快。在相同的时间内，沉积镍的厚度比沉积铜的厚度来得厚，所以同样的化学镀时间，塑料制品表面的导电能力镍层不比铜层差。镍层还不容易露塑，硬度高，镀层结晶细致、光洁、抗腐蚀性好，更有利于自动线生产。因此，越来越多的企业都用化学镀镍了，化学镀镍的配方和操作条件见表 12 - 9。

表 12 - 9　化学镀镍的配方和操作条件

名称及单位	含量
硫酸镍(g/L)	20
氯化铵(g/L)	30
柠檬酸钠(g/L)	10
次亚磷酸钠(g/L)	30
pH	8.5～9.5
温度(℃)	40～45

化学镀溶液的组成，通常是主盐、络合剂、还原剂、稳定 pH 的缓冲剂。化学镀镍也不例外。这里值得讨论的是：①还原剂——次亚磷酸钠。次亚磷酸钠通过催化脱氢作用提供活性氢原子，将镍离子还原成金属镍。但含量过高，还原反应快，镀层较粗糙，溶液不够稳定，容易自分解；含量低，则还原反应慢。由于次亚磷酸钠参加还原反应，所以要经常补充消耗量。②pH。化学镀镍的反应速度随 pH 变化差异颇大，pH 升高，反应加速，pH 过高，溶液稳定性差，容易自分解；pH 降低，反应速度减慢，pH 过低，反应甚至会停止。化学镀镍反应时，会消耗氢氧根，消耗多了，应注意补充，补充可用氢氧化钠或者氢氧化铵。为了稳定 pH，可在溶液中加入氯化铵。氯化铵对镍离子有一定的络合作用，它也是稳定溶液 pH 的缓冲剂。因为溶液是碱性的，所以氯化铵会部分生成氨气逸出，需经常适量补充。③柠檬酸

钠。柠檬酸钠是镍离子的络合剂,可以控制镍离子的有效浓度,防止在碱性溶液中生成氢氧化镍沉淀;还可以控制还原反应的速度,促使化学镀镍层结晶细致。添加量一般为硫酸镍的0.6～0.8倍。硫酸镍含量不能过高,否则溶液容易自分解;含量太低,影响化学镀镍的反应速度。④温度。提高温度将加速化学镀镍的反应速度,但温度不能太高,否则将导致溶液的自分解。温度太低,则反应速度太慢。⑤时间。随着化学镀的时间延长,镍镀层加厚。但是加厚速度随着镀层厚度的增加而减慢。按配方操作,15min可镀得2μm厚度的镍层。⑥在配制溶液时,应该将各种成分分别溶解后再逐步混合,而不能以固体形式混合后再一起溶解。配制好溶液要过滤后再使用,不允许有颗粒状物质存在,因为颗粒状物质往往是引起溶液自分解的凝聚中心。

12.3.4 化学镀镍溶液的维护

化学镀镍溶液也不是非常稳定。因为有还原剂,溶液容易自分解,氧气也要氧化次亚磷酸钠。为了维护化学镀镍溶液的稳定性,应注意以下几个方面:

(1)化学镀镍每升的容载量不宜超过$2dm^2$,过多的容载量容易导致溶液自分解。

(2)要防止金属杂质和塑料制件上没有漂洗干净的胶体钯带入化学镀镍槽。

(3)次亚磷酸钠的浓度不要太高,尤其是不能一下子过高。在补充次亚磷酸钠时,应稀释,不断搅拌,慢慢加入。切忌加得太快,切忌局部太浓,以免引起溶液自分解。

(4)操作温度不宜超过50℃,pH应小于9.7。

(5)应循环过滤镀液,经常用硝酸除去槽壁的镍层,防止化学镀镍溶液的自分解。

只要注意溶液的自分解,及时适当补充消耗物品,化学镀镍就比较稳定。一般情况下,每升化学镀镍溶液在沉积$15\sim20dm^2$,厚度为$10\sim15\mu m$之后,应补充5g/L硫酸镍、8g/L次亚磷酸钠、0.6～0.8倍硫酸镍的柠檬酸钠。pH应时常调整,切忌一下子将pH调得很高。别忘了补充缓冲剂氯化铵,以稳定pH。

第四节　塑料制品的电镀

12.4.1 塑料制品电镀应该注意的问题

塑料制品表面沉积金属后,可以进行电镀。但是应该注意:塑料表面沉积的金属层很薄,其导电面积相对很小,导电能力较差。这是塑料电镀与其他金属电镀的区别所在。为此,我们应采取以下措施:

(1)夹具与塑料镀件要有足够的接触面积,并且要夹紧工件,减少接触电阻。

(2)化学镀的镀层很薄。电镀时,起始电流不能太大,否则触点部位的化学镀镀层会被“烧蚀”。起始电流密度一般不要大于 $0.5A/dm^2$,待镀了 3～5min,加厚了镀层,再开大电流密度。

(3)面积较大,或者形状复杂的镀件加厚镀层前,应该先进行预镀。预镀应该选用分散能力和覆盖能力较好的工艺,如焦磷酸盐镀铜、普通镀镍等。

(4)化学镀之后如果用手触摸,或者接触过油污的工件,在电镀活化前,应该先进行除油处理(化学镀后的工件尽可能不要污染,不要用手触摸)。

(5)化学镀后的电镀工艺可以选择焦磷酸盐镀铜、普通镀镍;如果形状简单,零件面积不大,也可以选择直接镀硫酸盐光亮镀铜,但是起始电流密度不要开大(若将酸性镀铜作为预镀,少加光亮剂,仅镀 3～5min 即可)。

(6)在这里要提醒的是,不要使用氰化镀铜,以避免溶液的较强浸蚀作用。

(7)选择电镀工艺要选上电快、阴极电流效率高、覆盖能力好、分散能力好的镀种。

注意了以上环节,就可以进行电镀了。

12.4.2 塑料制品上不合格镀层的退除

塑料制品上不良镀层欲退除,若镀过铬,先要退去铬层,退去铬层的方法与金属基体的铬层退去方法一样,但要注意的是,操作温度不宜超过 70℃,以防止塑料件变形。退去铬层后的镀层可用以下几种方法退去其他镀层:

(1)三氯化铁法。配方和操作条件如下:

三氯化铁:250～300 g/L;

盐酸:50～80 mL/L;

温度:30～50℃;

时间:退干净为止。

(2)双氧水法。每升工业盐酸中加入 50～100mL 30%的双氧水,反应速度很快,注意升温,防止零件变形。使用该方法每次退镀量不宜过多,应及时翻动工件(工件太多,升温过快,工件容易变形)。

(3)硝酸法。在工业硝酸与水为 1∶1 的溶液中退去镀层,注意控制温度不要超过 40℃,要防止水带入溶液中。每次退去量不宜过多,要及时翻动工件。

(4)粗化液法。失效的粗化液,再加入少量盐酸就能退去镀层。退去后一定要清洗干净。

若要局部退去镀层,常用方法(3)或方法(4)。退镀件应先干燥,退镀时反应不宜激烈,防止影响其他欲电镀部位。退镀后要及时清洗干净,防止退镀的边界不清晰。

12.4.3 塑料制品电镀故障的排除

对于塑料制品电镀中产生的故障，不仅要查找电镀环节的因素，还要查找塑料表面金属化过程中产生的因素。塑料制品在金属化过程中会带来一些电镀故障，如粗化的不足和过度、六价铬的清洗、化学镀的细麻砂，等等。这几个方面应该引起足够的重视。

12.4.4 塑料制品电镀的工艺流程

下面简单介绍塑料制品电镀的工艺流程。

1. 电镀级 ABS 塑料

①检查并消除应力→②除去表面的油污→③粗化→④还原六价铬→⑤敏化+敏化的水洗→⑥活化→⑦使用硝酸银活化进行还原；使用胶体钯活化进行解胶→⑧化学镀→⑨电镀（使用胶体钯活化实质是将敏化、活化一次完成，这不仅减少工序，而且避免了敏化后苛刻的水洗条件，有利于提高正品率；并且缩短了电镀自动线的长度，提高了生产效率）。

2. PA 尼龙电镀

①检查并消除应力→②除去表面油污→③膨胀化→④粗化→⑤还原六价铬→⑥使用胶体钯活化→⑦还原→⑧化学镀→⑨电镀；

或者：①检查并消除应力→②除去表面油污→③膨胀→④调校→⑤活化→⑥还原→⑦化学镍→⑧电镀（安美特工艺流程）。

第十三章　无电解镀(化学镀)

第一节　无电解镀(化学镀)简介

无电解镀是不用外电源提供还原条件,仅靠化学能将金属离子沉积到基体上,其本质是化学镀,所以常常称之为化学镀。根据沉积原理,通常可分为两类:

一类是用还原剂等化学物品将溶液中的金属离子还原,让它沉积在基体上,成为镀层;另一类是利用溶液中的金属离子电位比被镀金属的电位来得正,通过置换反应,将溶液中的金属离子置换出来形成镀层。

无论哪一类化学镀应该具备以下条件:

(1)使用的还原剂的电位要显著低于镀层金属的电位(在置换反应中,被置换的金属——基体是还原剂),以便于溶液中金属离子的还原沉积。

(2)含有还原剂的溶液不能自发分解,只有在与基体的催化表面接触时,才发生金属的还原沉积。

(3)被还原析出的金属具有催化活性,可以使反应继续下去,镀层可以增厚。反应的其他生成物不妨碍反应继续正常进行。

(4)反应可控。不仅速度可控,厚度亦可控。化学镀的溶液要有一定的使用寿命和使用价值。

无电解镀(化学镀)应用广泛。有的应用比较久远,如镜子、热水瓶胆等;还有许多是后来慢慢发展起来的,如印刷线路板多孔的化学镀、金属细长管内的化学镀、非金属电镀的金属化所用的化学镀、铜零件镀银前的置换预镀银、铝合金电镀前的置换镀锌、其他电子产品的化学镀等。化学镀越来越受到关注,应用面越来越广泛。

1. 无电解镀的基本组成

无电解镀(化学镀)溶液的组成大体需要以下几种物品:

(1)金属离子。提供镀层的金属离子,常用铜离子、镍离子、银离子。金属离子的用量,一般同反应速度有关。用量大,反应快;但是用量不能太多,反应不能太快,因为要防止溶液的自分解。

(2)还原剂。一种金属离子的还原,是需要能量的。即使是置换反应,也不是两种金属离子有电位差,就可以发生置换反应。通常的还原反应,需要有还原剂提供电子。往往还原剂的能量(即还原剂的强弱)、还原剂的多少,决定了还原反应的可行与否，决定了还原反应的速度。不同的金属离子还原，往往需要选择不同的还原剂。一般来说，金属电位正的离子，还原时用的还原剂可以弱些；金属电位较负的离子，还原剂要用的强些。

(3)络合剂。为了控制金属离子的有效浓度，使镀层结晶细致，络合剂是少不了的。络合剂还能控制还原反应的速度，过快的还原镀层往往是粗糙、疏松的。

(4)稳定剂。有还原剂存在，溶液总是不够稳定的。同时，空气中的氧气也会氧化还原剂。为了保护还原剂、控制还原剂的合理作用、防止溶液的自分解，需要有稳定剂存在。

(5)缓冲剂。氧化还原反应与溶液的 pH 有关。pH 不同，氧化剂、还原剂的电位是不一样的。反应是否可以进行、反应速度的快慢，都与 pH 有关。因此，要想控制反应，就必须控制溶液的 pH。加入缓冲剂就是要使 pH 尽可能稳定在一定的范围内。加了缓冲剂不等于 pH 就不变了，只是变动得慢一些，变动范围小了一些。随着化学反应的进行，如 pH 变动较大，还是需要调整的。

2. 优点

无电解镀(化学镀)的优点明显：

(1)设备简单，占地面积小，不需要电源设备。

(2)前处理工艺简单。

(3)小零件、复杂零件，即使是盲孔、细长管状工件，只要与溶液接触均匀，镀层厚度就均匀。

(4)非导体工件只要表面作一定的处理，就可以实施化学镀。

(5)即使重复镀也不存在结合力问题。镀层均匀，空隙少。

3. 缺点

无电解镀(化学镀)的缺点是：

(1)化学镀成本较高，溶液所用的原料要及时补充，稳定性比电镀差，管理也比较麻烦。

(2)化学镀沉积速度比电镀慢，置换镀一般只能镀较薄的镀层。

(3)化学镀得到的镀层中往往会夹有还原剂的分解成分，其他被还原的成分也可能被夹附在镀层中。因此，镀层纯度较低。化学镀得到的铜层或银层，因为纯度差了，电阻会增大。

第二节　化学镀铜

13.2.1 化学镀铜的配方和操作条件

化学镀铜应用比较多,主要用于材料表面导电。印刷线路板的多孔性常常用化学镀铜来解决;塑料制品的金属化也有广泛的应用。

铜的标准电极电位为0.34V,因此比较容易从溶液中还原出来。化学镀铜所用的还原剂不需要太强,像甲醛这类弱还原剂,就可以满足还原铜离子的要求。化学镀铜的配方和操作条件见表13-1。

表13-1　化学镀铜的配方和操作条件

名称及单位	配方1	配方2	配方3
硫酸铜(g/L)	10	7	29
酒石酸钾钠(g/L)	45	75	145
氢氧化钠(g/L)	10	20	43
甲醛(mL/L)	10	25	165
氯化镍(g/L)	0～1		
三乙醇胺(mL/L)		10	5
碳酸钠(g/L)		10	10
氰化钠(g/L)		0.15	
EDTA(g/L)			12
二乙基二硫代氨基甲酸钠(g/L)			0.01
pH	12～12.5	12	11.5～12
温度(℃)	10～35	45～55	10～35

配方和操作条件的讨论:

(1)配方中氰化钠、二乙基二硫代氨基甲酸钠作为稳定剂,碳酸钠也有稳定溶液的作用。

(2)酒石酸钾钠、三乙醇胺、EDTA是络合剂。有的配方使用两种络合剂,往往其中一种络合剂有利于溶液的稳定,如强配位的EDTA等。注意:不能使用含有不溶性胶体颗粒的不纯的酒石酸钾钠,否则容易引起溶液自分解。

(3)氢氧化钠决定溶液的pH,对络合剂的络合能力、化学镀的反应速度、溶液的稳定性有明显影响。当pH低于11时,铜离子的还原反应很慢;低于10.5时,反应终止,铜层表面会钝化。pH升高,还原反应明显加快,但是溶液的稳定性降低了。在甲醛含量低时，pH 可以控制在 12 以上，甲醛含量较高时，pH 应控制在 11.5～12。在化学镀时氢氧根会有所消耗，pH 会低下来，应该及时补充。

13.2.2 化学镀铜溶液的维护

普通的化学镀铜与塑料制品上的化学镀铜没有多少差别，只是普通的化学镀铜有时需要镀得厚些。化学镀铜反应不仅在经过催化的表面上进行，也可以因为副反应导致溶液全部分解。在生产中一定要避免发生这种情况。所以应该注意以下几点：

(1)从溶液的稳定性考虑，硫酸铜，甲醛，氢氧化钠的浓度都不宜高，温度也不宜高。常温下，低浓度溶液的稳定性要好得多。

(2)溶液的容载量不能过多，每升溶液容载量不能超过 2.0dm^2。最好在 1.6～1.8dm^2。

(3)络合剂浓度不能低，必要时考虑两种络合剂。

(4)可以添加稳定剂，但是加入的量不能太多，否则反应太慢，甚至会中止反应。

(5)应该采用压缩空气搅拌和溶液连续过滤。打入的空气虽然会氧化一部分甲醛，但是也会氧化副反应生成的氧化亚铜，使之变成二价铜，减少溶液自分解的因素。连续过滤也会除去溶液中的颗粒，消除溶液自分解的沉积中心。这两条措施有利于减少浓差极化，加快化学镀的反应速度。

(6)化学镀铜槽表面要光滑，这样可以减少铜的沉积。定期应该清除槽壁上的铜及沉积物。

(7)如果溶液暂不使用，应将溶液的 pH 降至 7.5，以防溶液的自分解。同时，应将溶液槽盖好，防止空气氧化还原剂。

13.2.3 化学镀溶液中其他金属离子的影响

化学镀溶液中其他金属离子的影响如下：

(1)镍离子。镍离子会部分参与铜离子的沉积，影响沉积的反应速度。在光滑的基体表面化学镀铜时，加入少量的镍离子，有利于镀层的结合力，所以有的配方中有意加点镍离子。

(2)锌离子。锌合金零件化学镀铜时，锌离子比较容易被带入到溶液中。锌离子会降低铜离子的还原速度，使化学镀铜层的色泽变暗，所以应该尽量避免锌离子的带入。方法是使用络合剂，必要时可以用两种络合剂，控制零件的置换溶解。

(3)铁离子。铁离子浓度高了，要影响溶液的稳定性，甚至导致溶液的自分解。在工业硫酸铜中会含有一定的铁离子，选用时要注意硫酸铜的质量。

(4)银离子、钯离子。塑料制品的表面金属化会用到银离子或钯离子，如果带

入化学镀铜的溶液中,将会很快引起溶液的自分解。因此,要严加防范。

(5)铅离子。铅离子浓度过高会影响化学镀铜的反应速度。少量铅离子,一般来说影响不大。

第三节　化学镀镍

13.3.1 化学镀镍的配方和操作条件

化学镀镍层虽然延伸率低,但硬度高(HV 500～600),经热处理(400℃)后,硬度可达 HV 900～1000,可与硬铬相匹敌(超过 400℃,硬度会急剧下降)。化学镀镍层空隙少,耐腐蚀性好。镀层中一般含有磷,含磷高的化学镀镍层,耐腐蚀提高了,但是电阻也增加了。

镍的标准电极电位是－0.25V,因此要将溶液中的镍离子还原成镍,就必须使用还原能力较强的还原剂,如次亚磷酸钠、硼氢化钠。化学镀镍的配方和操作条件见表 13－2。

表 13－2　化学镀镍的配方和操作条件

名称及单位	配方 1	配方 2	配方 3
硫酸镍(g/L)			30
氯化镍(g/L)	30	30	
次亚磷酸钠(g/L)	10	10	20
柠檬酸钠(g/L)	10		
柠檬酸铵(g/L)			50
氯化铵(g/L)		50	
pH	4～6	8～10	8～9.5
温度(℃)	90	90	30～40
时间(min)	60	60	5～10
参考厚度(μm)	5～10	8	0.2～0.5
适用基体	钢铁	金属	塑料

配方和操作条件的讨论:

(1)次亚磷酸钠是将镍离子还原的主要动力,在还原镍离子的同时,它本身被氧化成磷和亚磷酸。根据溶液的不同,镀层中都含有磷,含磷范围在 3%～15%不等。通常镀层含磷量高,镀层的耐腐蚀性好,但是镀层的导电性差。在碱性溶液中得到的镀层,含磷量较少,一般在 5%左右。

(2)配方1是酸性溶液,配方2、配方3是碱性溶液。对酸性溶液而言,pH升高,沉积速度加快;镀层中含磷量减少;如果溶液中的络合剂不够,镍离子没有充分配位,那么将会有氢氧化镍沉淀产生。而碱性溶液中得到的镀层不如酸性溶液中得到的镀层来得致密和光泽。

(3)温度。提高温度无疑可以增加还原反应的速度。通常每升高10℃,沉积速度可以增加两倍。酸性溶液一般要有80℃以上的温度,容易变形的塑料件显然不能使用。而碱性溶液,之所以温度可以低,那是因为次亚磷酸钠用量比较多,镍离子的络合剂用量也比较足。这一点酸性溶液无法效仿,因为络合剂有酸度效应,在酸性条件下,络合能力大大减弱,甚至丧失了络合能力。

13.3.2 化学镀镍溶液的维护

在化学镀镍过程中,会消耗镍离子、消耗还原剂次亚磷酸钠。除了镀出镍,也产生了氢离子,产生了亚磷酸根。氢离子使溶液的pH降低,亚磷酸根的积累使溶液老化。化学镀镍溶液使用时要补充消耗的物质,使用时间长了,溶液老化了,需要再生。

(1)在补充原料时,一定要先溶解彻底。补充次亚磷酸钠时,一次加入量不能太多,加入速度不能快。一边充分搅拌,一边慢慢加入。调整pH,加稀碱时,一样也要一边搅拌,一边慢慢加入。

(2)再生溶液时,溶液的温度要调低,调到反应不能进行的温度。酸性溶液温度调到60℃以下。补充原料,调整pH之后,要过滤溶液,除去颗粒杂质,防止溶液自分解。

(3)亚磷酸根积累到一定的含量,会与镍离子形成亚磷酸镍微粒,微粒悬浮在溶液中,起到了分解溶液的催化中心作用,造成溶液迅速分解,析出黑色镍粉末。此时,亚磷酸根的浓度叫做累积极限浓度,目前还没有经济的方法除去亚磷酸根。随着pH升高,允许累积极限浓度降低,几乎pH升高1,累积极限浓度降低一个数量级。pH与亚磷酸根累积极限浓度的关系见表12-3。亚磷酸根高到降低pH,还不能避免溶液分解,那就必须重新配制新溶液。

表13-3 pH与亚磷酸根累积极限浓度的关系(镍离子为0.1mol/L)

pH	4	4.5	5	5.5	6
极限浓度(mol/L)	2.5×10^{-1}	5×10^{-2}	3×10^{-2}	6×10^{-3}	3×10^{-3}

(4)要防止溶液局部过热。可以用水浴加温,或者在槽外加热,循环镀液。

(5)防止钯离子的带入。若带入锌、铅、锡离子将会影响还原反应,而带入铜、铁离子影响不大。

(6)循环过滤溶液。定期清除槽壁上的沉积镍和污物。长期搁置的溶液补充

原料后,要过滤后再使用。暂时不用的溶液应盖好,防止灰尘污染,防止还原剂被空气中的氧气氧化。

第四节　化学镀银

13.4.1 化学镀银简介

化学镀银是一个比较古老的工艺。在玻璃上化学镀银曾经用来制造镜子,热水瓶胆。现在石膏等非导体表面的金属化也用到化学镀银。在电子行业也用到化学镀银。

银的标准电极电位是+0.8V,很容易被还原,所以常常使用比较弱的还原剂,如酒石酸盐、葡萄糖、甲醛等。同时,正因为银离子容易还原,所以其溶液稳定性很差,在装饰性电镀中很少采用。化学镀银的配方见表13-4。

表13-4　化学镀银的配方

还原剂＼溶液	银液	还原液
甲醛	硝酸银:60g	甲醛:65mL
	氢氧化铵:60mL	蒸馏水:1L
	蒸馏水:1L	
葡萄糖	硝酸银:3.5g	葡萄糖:45g
	氢氧化铵:5mL	酒石酸:4g
	氢氧化钠:2.5g	乙醇:100mL
	蒸馏水:60mL	蒸馏水:1L
酒石酸盐	硝酸银:20g	酒石酸钾钠:100g
	氢氧化铵:30mL	蒸馏水:1L
	蒸馏水:1L	氢氧化钠:10g
磷酸肼	硝酸银:9g/L	磷酸肼:20g/L
	氢氧化铵:15mL/L	氢氧化钠:5g/L

从配方可见,每种配方分银盐、还原液两部分。配制时两部分应分开配制,在使用时再将两者临时混合,以防止溶液分解。通常在室温下就可以还原银,提高温度反而会加速溶液的分解。氢氧化铵是络合剂,有利于溶液的稳定。氢氧化钠提供碱性条件,有利于溶液稳定,但是不能过高;否则,反而会加速溶液分解。还原剂

中，还原能力甲醛＞葡萄糖＞酒石酸钾钠。最后一种配方也可以用来喷施。

13.4.2 化学镀银的注意事项

化学镀银溶液一般都有氢氧化铵，溶液呈碱性。在碱性条件下，氢氧化铵不稳定，会分解出氨。硝酸银溶液即使在室温的条件下，长期放置也是有危险的。因为水分蒸发，在容器壁上会生成容易爆炸的雷酸银（AgNH、AgN 等的混合物）。所以溶液配制后，不宜长期放置，应立即使用。用过的废液应加入盐酸处理，使之生成氯化银沉淀。消除易爆的危险性。

13.4.3 置换镀银

银的标准电极电位是＋0.8V，很容易还原，所以很多标准电极电位较负的金属都可以通过置换镀上银。这种置换镀当然也是化学镀。常见的是铜制件上置换银，它常常作为铜制件镀银前的预镀手段，用来提高银镀层的结合力。铜上置换银层也常常作为金属表面的着色层，使零件更加美观。铜上置换银的配方见表 13－5：

表 13－5　铜上置换银的配方和操作条件

名称及单位	置换镀银
硝酸银(g/L)	15～20
硫脲(g/L)	200～250
pH	4
温度(℃)	15～30
时间(s)	60～120

置换镀还有其他种，如铝合金的浸锌、铜制件上镀汞、镀锡等，都是这类化学镀。

第十四章 金属着色

金属着色有化学法、电化学法、热处理法等，最常用的是化学法。金属着色可以直接在基体上进行，也可以在金属镀层表面上进行，后者的色彩往往更漂亮。金属着色后的色泽是由于光通过金属表面着色层折射、反射形成的。当着色膜层厚度不同时，膜层表面的色彩也不同。如果膜层厚度不均匀，就会形成彩红色或杂色。有的膜层本身有颜色，通常着色层的厚度决定了颜色的深浅。

金属着色在建筑五金、衣帽服饰、包鞋饰品等很多领域应用广泛，比较常用的着色有红古铜、青古铜、古银色和不锈钢着色。此外，镀锌后的钝化、铝氧化后的着色、镍镀层的着色等也是金属着色范畴。金属着色操作时温度高，着色反应速度快；时间长，着色膜层厚、颜色深，这都是基本规律。金属着色的色泽好坏也没有统一的标准，着色要凭经验操作，好的配方色泽会比较稳定。

第一节 铜和铜合金的着色

铜基体或者是铜镀层着色都属于铜着色。铜基体着色往往先要镀铜或抛光（含化学抛光），这样做出的色泽才鲜艳、漂亮。铜着色比较多的是黑色、褐色，也有着蓝色、绿色的，这要根据客户的需要。

14.1.1 铜着古铜色

铜着古铜色通常叫做红古铜，是在铜镀层上着黑色或者褐色（根据客户的要求），配方见表 14－1。

表 14－1 铜着红古铜

名称及单位	配方 1	配方 2	配方 3	配方 4	配方 5
碱式碳酸铜(g/L)	40～120				
氨水(82%)(mL/L)	200				
氢氧化钠(g/L)		45～55			
过硫酸钾(g/L)		5～15			
硫化钾(g/L)			5～15	5～13	
氯化钠或氨水(g/L)			少许		

（续表）

名称及单位	配方 1	配方 2	配方 3	配方 4	配方 5
氯化铵(g/L)				20～200	
高锰酸钾(g/L)					5
硫酸铜(g/L)					50
温度(℃)	15～25	60～65	40～60	室温	80
时间(min)	5～18	10～15	0.5～5	数分钟	10
说明	褐色常用	带土色	带黑色	黑色	带点红

注：

①配方 1 中碱式碳酸铜可以自制，用硫酸铜与碳酸钠反应，沉淀为碱式碳酸铜，漂洗除去硫酸根。碱式碳酸铜用氨水溶解。在室温下，用滚筒着色，经漂洗干净、钝化（最好用电解钝化），漂洗，烘干，上清漆，烘干，漂亮的红古铜就成了。

②配方 2 中带有土色，显得老成，色泽别有风味。

③配方 4 中偏黑，色泽庄重。

14.1.2 铜着蓝色

铜着蓝色的使用不多，有些工艺品有这个要求，配方见表 14-2。

表 14-2　铜着蓝色

名称及单位	配方 1	配方 2
醋酸铅(g/L)	20～45	
硫代硫酸钠(g/L)	30～60	35～40
醋酸(36%)(mL/L)	15～35	
硝酸铁(g/L)		9～9.5
温度(℃)	40～60	65～70
时间(min)	1～6	1～2.5
说明	常用	容易控制

注：

①配方 1 中铜若是光亮表面，则色泽鲜艳；铜若不是光亮表面，则色泽古朴。

②配方 2 中色泽不及配方 1，但容易控制，批量生产时色泽较一致。

14.1.3 铜着绿色

铜着绿色，做古铜时可以运用，配方见表 14－3。

表 14－3　铜着绿色

名称及单位	配方 1	配方 2	配方 3
氯化钙(g/L)	30～35		
硝酸铜(g/L)	30～35		
氯化铵(g/L)	30～35	14～18	
硫酸铜(g/L)		30～35	
氯化钠(g/L)		14～18	
氯化锌(g/L)		1～1.5	
醋酸(mL/L)		2	
硫酸镍(g)			5～10
硫酸铵(g)			10～15
硫代硫酸钠(g)			25～30
水(mL)			200
温度(℃)	100	80	30～50

注：时间凭经验掌握，溶液淡，时间要长些。配方 3 呈古绿色，很有特色。

14.1.4 铜合金(黄铜)着青古铜

黄铜镀层着青古铜，镀层要带有青绿色，那样色泽才漂亮。如果黄铜镀层带红色，或者黄铜色泽偏淡、偏白，做出来的青古铜就不好看。因此，黄铜着青古铜首先要镀好黄铜。有市售添加剂可以使黄铜镀层带青或绿色，市售青铜盐也可以调试出带青带绿的黄铜镀层。若调试困难，也可以加入添加剂，即见效果。有了这样的黄铜镀层，选用合适的着色配方，就可以着褐色或者黑色；然后用滚筒擦色(可以视镀层硬度，留色多少，选择皮角、谷皮等磨料)，大件可以用尼龙百洁布拉丝；漂洗干净，钝化(最好用电解钝化)；漂洗干净，烘干，上清漆，漂亮的青古铜就完成了。黄铜着褐色或者黑色的配方见表 14－4(配方 1—配方 4)。

表 14－4　黄铜着褐色、黑色的配方和操作条件

配方 1

名称及单位	含量
硫酸镍铵(g/L)	25
硫酸铜(g/L)	25
氯酸钾(g/L)	20
温度(℃)	40～50
pH	3～4

注:时间视留色要求而定,药品消耗比为硫酸镍铵∶硫酸铜∶氯酸钾＝1.6∶1.6∶1。色泽带褐色。

配方 2

<table>
<tr><th colspan="2">名称</th><th>用量</th><th>说明</th></tr>
<tr><td rowspan="2">A 液</td><td>碱式碳酸铜</td><td>饱和</td><td rowspan="4">①在 A 液着黑色,水洗,再浸入 B 液,固化膜层
②过浓会退色
③A 液、B 液均为室温
④A 液需要及时补充药品</td></tr>
<tr><td>氨水</td><td>少量(凭经验),先少加</td></tr>
<tr><td rowspan="2">B 液</td><td>氢氧化钠</td><td>16～20g/L</td></tr>
<tr><td>温度(℃)</td><td>室温</td></tr>
</table>

注:色泽偏黑色。

配方 3

名称及单位	含量
过硫酸钾(g/L)	10～15
氢氧化钠(g/L)	65～80
温度(℃)	55～65
时间(min)	视要求而定

注:色泽呈土黄,老黄色,风格古朴。

配方 4

名称及单位	含量
醋酸铜(g/L)	200～250
氯化铵(g/L)	320～380
温度(℃)	室温或者 40～45
时间	根据要求,与温度有关

注:色泽带有古绿色,常常用来做旧。

14.1.5 着色的注意事项

铜和铜合金着色需注意以下问题:

(1)着色是化学反应。在着色的过程中,基体(更多时候是镀层)与溶液中的药品起化学反应。镀层会有损耗,药品浓度会降低,因此要注意着色层的厚度,并及时补充药品。

(2)化学反应常常与浓度、温度有关。一个关系到化学能,一个关系到热能。浓度高,温度高,反应一定快,反应比较激烈。反应过程中浓度会一点点淡下去,温度却不一定。有的反应是吸热反应,有的反应是放热反应。吸热反应要多补充药品,注意加温;放热反应,要慢慢地,少加药品,注意溶液的冷却,一下子着色零件不要放得太多,以免温度变化过快,这样着色层的色泽才能在一段时间内相对稳定。着色反应到达不了要求的色泽时,溶液老化,必须更换着色液。为了延长老化时间,有经验的师傅常常将着色液配好,不时勤加、少加,色泽能够在较长时间保持一致,这是值得学习的经验。但是,着色液最好用多少配多少,因为在空气中有的药品会被氧化,或者发生其他化学反应。着色溶液应该用的时候配制,根据需要着色零件的多少,配制相应的着色溶液。

(3)着色的时间也是一个不确定的因素。有的反应很快,有的反应缓慢。一般来说,一种着色,时间长,色泽就深,最深的色泽往往是黑色。但是,黑色也有不同细分,黑中带红,黑中带黄等等,所以还是要选择合适的配方。

(4)着色层如果要求黑色或灰黑色,建议还是用电镀的方法色泽比较稳定,批量生产色泽也比较一致。要带有黑色,或者带有灰黑色,无论是做红古铜,青古铜,古“银”都是电镀黑镍,或者枪色更好。电镀层比较致密光滑,色泽稳定,相对来说只是难擦一些(可以镀得薄些)。化学法着色层比较疏松,比较容易擦色。

(5)着色层或经过擦色的古铜色,都是容易变色的。要做好保护,一定要清洗干净,钝化(最好是用电解钝化),清洗干净,上清漆,烘干。如是仿古、做旧,则另当别论。

(6)严格地说,着色技术含量并不高,技巧有时却很重要。用黄铜层做青古铜,很难做出那点绿色，需要摸索很长时间。

第二节　镍的着色

镍在空气中很快钝化，在钝化的镍层上着色很难，且色泽很不稳定。钝化层的致密与否、厚度怎样，都是未知数。因此，一定要将镍层充分活化，然后再着色。如镍层上要着褐色，可将零件加热至 500～600℃，加热 25～45s，然后马上浸入机油中冷却。这种方法色泽比较均匀，有一定的实用价值。

市面上所谓的古银色，常常是镀白色镍层，或者是镀代镍层、代铬层，再用电镀方法镀黑色或枪色，然后擦色。这已经在“做银古色”一节中有所介绍。

第三节　不锈钢着色

14.3.1 不锈钢着色的特点

不锈钢种类很多，材料成分与着色有着密切关系。可以用来着色的不锈钢其基本成分是：Fe＞50％，Cr 为 13％～18％；其他元素的含量 Ni 为 12％，Mn 为 10％，Nb、Ti、Cu 为 3％，Si 为 2％，C 为 0.12％。18－8 型奥氏体不锈钢最适合着色；铁素体不锈钢会在着色溶液中腐蚀，得到的着色层不够鲜艳；而低铬高碳马氏体不锈钢由于耐腐蚀更差，着色层灰暗、发黑、不漂亮。

不锈钢表面的加工也会影响其着色。例如，经过弯曲、拉拔、深冲、冷轧等，表面晶格变形，着色膜不均匀，色泽也不均匀，并失去光泽。如果经过退火处理，恢复原来的显微组织，那么，着色效果会得到大大改观。

14.3.2 不锈钢着色的难点

不锈钢着色的难点并不是表面形成一层致密的氧化膜，而是着色层色泽的控制。

不锈钢着色要在比较高的温度下进行，因为溶液的蒸发，浓度变化很大，成色的时间难以把握。为了得到色泽的重现性，可以应用着色电位。Eo 为起始着色电位，B 为某种颜色的着色电位，$B-Eo=E$ 为着色电位差。每种颜色的着色电位差是不同的。根据实验已知：黄色的着色电位差 $E=14$mV；蓝色的着色电位差 $E=6$mV；紫色的着色电位差 $E=16$mV；绿色的着色电位差 $E=21$mV。因此，只要测出起始着色电位 Eo，根据公式：$E+Eo=B$，就可以得知着色电位 B。这样就可以控制得到不同的色泽。需要说明的是，如果零件粗糙或者前处理不当，则难以测定其着色电位的起始点，那就很难控制其色泽了。

14.3.3 不锈钢着彩色

不锈钢表面的氧化膜很致密，必须先除去，然后用磷酸、硫酸溶液或者用铬酸、硫酸溶液进行着色处理。着色膜的厚度不同，得到的颜色不同，从而得到不锈钢的彩色膜。其工序如下：抛光—清洗—酸洗—清洗—着色—清洗—固膜—清洗—干燥，具体工艺见表14-5、表14-6、表14-7。

表14-5　不锈钢着色的酸洗工艺

名称及条件	工艺1	工艺2
磷酸	10%	
硫酸		10%
盐酸		10%
温度(℃)	室温	室温
时间(min)	阳极电解3～5	5～10
其他条件	阴极为铅板	浸渍

注：若经过化学抛光或者电化学抛光，可以立即着色，省去酸洗。

表14-6　不锈钢着色工艺

名称及单位	含量
铬酐(g/L)	200～400(250最佳)
硫酸(g/L)	100～650(500最佳)
温度(℃)	75～90
时间	视需要颜色而定

注：随着时间延长，得到的颜色为：蓝色—蓝灰色—黄色—紫色—绿色。

表14-7　不锈钢着色膜的固化工艺

名称及单位	含量
铬酐(g/L)	200～300
硫酸(g/L)	2～3
温度(℃)	室温
阴极电流密度(A/dm^2)	0.2～1
时间(min)	5～15
阳极	铅板

14.3.4 不锈钢着彩色的注意事项

不锈钢着彩色除了要注意不锈钢着色的特点和难点外，还要具体注意以下几点：

(1)着色溶液的维护。不锈钢彩色着色液使用寿命较长，但由于温度较高，随着六价铬的还原和不锈钢的溶解，使得着色溶液会慢慢老化。着色时间延长，着色膜呈灰雾状，甚至变黑。三价铬、三价铁的积累，是溶液老化的原因。当三价铬含量达到 20g/L，三价铁达到 12g/L 时，着色电位曲线上弯曲点电位会上升到－170mV 以上，这时不得不重新配制着色液。

(2)注意不锈钢是否经过冷加工。若经过冷加工，一定要进行退火处理。

(3)着色选用的挂具材料的电位要比不锈钢的电位来得正，或者接近，且要能够抗化学腐蚀。一般可以用不锈钢或者镍铬材料做挂具。

(4)着色层的色泽不满意，对于色膜偏薄、成色不足的，若未经固化，可以重新回到着色液中着色；对于色膜过厚、需要减薄的，可以在还原介质中处理。常用的还原介质有次亚硫酸钠、硝酸钠、亚硫酸钠、硫代硫酸钠等。

(5)着色不满意的产品，可以退膜重新着色。退除 18－8 型不锈钢着色膜的工艺见表 14－8。

表 14－8　不锈钢退膜工艺

名称	含量
磷酸	10％～20％(质量)
光亮剂	少量
温度(℃)	室温
电压(V)	12
阳极电流密度(A/dm^2)	2～3
阴极材料	铅板
时间(min)	5～15(视膜厚度)

注：退膜时要避免基体的腐蚀，控制好时间。

14.3.5 不锈钢着黑色

不锈钢着黑色主要用于光学仪器零件表面，作消光处理。不锈钢着黑色的化学着色的工艺配方见表 14－9。

表 14-9 不锈钢着黑色的工艺配方和操作条件

名称及单位	配方 1	配方 2
重铬酸钾(g/L)	300～350	
浓硫酸(d=1.84)(mL/L)	300～350	
铬酐(g/L)		200～250
浓硫酸(d=1.84)(mL/L)		250～300
温度(℃)	镍一铬不锈钢:95～105 铬不锈钢:100～110	95～100
时间(min)	5～15	3～10

注:一般零件氧化着色后色泽为蓝色、深蓝色、藏青色,经过抛光处理的零件氧化着色后为黑色。

第十五章 铝及铝合金的氧化

第一节 铝及铝合金氧化概述

15.1.1 铝及铝合金氧化简介

铝很活泼，属于两性金属，即能溶于酸，也能溶于碱。在大气中很容易被氧化，在表面生成一层薄薄的自然氧化膜(厚度大约在 0.01～0.05μm)。这层膜不均匀，有一定的防腐蚀能力，但外观不漂亮，容易磨损擦伤。

铝具有很好的导电性、导热性、延展性、反射性；但是纯铝的机械强度较低，实际应用中常常将铝制成铝合金，大幅度提高了其机械强度。

为了提高铝及铝合金表面氧化膜的质量，提高其硬度、耐磨性、抗腐蚀性，以及染色能力等，必须将其表面的自然氧化膜除去，人为地将其氧化，使之生成更为理想的氧化膜。这样的氧化膜适用于各种领域：可以作为防腐蚀层；作为防护装饰层；作为有很好吸附能力的喷漆、喷塑的底层；作为耐磨层；甚至作为电镀的底层。铝及铝合金的氧化技术成熟稳定，操作比较简便，成本也低，已经得到广泛地应用。

15.1.2 铝及铝合金的组分及其加工对氧化膜的影响

铝比较软，机械强度也不高，所以常常需要添加其他元素，制成铝合金。铝合金的组分不一样，日后生成的氧化膜也有很大的区别。单从氧化膜的色泽来说，含铜的铝合金氧化膜呈暗色；含铁的铝合金氧化膜呈暗黑色；含锌的铝合金氧化膜呈乳白色；含硅的铝合金氧化膜呈暗灰色。在制作铝合金时，要根据需要选择添加的成分，当然选用的铝也要纯。如果铝本身不纯，含有杂质，会给氧化膜带来质量和外观上的众多问题。下面是常常添加的元素氧化后的情况：

(1)纯铝或铝镁合金阳极氧化后不变色，膜层呈透明。

(2)铝锰合金阳极氧化后呈黄色，有时呈棕色。

(3)铝锌合金阳极氧化后呈灰乳浊色，不透明。

(4)铝硅、铝铜合金阳极氧化后呈灰色到深灰色。

(5)包铝(部分包铝层受到破坏时)阳极氧化后出现灰白相间。

还要注意铝及铝合金在加工或者铸造过程中，表面有没有夹灰、起皮、砂眼、橘子皮状，这些缺陷都会影响日后氧化膜的外观和质量。

第二节 铝及铝合金氧化的前处理

15.2.1 铝及铝合金氧化的前处理

铝合金表面的自然氧化膜是不均匀、不漂亮的，要使人工的氧化膜漂亮、均匀，必须进行前处理。处理方法包括机械抛光、化学除油、化学除自然氧化膜。应根据对氧化膜的质量要求，选用适合的方法或者组合使用各种方法。

1. 机械抛光

如果要作为装饰用，要求外观光泽漂亮，可以进行细磨、喷砂、刷光、滚光或抛光，也可以各种手段组合使用。如果只用砂纸打磨，铝合金阳极氧化后，会出现灰黑色的打磨印痕；经过碱蚀可以消除灰黑色，但是打磨过的印痕还在；需用铜丝刷再刷一下，就没问题了。单独喷砂的铝合金阳极氧化后会出现灰黑色，氧化前要经过化学抛光或电化学抛光或碱蚀，才能做出比较漂亮的氧化膜。

2. 化学除油

碱对铝的腐蚀性很强，在碱蚀前要检查铝合金表面是否有重油、胶质、油漆、焦糊物等等，事先要将这些污物除去。否则，碱蚀不但不能除去这些物质，而且零件在碱中浸的时间长了，碱会将铝合金腐蚀，影响表面的质量。重油的除去最好用有机溶剂；胶质的除去要用酒精；油漆的除去可以用浓硝酸浸蚀，面积不大的也可以用香蕉水除去；焦糊物的除去可以用浓硝酸浸蚀。

一般的铝合金在机械加工过程中总会沾污上油污，如果抛光过，表面还会有抛光膏，所以也要将之除去。除去抛光膏可以用除蜡水，如果配置超声波效果更好。考虑到六价铬的污染，不建议用铬酸、硫酸的配方除蜡。

铝合金表面除油的配方和操作条件，见表 15-1、表 15-2。

表 15-1 一般铝合金表面除油配方及操作条件

名称及单位	含量
氢氧化钠(g/L)	10～20
磷酸三钠(g/L)	30～50
碳酸钠(g/L)	10～20
硅酸钠(g/L)	10～20(或者不加)
洗涤剂(g/L)	0.5～1(少量，水洗性好的)
温度(℃)	60～80
时间(min)	1～3

注：碱性不能太高，以防铝合金腐蚀。

表 15-2 铝合金铸件的除油配方及操作条件

名称及单位	含量
氢氧化钠(g/L)	25～40
洗涤剂(g/L)	0.5～1(少量,水洗性好的)
温度(℃)	50～60
时间(min)	1～2

注:配方中氢氧化钠较高,因此时间不能过长,以防过腐蚀。

用碱除油后一定要清洗干净,有孔眼、夹缝的要甩干净,否则氧化后很容易出现花斑。

除了高纯铝外,一般工业用铝,碱性浸蚀后表面都有不同程度的黑膜。如果工件局部没有黑膜,那可能是表面有油污、胶质、氧化皮或者焦糊物。这时必须将其除去,再进行碱蚀。

3.化学除自然氧化膜

铝合金经过化学除油后,要清洗干净,最好用热水清洗,然后进行酸洗,以中和表面的碱性,并除去表面的自然氧化膜。一般铝合金酸洗可以用配方1或配方2。

配方1　浓硝酸:200～270 mL/L;温度:室温;时间:3～5min。

配方2　铬酐:40～50 g/L;浓磷酸:40～50 mL/L;温度:室温;时间:1～3min。

如果含硅的铝合金表面会有硅浮灰,其酸洗可以用以下配方:

浓硝酸:3份;浓氢氟酸:1份;温度:室温;时间:5～15min。

酸洗后的铝合金要立即用流动温水清洗,除去表面的残酸,然后马上浸入水中,以备下道工序。

15.2.2 工件碱蚀后有花斑

工件碱蚀后有花斑,这是常见的弊病。造成这一现象,有以下几种可能:

(1)碱蚀溶液温度过高。温度过高,腐蚀速度太快,造成表面碱蚀不均匀。

(2)碱蚀溶液浓度过高。温度过高,腐蚀速度太快,造成表面碱蚀不均匀。如果碱蚀后未能立即在热水中漂洗更容易造成花斑。

(3)工件表面有污物,没有清除就进行碱蚀。

(4)工件碱蚀后没有及时冲洗,在空气中搁置时间过长,导致表面腐蚀不均匀。

(5)碱蚀后清洗不充分,表面的化学物质继续腐蚀造成花斑。

(6)碱蚀溶液使用过久。溶解下来的氢氧化铝积累过多,黏附在表面,影响了表面腐蚀的均匀性。

第三节 铝及铝合金的化学抛光

15.3.1 化学抛光简介

为了使铝合金表面光亮整平，在酸性或者碱性溶液中，铝合金会选择性自溶解，以达到降低表面粗糙度，提高表面装饰性。这种方法设备简单，不用电源，产品不受形状限制，抛光快，成本低；缺点是质量一般，操作较难控制，会产生“黄龙”即一氧化氮和二氧化氮的混合气体（有害），必须配备环保设备。有些单位使用尿素、硫酸铵等添加剂减少有害气体，虽有效果，但还是远远不够。

使用这种方法，铝的纯度对抛光效果的影响很大，纯度越高，抛光效果越好，但是还是不及电化学抛光效果好。

15.3.2 酸性化学抛光

酸性化学抛光的配方和操作条件见表 15－3。

表 15－3　酸性化学抛光的配方和操作条件

名称(质量%)	配方 1	配方 2	配方 3
浓磷酸	75	78	85
浓硫酸	8.8	12.5	
浓硝酸	8.8	7	5
冰乙酸			10
尿素	3.1	2.5	
硫酸铵	4.4		
硫酸铜		0.02	0.02
温度(℃)	100～120	90～105	90～105
时间(min)	2～3	2～6	2～5

注：

①配方 1 适合用于抛光 LG1、LG2、LG3 等工业高纯铝，适用于抛光 LT66 铝镁合金。

②配方 2 适合用于抛光 L1、L2、L3 等工业纯铝，适用于抛光 LT66 铝镁合金。

③配方 3 适合用于抛光 L1、L2、L3 等工业纯铝，适用于抛光 LY12 硬铝（含铜、镁、锰等元素的铝合金）。

15.3.3 碱性化学抛光

碱性化学抛光成本低，腐蚀性较弱，污染气体较少，但是质量较差，使用寿命较短。碱性化学抛光的配方和操作条件见表 15－4。

表 15－4　碱性化学抛光的配方和操作条件

名称及单位	含量
氢氧化钠(g/L)	35～65
亚硝酸钠(g/L)	10～25
磷酸三钠(g/L)	1～4
氟化钠(g/L)	2～5
温度(℃)	110～130
时间(min)	5～15

注：一般工业纯铝或者铝镁合金经过这种碱性溶液抛光后，必须快速用 50℃左右的温水清洗，并在室温条件下浸入 25%～30%(体积比)硝酸溶液中，时间为 15～30s，以中和表面碱性并使之出光。然后再及时清洗，放入水中，并及时进行氧化。

在碱蚀、硝酸出光后一定要清洗干净。有的工件有孔眼、夹缝，要甩干净。孔眼深的，要用针筒将残液抽吸出来，否则滞留在里面的酸或碱，阳极氧化时会释放出来，在电流的作用下，腐蚀铝合金基体，出现粗糙印痕。

第四节　铝及铝合金的电化学抛光

电化学抛光是利用电解作用、利用尖端放电的原理，将微观凹凸不平的表面进行选择性溶解，从而达到抛光的效果。电化学抛光分酸性和碱性两大类。

15.4.1 酸性电化学抛光

表 15－5　酸性电化学抛光的配方和操作条件

名称(质量%)	配方 1	配方 2	配方 3	配方 4	配方 5
浓磷酸	85～88	75～78	45	34	58
浓硫酸		9	45	34	41
铬酐	12～14	8	4	4	
甘油					1
纯水		6	6	28	

（续表）

名称(质量%)	配方 1	配方 2	配方 3	配方 4	配方 5
温度(℃)	85～100	85～100	80～90	85～90	75～85
阳极电流密度(A/dm²)	8～15	10～15	7～12	20～30	20～30
槽电压(V)	15～30	15～20	10～15	10～18	10～20
时间(min)	2～5	3～8	3～6	4～8	3～5
阴极材料	铅或铅锡合金(含锡3%～5%)	同左	同在	同左	同左
是否搅拌	需要	需要	需要	需要	需要

注：

①配方 1、配方 2 用于抛光 LG1～LG5 等工业高纯铝和 LT66 铝镁合金(光洁度很好)。

②配方 3 用于抛光 LY12 硬铝(含铜、镁、锰的铝合金)。

③配方 4 用于抛光 L1、L2、L3 等工业纯铝，用于 LY1、LY2 等硬铝(含铜、镁等)。

④配方 5 用于抛光 L1、L2、L3 等工业纯铝和 LT66 铝镁合金。

15.4.2 酸性电化学抛光要注意的问题

酸性电化学抛光时需要注意以下问题：

(1)如果铝或者铝合金纯度低，质量差或者表面粗糙，要抛光好是不可能的；即便是质量好的铝及铝合金表面，如果没有经过认真的前处理、除油、除自然氧化膜等等，抛光效果也会不好。

(2)抛光溶液使用时间长了，溶液的黏度太大(此时密度也比较大)，铝或铝合金表面会出现点状腐蚀，有时出现不透明的雾状的膜。因此，要注意溶液的老化。一般抛光溶液的密度在 1.7～1.75 g/cm³ 为佳，铝离子不要超过 50g/L(超过了，溶液的黏度就大了)。

(3)抛光溶液中如果有固体悬浮微粒，抛光表面会呈条纹状腐蚀，要及时过滤溶液。平时要定期过滤溶液。

(4)抛光工件与挂具的接触一定要紧密，否则在挂钩处的工件上会有黑色斑点。

(5)抛光工件要带电出槽，及时清洗，否则风干后表面会出现斑点。

(6)抛光溶液要用纯水配制，严防氯离子带入，氯离子不得超过 0.08g/L。工件浸入抛光溶液前的清洗水，应该使用去离子水。

(7)搅拌可以减少浓差极化，可以降低工件表面的温度，可以防止表面出现点状腐蚀。

15.4.3 碱性电化学抛光

碱性电化学抛光的工艺条件见表 15-6。

表 15-6 碱性电化学抛光的配方和操作条件

名称及单位	含量
磷酸三钠(g/L)	120～150
碳酸钠(g/L)	250～350
氢氧化钠(g/L)	3～6
pH	11～12
温度(℃)	90～95
阳极电流密度(A/dm^2)	8～12
槽电压(V)	12～25
时间(min)	5～10
阴极材料	不锈钢

注：

①碱性电化学抛光可以用于 L1、L2、L3 等纯铝，也可用于 LT66 铝镁合金。

②其抛光膜呈半透明，抛光后要在以下溶液中提高光洁度：浓磷酸：30mL/L；铬酐：10g/L；温度：80～90℃；时间：30～120s(视膜的具体情况而定)。

15.4.4 不良抛光膜的处理

在生产中难免会有不良的抛光膜，有的是可以改进的，有的需要退去重来。下面介绍一些处理不良抛光膜的方法。

1. 半透明的抛光膜

可以浸入酸溶液，除去雾状，提高光洁度。

方法一　浓硝酸：300～500mL/L；温度：室温；时间：30～60s。

方法二　浓磷酸：30mL/L；铬酐：10g/L；温度：80～90℃；时间：30～120s。

2. 附着接触铜的抛光膜

可以浸入酸溶液，除去接触铜，并使膜层光亮。

方法一　浓硝酸：250～350 mL/L；温度：室温；时间：10～30s。

方法二　浓硝酸：2～5 mL/L；铬酐：10～30 g/L；温度：室温；时间：30～120s。

3. 不良膜的除去

可以用酸或者碱溶液去除，具体方法如下：

方法一　浓磷酸：100～120mL/L；铬酐：50～60g/L；温度：室温；时间：

2～5min。

方法二　氢氧化钠:100～150g/L;温度:50～60℃;时间:10～30s。

经过以上任何一种溶液处理过的工件,要立即浸入流动热水中清洗,防止残留的酸或碱液对工件的腐蚀。清洗后的工件可以重新抛光,也可以回用。

第五节　铝及铝合金的化学氧化

15.5.1 铝及铝合金的化学氧化

铝及铝合金化学氧化所得到的膜比较薄,质地比较软,不耐磨,抗腐蚀性也不是很好;但是却有良好的吸附能力。其设备简单,操作方便,成本低,不受零件大小和形状的限制,特别适用于大的工件,组合件,复杂零件。(这些工件很难使用阳极氧化方法)这些工件常常用化学氧化,氧化膜作为油漆和喷塑的底层。化学氧化有酸性、碱性两大类。

15.5.2 铝及铝合金的酸性化学氧化

铝及铝合金的酸性化学氧化,下面是其配方和操作条件,见表15-7。

表15-7　酸性化学氧化的配方及操作条件

名称及单位	配方1	配方2	配方3	配方4
磷酸(d=1.7)(mL/L)	50～60	10～15		
铬酐(g/L)	20～25	1～2	4～5	3.5～4
氟化氢铵(g/L)	3～3.5			
磷酸氢二铵(g/L)	2～2.5			
硼酸(g/L)	0.6～1.2			
氟化钠(g/L)		3～5	1～1.5	0.8～1
铁氰化钾(g/L)			0.5	
重铬酸钠(g/L)				3～3.5
温度(℃)	30～40	20～25	20～40	室温
时间	2～8min	7～15min	20～60s	3min

注:

①配方1:膜致密,厚度约0.5～3μm,硬度较高,抗腐蚀性较好,需要封闭处理。颜色为无色至带红绿的浅蓝色,适用各种铝及铝合金的氧化。

②配方2:膜较薄,抗腐蚀性较好,适用于氧化后需要变形的铝及铝合金,也可以用于铸件的

防护。氧化后不需要钝化或填充。

③配方3：膜薄，彩虹色，导电性能良好，适用于需要具有一定导电能力的铝合金。

④配方4：膜薄，约0.5μm，无色至深棕色。孔少，抗腐蚀性好，适用于不适合阳极氧化的大件、组合件。该溶液使用温度不宜超过60℃。

15.5.3 酸性化学氧化溶液的维护

酸性化学氧化溶液维护时应注意以下问题：

（1）配制溶液时一定要用去离子水。硼酸要先用热水溶解，待慢慢冷却到40℃再加入溶液中。氟化氢铵取工艺下限。溶液配好必须充分搅拌，可以先用报废铝件测试氧化效果，这样也有利于溶液的稳定。

（2）保持溶液的清洁，防止油污或者其他物质带入溶液，使用一段时间后需过滤溶液，定期分析溶液成分，调整至工艺范围。

（3）使用时控制温度，防止温度过高。

（4）在暂停使用时，应将液面盖好，防止灰尘污染。

15.5.4 铝及铝合金的碱性化学氧化

铝及铝合金的碱性化学氧化的配方和操作条件见表15-8。

表15-8 碱性化学氧化的配方及操作条件

名称及单位	配方1	配方2
碳酸钠(g/L)	40～60	60
铬酸钠(g/L)	10～20	20
氢氧化钠(g/L)	2～3	
磷酸三钠(g/L)		2
温度(℃)	80～100	100
时间(min)	5～10	7～10

注：

①碱性化学氧化膜比较软，约0.5～3.5μm厚，抗腐蚀性较差，色泽金黄色，适用于做油漆或喷塑的底层。

②无论是酸性还是碱性化学氧化后，都必须立即清洗干净，进行钝化或者填充处理。

15.5.5 铝及铝合金化学氧化的后处理

铝及铝合金化学氧化后必须进行钝化或者填充，氧化膜才比较稳定、牢固。

酸性溶液氧化后，在以下溶液中进行填充处理。重铬酸钾：30～50g/L；pH：6～6.8(用冰醋酸调)；温度：85～95℃；时间：5～10min，清洗后在小于70℃下烘干；碱性溶液氧化后，在以下溶液中进行钝化处理。铬酐：20～30g/L；室温；浸5～15s，再在小于50℃下烘干。

填充、钝化的主要目的是使氧化膜比较牢固、稳定，增强其抗腐蚀性。封闭表面的孔隙，不容易被其他物质污染。

第六节　铝及铝合金的阳极氧化

15.6.1 铝及铝合金的阳极氧化简介

铝及铝合金的阳极氧化，是用电解液将铝及铝合金作为阳极进行成膜的氧化过程。其实在电解过程中，铝及铝合金的表面既有成膜过程，也有溶膜的过程。在阳极有氢氧根放电，产生原子氧，原子氧与工件表面的铝原子化合生成氧化铝；氧化铝随即进行水化，成为水合氧化铝。紧贴铝工件表面的是无孔性的薄膜，外层则是六角形带圆孔的柱状氧化膜。这两种氧化铝的膜，组成了表面的氧化膜，这是形成氧化膜的过程。阳极氧化溶液中的硫酸对氧化膜有溶解作用，阳极作用也帮助溶解氧化膜，这是溶解氧化膜的过程。控制溶液的浓度和操作条件，可使成膜速度大于溶膜速度，这样氧化膜就能渐渐增厚，形成有硬度、有一定厚度的氧化膜。一般来讲，这种成膜、溶膜同时进行下生成的膜都是有孔隙的。工艺中可以有选择性地控制氧化膜，使之或多孔利于染色，利于附着油漆、塑粉；或硬度高、耐磨；或抗腐蚀性好；或绝缘性好等。因此，铝及铝合金阳极氧化后可以有多种性能，从而得到了广泛的应用。

阳极氧化的方法比较多，使用最多的是硫酸阳极氧化，本节重点讨论此方法。

15.6.2 硫酸阳极氧化

硫酸阳极氧化所得到的膜比较厚，孔隙多，氧化膜无色，便于染各种颜色；电解液成分简单，性能稳定，操作容易，且成本低。其配方和操作条件见表15－9。

表15－9　硫酸阳极氧化的配方及操作条件

名称及单位	配方1	配方2
浓硫酸(g/L)	150～250	150～170
温度(℃)	10～20	0～5
阳极电流密度(A/dm^2)	0.8～1.5	0.3～0.6
电压(V)	15～25	15～20

（续表）

名称及单位	配方 1	配方 2
时间(min)	40～60	50～70
阴极材料	铅或铅锡合金 （含锡 2%～3%）	铅或铅锡合金 （含锡 2%～3%）

注：

①配方 1 适用于一般铝及铝合金的防护和装饰性氧化。

②配方 2 适用于纯铝或者铝镁合金的装饰性氧化。

15.6.3 硫酸阳极氧化工艺的讨论

根据阳极氧化成膜机理可知，电解液中硫酸的作用很重要。硫酸浓度高，氧化膜的溶解就增加，成膜速度就慢，孔隙就多，有利于染色，但硬度和耐磨性较差；硫酸浓度低，成膜速度较快，孔隙少，只能染浅色，但反光性好，硬度高。

阳极氧化的温度也很重要。温度高，硫酸溶解膜的能力大幅度提高，而形成的膜却疏松，甚至出现粉末状膜层，薄而脆，温度过高形成的膜还会呈白色雾状(这种现象同阳极氧化时间过长差不多的)。因此，硫酸阳极氧化一定要配备溶液的冷却装置。

在正常的工艺条件下，硫酸阳极氧化，膜的平均成长速度为 0.2～0.3μm/s。氧化时间的长短对于染色的深浅有着直接影响。着浅色调，氧化时间短，室温下约需要 15～20min；着深色时，氧化时间需要 40～45min。如果染黑色，可以延长时间至 70min。此时氧化膜大约有 20μm 厚，膜厚，吸色能力就强。但是要防止温度太低时厚的氧化膜内应力大，而会导致氧化膜开裂。

硫酸浓度过高、温度过高、阳极氧化的时间过长，都会造成氧化膜的腐蚀。

在通电初始时，工件表面先形成的氧化膜会增加电阻，使电流降下来。这时需要升高电压，维持工艺的电流密度。随着电压的升高，氧化膜被击穿，形成孔隙。一般来说，电流大，电压较高，有利于氧化膜的形成，氧化膜的孔隙也多，容易染色。但是电流密度太大，又会使工件的边角出现粗糙或浸蚀状的膜层。因此，阳极电流密度控制在1～1.3A/dm^2为宜。过高的电压亦会将氧化膜击破，硫酸阳极氧化电压控制在 16V 较好。

铝及铝合金氧化是一个放热的过程，电压比较高，溶液容易升温，而操作温度却要求比较低。因此，使用的槽体要足够大，需要配备压缩空气搅拌和冷却装置，利于防止升温。

15.6.4 硫酸阳极氧化要注意挂具

硫酸阳极氧化的挂具很重要，铝合金工件与夹具要有足够的接触面积，而且要夹得紧。否则工件入槽尚未形成氧化膜时，表面会有红色、灰色的挂霜。红色挂霜

是工件在溶液中置换出来的铜;灰色挂霜是含硅的铝合金受到浸酸腐蚀,残留出硅。如果工件与挂具接触不良,在高电压下,挂钩与液面交界处还会发生熔断。这是由于接触电阻大,产生的高热能造成的。因此,一定要夹紧夹牢。夹具不宜过软、过细,要有一定的弹性,夹具要有承受使用电流强度的能力,选择材料时务必要注意这一点。有经验的师傅在夹具与液面的交界处缠绕一层塑料布,这是防止夹具熔断的好方法。大的铝制品工件接触点不得少于三处,每个接触点所通过的电流必须小于30A。否则就容易击穿氧化膜,甚至产生火花,烧坏工件。

选用钛材做夹具很好,它无需进行退膜处理,但一次性成本较高。因此,普遍都是使用铝材。铝材使用后要进行退膜处理,如果能用机械方法除去接触部位的氧化膜,可以大大延长夹具的使用寿命,但是比较麻烦;也可以用化学的方法进行退膜处理,方法如下:

磷酸:30～35 mL/L;铬酐:75～85 g/L;温度:80～95 ℃;退干净为止。

15.6.5 硫酸阳极氧化溶液的维护

硫酸阳极氧化溶液在维护需注意以下问题:

(1)配制溶液要用化学纯的硫酸,要用去离子水。

(2)应定期分析补充硫酸。

(3)工件入槽前的漂洗水也要用去离子水。

(4)氯离子、硝酸根离子对氧化膜的影响很大,一定要严防带入。这些阴离子会在阳极放电,破坏氧化膜的生成。过量的氯离子还会腐蚀工件,硝酸根也会导致工件的局部溶解。当氯离子达到0.1g/L,就应该禁止使用。

(5)由于铝合金的阳极溶解或工件的坠落,氧化溶液中常常会带入各种金属离子,如铜离子、铁离子、镁离子等,当然还有铝离子。少量的金属离子影响不大,但是积累多了,就会影响氧化膜的质量,影响氧化膜的抗腐蚀性、耐磨性,影响膜的光泽。表15－10列出装饰性铝阳极氧化时,溶液中各种杂质的最高允许含量,见表15－10。

表15－10 各种杂质的最高允许含量

离子名称	最高允许含量(g/L)
氯离子	0.05
氟离子	0.01
铝离子	12
铁离子	0.02
铜离子	0.02
镁离子	微量

溶液中这些金属杂质离子会使氧化膜表面产生分散的黑色腐蚀斑点，甚至导致氧化膜穿孔。铜、铁、铝离子含量过多时，会影响氧化膜的色泽、透明度、耐腐蚀性和吸附性，也会造成膜的染色困难，影响膜染色后的鲜艳度、耐晒度。有时膜层还会产生暗色条纹或者斑点。铜的除去可以常常刷洗阴极板，也可以用小电流密度电解除去。除去铝离子，可以将溶液升温至 40～50℃，在搅拌下加入硫酸铵，使之生成硫酸铝铵，沉淀除去。

处理有害离子要考虑成本，如果成本过高，还不如更换溶液，更为合理。

15.6.6 阳极氧化溶液中铝离子的影响

铝及铝合金在阳极氧化过程中，铝会慢慢溶解下来。溶液中的铝离子逐渐积累增多，溶液的导电能力下降。铝制品氧化膜表面出现白点或白斑，用手接触时感到黏手，即使干燥后也有黏手的感觉。这层氧化膜吸附能力差，且不均匀，不容易染色。

溶液中的铝离子过高，虽说可以用硫酸铵将之沉淀除去，但成本不一定划算。通常还是更换部分溶液比较实惠。换下来的氧化液是硫酸，可以用于前处理浸酸。这样一举两得，减少了含酸废水的排放。

15.6.7 铸件铝制品的阳极氧化

铸件铝制品铝中的纯度低，其中含有较多的其他元素。铸件铝制品在入槽阳极氧化时，溶液会立刻“泛花”，这是铝的溶解引起的。一方面因为铝铸件中杂质元素的微电池作用，自身产生了腐蚀电流，破坏了铝的钝化表面，使铝的溶解速度大幅度提高；另一方面铸件的结构很疏松，孔隙、微裂纹很多，基体的实际面积比表观面积大得多。铸件参加与溶液的反应量也大得多，这些因素造成铝铸件入槽立即产生“泛花”。铝铸件表面的大量溶解是极其有害的：它会增加溶液中铝离子的积累；会使杂质裸露，造成表面凹凸不平；会影响阳极氧化的进行，导致氧化膜质量劣化；甚至还会尺寸超差、色泽不好。铸件铝制品应带电入槽，这是较好的解决方法。若一时无法带电入槽，可以起始采取冲击电流，阳极氧化初期电压调到 30V 左右，保持 4～7min，然后调整到正常值。这种方法类似电镀铸件的原理，只不过用于阳极氧化，而不是阴极电镀。

15.6.8 其他铝及铝合金的阳极氧化工艺

在实际应用中，不同的客户有不同的要求，有时不能使用硫酸阳极氧化工艺(或者效果不够)。铝制品的阳极氧化工艺还有很多，各具特点。

1. 铬酸阳极氧化

其氧化膜与有机涂料的结合力好，尤其是与油漆的结合力很好。由于铝制品

在铬酸中不容易溶解，形成氧化膜后不会改变原来零件的精密度和表面光洁度。

铬酸阳极氧化适用于精密度要求高的铝合金，也适用于铸件、铆接件、焊接件，但是不适合含铜大于4%或含硅量较高的铝合金。

2. 草酸阳极氧化

这种工艺得到的氧化膜比较厚、弹性好、电绝缘性能好，应用于电器绝缘的保护，如家电、电器工业中。

3. 硬质阳极氧化

这种工艺形成的氧化膜硬度高，膜层厚。硬度(HV)可达到2452～4903mPa，厚度可达到250～300μm。膜层孔隙可以吸附各种润滑剂。膜的导热性较差，电阻较大。因此，硬质阳极氧化适用于耐磨、耐热、绝缘的铝合金制件。获得硬质氧化膜的溶液有多种，低温硫酸氧化工艺使用也很普遍。

4. 瓷质阳极氧化

这种工艺得到的氧化膜为浅白色、不透明，外观与瓷釉相仿。膜层致密，有较高的硬度、耐磨性，有良好的绝缘电、绝缘热的性能，膜的抗腐蚀性也不错，吸附能力很好，能染种种颜色，色泽美观，装饰性很好。瓷质阳极氧化具有这些优点，使用当然很广泛。下面介绍几个工艺配方，见表15-11。

表15-11 瓷质阳极氧化的配方和操作条件

名称及单位	配方1	配方2	配方3
铬酐(g/L)	30～40		35～40
硼酸(g/L)	1～3		5～7
硫酸锆(以氧化锆计)(g/L)		5%	
硫酸(g/L)		7.5%	
草酸(g/L)			5～12
温度(℃)	40～45	34～36	45～55
阳极电流密度(A/dm^2)	开始:2～3,终止:0.1～0.6	1.2～1.5	0.5～1
电压(V)	40～55	16～22	25～40
时间(min)	40～60	40～60	40～50
厚度(μm)	10～15(偏灰)	15～25(白色)	10～15(乳白色)

5. 其他阳极氧化

(1)高效率阳极氧化。是在硫酸溶液中加入甘油，乳酸等以抑制氧化膜的溶解，加速氧化膜的形成。

(2)宽温度范围阳极氧化，是在硫酸溶液中加入酒石酸，此操作温度范围可达10～50 ℃。

(3)磷酸阳极氧化。这种氧化膜的孔径较大,可用来做铝合金制件电镀的底层。该膜比较薄,电镀时不能使用强酸,强碱性的电镀溶液,活化也要用弱酸,用较稀的氢氟酸(0.5～1 mL/L)。需要电镀的铝氧化膜,电镀前不能干燥,防止膜孔封闭,影响氧化膜与电镀层的结合力。

第七节　铝及铝合金氧化膜的着色

铝及铝合金氧化膜的着色有两种方法:化学染色法和电解着色法。化学染色法是使染料吸附在氧化膜的孔隙中。这种吸附不是很牢固,颜色容易被擦掉,耐光性也不好,适用于室内的装饰材料。电解着色法是通过电解使金属盐的微粒沉积在氧化膜的孔隙底部,所以颜色不容易被擦掉,耐光性比较好,可以应用于室外的装饰材料,使用价值高得多,应用也更广泛。但是着出的颜色,电解法不如化学法,化学法着色更为鲜艳美观。

15.7.1 化学染色法对氧化膜的要求

硫酸阳极氧化膜非常适合化学染色,因为这种膜无色透明、孔隙多、吸附性强、容易染色;瓷质阳极氧化膜也很容易染上各种颜色,得到美观的外表;草酸阳极氧化膜本身有颜色,只适合染较深的颜色;铬酸阳极氧化膜孔隙少,膜也有颜色,不适合化学染色。

适合化学染色的铝合金阳极氧化膜必须具备以下条件:

(1)氧化膜要有足够的厚度。如果要染深颜色,氧化膜更要厚些;如果染浅色,氧化膜可以相对薄一些。

(2)氧化膜必须要有足够的孔隙,并且有一定的吸附能力。

(3)氧化膜厚度要均匀,成孔要均匀,尤其是边角部位也要均匀。

(4)氧化膜本身的色泽要不妨碍进一步染色的要求。

15.7.2 氧化膜用有机染料染色

铝及铝合金的氧化膜用有机染料染色属于化学染色法,一般使用的都是酸性染料。将称量染料放入玻璃容器中,用少量蒸馏水调成糊状,然后加入少量蒸馏水稀释,煮沸使其全部溶解,过滤,倒入染色槽中(染色槽应选用搪瓷或者不锈钢材料),用蒸馏水稀释至所需要的浓度,再用稀释的冰醋酸调整 pH,调整温度至工艺要求,即可试染。试染可行,即可生产。常用有机染料染色的工艺规范见表 15-12。

表 15－12 常用有机染料染色工艺规范

颜色	序号	染料名称	含量(g/L)	温度(℃)	时间(min)	pH
红色	1	铝火红(ML)	3～5	室温	5～10	5～6
	2	酸性大红(GR)	6～8	室温	2～15	4.5～5.5
	3	直接耐晒桃红	2～5	60～75	1～5	4.5～5.5
	4	铝枣红	3～5	室温	5～10	5～6
橙色		酸性橙	15～20	50～60	3～5	3～4
金黄色	1	铝坚牢金(RL)	3～5	室温	5～8	5～6
	2	铝黄(GLW)	2～5	室温	2～5	5～5.5
	3	活性嫩黄(X－6G)	1～2	25～35	2～5	

15.7.3 有机染料染色的工艺维护

有机染料染色需要注意下列问题：

(1)需要染色的铝制品氧化后应充分清洗，特别要注意工件盲孔、夹缝的清洗。只能用冷水清洗，不能用热水清洗，热水清洗会一定程度封闭膜孔，影响染色效果。不能用手触摸，以免污染氧化膜。

(2)阳极氧化后要立即染色。如果铝制品氧化后放置时间较长，染色前应用10%的冰醋酸，在室温下浸 5～10min，活化氧化膜，这样有利于氧化膜的吸附着色。

(3)为了提高颜色的牢度，染色前先用 1%～2%的氨水浸一下，以中和残留在氧化膜孔隙中的酸液，然后清洗干净，再染色。

(4)染色时零件之间应避免贴合、碰触。要不断地搅拌溶液，零件与染色溶液要充分地相互接触，染色才能比较均匀。

(5)若染色比较淡，可以再放入染色槽继续染色。

(6)铝制品染色后，要清洗干净，注意盲孔，夹缝的清洗。必要时要甩干净里面的残留染料，然后立即封闭、干燥。不宜放在水中，以免表面发花、流色；也不可高温烘烤，以免失色泛红。

(7)染料溶液浓度比较稀，染色过程中要消耗氢离子，所以要注意染色铝制品的体量，不能一下子放入很多零件染色。染色溶液时间使用长了，要补充染料，调整 pH 或者更换染色液。

(8)染色的温度也有讲究。温度低，染色时间要长些，色调容易控制，但耐晒性差；温度高，上色快，色泽耐晒性好，但是色调较难控制。应根据染色溶液不同的温度，控制时间。要想获得每一批产品色泽均匀一致，需要不断摸索，积累经验。

(9)值得注意的是,染色时间的长短将会影响封闭处理后的质量。若着色时间过长,染色溶液温度又高,使用沸水封闭时,将会出现流色的现象,色调不均匀。

15.7.4 氧化膜用无机染料染色

一般来说无机染料的着色能力比有机染料要差一些,所以往往需要先在第一种溶液中浸渍,清洗后再放入第二种溶液浸染。如果颜色不深,可重复浸染。染色后清洗干净,用热水封闭。为了提高抗腐蚀能力,水洗后,用 60～80 ℃的温度烘干,再上清漆或者上蜡。常用无机染料染色的工艺规范见表 15-13。

表 15-13 常用无机染料染色的工艺规范

	溶液 1				溶液 2			
颜色	染料名称	含量(g/L)	温度(℃)	时间(min)	染料名称	含量(g/L)	温度(℃)	时间(min)
金色	草酸铁铵	10～25	55	1～15				
金黄色	硫代硫酸钠	10～50	室温	5～10	高锰酸钾	10～50	室温	5～10
黄色	醋酸铅	100～200	室温	5～10	重铬酸钾	5～10	室温	10～15
青铜色	醋酸钴	50	50		高锰酸钾	25	50	2
青铜色	草酸铁铵矾	22～28	45～55	2～5				
	氨水(52%)	30mL						
红棕色	硫酸铜	10～100	室温	10～20	亚铁氰化钾	5～10	室温	10～15
黑色	醋酸钴	50～100	室温	10～15	硫化钠	50～100	室温	20～30
黑色	醋酸钴	50～100	室温	10～15	高锰酸钾	15～25	室温	20～30
橙色	硝酸银	50～100	室温	5～10	重铬酸钾	50～100	室温	10～15
白色	硝酸钡	10～15	60～70	10～15	硫酸钠	10～50	60～70	30～35
蓝色	亚铁氰化钾	10～15	室温	5～10	氯化铁	10～100	室温	10～20

15.7.5 氧化膜的其他化学染色

铝及铝合金的氧化膜化学染色还有其他的方法,简介如下:

1. 色浆印色

这种工艺是将色浆丝网印刷在铝制品的氧化膜上,可以得到多种色彩,且不需要消色,不需要涂漆,减少了工序,降低了成本。色浆的配方见表 15-14。

表 15－14　色浆配方

名称	含量(%)
浆基 A(羧甲基纤维素 30g/L)	50
浆基 B(海藻酸钠 40g/L)	15
六偏磷酸钠	0.6
色基	30
山梨醇	4
甲醛	0.4

2. 套色染色

要在阳极氧化膜上得到两种或者两种以上的彩色图案，常常采用这种方法。其工艺流程如下：氧化膜第一次染色—流动冷水冲洗—50～55℃下干燥—下挂具—丝印或者胶印—干燥退色—清水冲洗—中和—第二次染色—流动冷水冲洗—揩漆—干燥—封闭。退色配方见表 15－15。

表 15－15　退色配方

序号	溶液成分	含量	退色时间
1	磷酸三钠	50 g/L	5～10s
2	次氯酸钠	10 g/L	5～10s
3	硝酸	300mL/L	5～10s

3. 消色法着色

氧化膜染色后，不进行封闭，用消色液局部消色(往往是无规则地消色)，然后用水冲洗，再第二次染色。也可以按上述方法再消色，再染色。这种方法可以染出无规则、抽象、五彩缤纷的图案。若在瓷质阳极氧化膜上实施，可使无光氧化膜表面酷似彩瓷、古瓷，美观华丽，别有格调。消色液的配方见表 15－16。

表 15－16　消色液的配方

名称及单位	配方 1	配方 2	配方 3	配方 4	配方 5	配方 6	配方 7
铬酐(g/L)	200～500						
草酸(g/L)		100～400					
硫酸镁(g/L)			300				
高锰酸钾(g/L)				50～100	100～500		

（续表）

名称及单位	配方 1	配方 2	配方 3	配方 4	配方 5	配方 6	配方 7
冰醋酸 (mL/L)	1～2		3～5	1～2			
次氯酸钠 (g/L)						50～200	
氢氧化钠 (g/L)							10～100
时间(s)	根据要求而定				5～10	10～20	10～100

消色法着色要求：

(1)氧化膜要厚，孔隙多，适用于硫酸阳极氧化膜、瓷质阳极氧化膜的染色。

(2)染色液浓度要高些，先染深色，后染浅色。染色温度先高后低，控制在40～50℃，防止温度过高引起局部氧化膜过早封闭。

(3)各种消色液要用纯水配制。

(4)染色后，经过清洗，立即进行退色处理，这时工件表面要润湿。退色达到要求时，立即浸入清水中冲洗，使退色立即停止，从而固定图案。染色过程完成后，用蒸汽封闭。固化后还可以用软布轮轻轻抛光，以提高膜表面的光亮度。操作时要带好橡皮手套，防止手污染工件表面。

第八节　铝及铝合金氧化膜的电解着色

15.8.1 氧化膜的电解着色简介

铝及铝合金的氧化膜进行电解着色，方法有自然发色着色法、一步电解着色法、二步电解着色法。

通过电解法着色的氧化膜具有良好的耐磨性、耐光性、耐热性，具有较好的抗腐蚀性。铝合金电解着色在很多方面都得到应用，如建筑行业的铝制型材、太阳能设备、日用旅游商品，等等。铝制品的广泛应用，与电解着色有密切的关系。

15.8.2 氧化膜的自然发色着色法

自然发色着色法是在阳极氧化的同时，将氧化膜着色的方法，其工艺规范见表15-17。

表 15－17 铝合金自然发色着色法的工艺规范

铝合金系列	溶液成分	含量(g/L)	温度(℃)	电流密度(A/dm^2)	时间(min)	氧化膜颜色
铝一硅系列(含硅11%～13%)	硫酸	190～210	18～22	1.5～2.5	40～60	绿色至黑色
铝一锰一铬系列(含锰0.2%～0.7%;含铬0.2%～0.5%)	硫酸	同上	同上	1.5	同上	深褐色
铝一镁系列(含镁1%～1.5%)	硫酸	同上	同上	1～1.2	同上	金黄色

15.8.3 氧化膜的一步电解着色法

氧化膜的一步电解着色法是在有机酸电解液中进行的。用这种方法着色的膜，其颜色同有机酸电解液、阳极氧化条件有关。这种方法操作严格，工艺复杂，影响膜颜色的因素很多，因此应用受到一定限制。这里简单介绍几种方法，见表15－18。

表 15－18 几种一步电解着色法的工艺规范

着色方法	成分	含量(g/L)	温度(℃)	电压(V)	电流密度(A/dm^2)	膜厚度(μm)	氧化膜颜色	备注
卡尔考拉法	磺基水杨酸	62～68	15～35	35～65	DC 1.3～3.2	18～25	青铜色	美国凯隆铝业
	硫酸	5.6～6						
	铝离子	1.5～2						
同上	磺基水杨酸	15%	20	45～70	DC 2～3	20～30	同上	日本凯隆
	硫酸	0.5%						
D—300法	磺基钛酸	60～70	20	40～70	DC 2～4	20～30	同上	美国铝业
	硫酸	2.5						
雷诺法	硫酸	1～45	20～22	20～35	DC 5.2	15～25	红棕色	美国雷诺
	草酸	5～饱和						
	草酸铁	5～80						

15.8.4 氧化膜的二步电解着色法

氧化膜的二步电解着色法是在电场的作用下，使金属离子在氧化膜的孔隙底部还原沉积，从而将氧化膜着色的方法。目前普遍使用交流电着色，表 15 - 19 为一些最常用的交流电着色工艺规范。

表 15 - 19　铝及铝合金交流电着色的工艺规范

金属离子类别	成分	含量(g/L)	pH	电压(V)	温度(℃)	电流密度(A/dm^2)	时间(min)	对极材料	氧化膜颜色
镍盐	硫酸镍	25	4.4	7～15	20	0.2～0.4	2～15	镍板	青古铜
	硫酸镁	20							
	硫酸铵	15							
	硼酸	25							
镍钴盐	硫酸镍	50	4.2	8～15	20	0.5～1	1～15	石墨	青古铜—黑色
	硫酸钴	50							
	硼酸	40							
	磺基水杨酸	10							
钴盐	硫酸钴	20	4			0.5			青古铜—黑色
	硫酸	适量							
钴盐	硫酸钴	25	4～4.5	17	20	0.2～0.8	13	铝板	黑色
	硫酸铵	15							
	硼酸	25							
铜盐	硫酸铜	35	1～1.3	10	20	0.2～0.8	5～20	石墨	赤紫色
	硫酸镁	20							
	硫酸	5							

15.8.5 氧化膜电解着色的工艺维护

氧化膜电解着色时需注意：

(1)铝及铝合金的阳极氧化和配制电解着色溶液一定要用去离子水。溶液中氯离子大于 0.1g/L 时，阳极氧化膜将被浸蚀，产生黑色斑点。使用去离子水可以延长溶液老化时间，提高封闭效果。氧化工艺用水，电阻率要求小于$3\times10^5\Omega\cdot cm$，pH 为 5.8～6.6。

(2)需要着色的氧化膜要有一定的厚度，一般在 10～15μm。

(3)阳极氧化后的铝制品要充分清洗，但是时间不能太长，然后应立即放入着色溶液中。

(4)建议配置自动升降电压装置。工件入槽 1min 后送电，在 1min 内慢慢送电到规定的电压。为了确保颜色的重现性，操作时可以采用先固定电解着色的时间、再改变着色电压的方法，也可以采用先固定电解着色的电压、再改变电解着色时间的方法。

(5)着色结束，断电取出铝制品，充分清洗后，在 95～100 ℃的去离子水中封闭 20～30min。

(6)挂钩不宜用钛材料，宜用铝合金，接触要牢固，接触面积要大，否则接触部位着不上色。

(7)因为使用交流电，所以要同电镀一样使用对极材料。一般采用不溶性电极，其形状最好用棒状，分布适当，避免边缘效应；也可以应用溶液中有的金属材料，如在镍系溶液着色时使用镍板。

(8)需要配备连续循环过滤。为防止盐的水解，可以适当加入稳定剂。

(9)为了色泽稳定，要维持溶液温度在一定的范围内。同一极棒不要同时处理不同成分的铝材，因为不同成分的铝合金着色之后色泽是不相同的。

(10) 生产过程最好是自动控制，这样色泽比较容易掌控。如果着色颜色太浅，可以再放入溶液中继续着色；若着色太深，断电后可以在槽中静置一会，让溶液将颜色退掉些。

氧化膜电解着色是精细活儿。清洗、手触、时间的把握、挂钩的接触、水质优劣、电流与时间的配合、温度的操控等，都会引起着色不均匀、着不上色，所以要用心操作。

第九节　氧化膜的封闭处理

15.9.1 氧化膜的封闭处理简介

阳极氧化膜的封闭是一道很重要的工序。经过封闭的氧化膜，提高了防止污染的性能，提高了耐腐蚀性、耐磨性，也提高了电绝缘性。氧化膜的封闭方法很多，对不需要着色的氧化膜可以进行热水、蒸汽、重铬酸盐、有机物等封闭，着色的氧化膜可以用热水、蒸汽、含有无机盐的溶液，或者含有有机物的溶液封闭。

15.9.2 氧化膜用热水封闭

热水封闭一定要用去离子水。普通水中含有钙离子、镁离子等杂质，在封闭时这些离子可能沉淀在膜孔中，影响膜的透明度；普通水中还有氯离子、硫酸根离子、磷酸根离子等杂质，这些离子会降低膜的耐腐蚀性。用热水封闭要用冰醋酸将 pH 调整到 5～6.5，在 80～100 ℃下封闭 15～30min。这种封闭适用于阳极氧化膜，不适合已经电解着色的氧化膜。因为热水会使色彩流色，封闭的效果也不理想。如果 pH 大于 6.5，容易产生“碱蚀”。水温如果接近沸腾，水化作用比较彻底，其性能较好。热水封闭的用水要求见表 15 - 20。

表 15 - 20 热水封闭的用水要求

杂质	硫酸根离子	氯离子	硅酸根离子	磷酸根离子	氟离子	硝酸根离子
允许量(mg/L)	小于 250	小于 100	小于 10	小于 5	小于 5	小于 50

15.9.3 氧化膜用水蒸气封闭

水蒸气封闭效果比热水封闭好，成本略高。装饰性阳极氧化膜封闭大都使用水蒸气封闭。氧化后需要染色的铝制品，用水蒸气封闭可以避免染料流色。其工艺条件如下：

压力：0.098～0.294 mPa；

时间：20～30 min。

15.9.4 氧化膜用铬酸盐封闭

氧化膜用铬酸盐封闭常用于防护性阳极氧化膜的封闭。这种方法的实质是填充、水封闭双重作用。铬酸盐或重铬酸盐与氧化铝化学反应，生成的碱式铬酸铝或碱式重铬酸铝填充了铝氧化膜的孔，所以封闭后的氧化膜呈黄色；另外，热水与氧化铝生成水合氧化铝起了封闭的作用。这种封闭的工艺规范见表 15 - 21。

表 15 - 21 氧化膜用铬酸盐封闭的工艺规范

名称及单位	配方 1	配方 2
重铬酸钾(g/L)	40～70	
铬酸钾(g/L)		50
温度(℃)	80～95	80
时间(min)	10～20	20

注：

①封闭前工件必须清洗干净，包括清洗工件的孔、缝，防止残留在工件表面的硫酸带入铬酸

封闭液中。硫酸根的含量积累到 0.2g/L 时，氧化膜填充后的颜色会变淡、发白，影响透明度。如果硫酸根积累过多，要用碳酸钡沉淀除去。

②铬酸盐具有强氧化性，这种方法不适用于有机染色后的氧化膜封闭。在高温下，氧化能力更强，会造成氧化膜色泽的不确定性变化，变淡、变白，等等。同时还需要有机染料的抗氧化性能。

15.9.5 氧化膜的水解盐封闭

氧化膜的水解盐封闭是利用盐的水解，生成氢氧化物沉淀（沉淀往往携带水分子）于膜孔中，填充并封闭了氧化膜。这些氢氧化物是无色的，因此适用于染过色的氧化膜封闭，它不会影响氧化膜的色泽，而且它和有机染料还会形成络合物，从而增加了染料的稳定性、耐晒度。因此，这种方法得到广泛的应用。常用水解盐封闭溶液的工艺规范见表 15-22。氧化膜还有其他很多方法封闭，可根据需要选择使用。

表 15-22　常用水解盐封闭溶液的工艺规范

名称及单位	配方 1	配方 2	配方 3
硫酸镍(g/L)	4～6	3～5	
硫酸钴(g/L)	0.5～0.8		
醋酸钴(g/L)			1～2
醋酸钠(g/L)	4～6	3～5	3～4
硼酸(g/L)	4～5	3～4	5～6
温度(℃)	80～85	70～80	80～90
pH	4～6	5～6	4.5～5.5
时间(min)	10～20	10～15	15～25

注：要用去离子水配制溶液；使用过程中要注意调整 pH(用醋酸或氨水)；要适量补充所用的盐。

15.9.6 避免电流突然上升

在铝氧化生产过程中，有时会出现电流突然上升，这一现象值得注意。铝氧化生产有的工艺要求电压比较高。电流突然上升使工件氧化膜被电流击穿。这时应该立即关闭电源，检查出被击穿的工件，另行处理。为避免这种现象发生要注意以下几点：

(1)工件装夹要牢固，要有足够的接触面积。

(2)工件之间的间距要恰到好处，太近容易发生这种现象。

(3)工件不可带电进槽、出槽，不要随意增大电压。

(4)使用的挂钩要事先进行退膜处理,避免膜电阻过大,引起电阻热。

15.9.7 铝及铝合金氧化的后处理

铝及铝合金后处理时应注意:

(1)要用热水冲洗,温度以 40～50℃为宜。温度太高氧化膜色泽变淡,不鲜艳;冷水冲洗老化效果不好。热水冲洗时间在 1min 以内,时间过长膜会减薄,色泽变淡、不鲜艳。

(2)热水冲洗后要自然晾干。让水自然流下来,然后用清洁的毛巾吸去水滴。千万不要用脏毛巾擦水。

(3)老化氧化膜。可以在日光下晒,也可以在 40～50 ℃温度下烘烤 10～15min。

(4)不合格的工件在老化前应先挑选出来,然后上阳极氧化挂具,在硫酸阳极氧化溶液中处理 3～5min,然后再用碱液中和、清洗、用硝酸出光,重新再进行阳极氧化处理。

第十六章　电镀生产中应该重视的问题

随着科技水平的不断发展，电镀早已摆脱了落后的生产面貌。全自动化的设备、封闭的电镀生产线、配套的辅助设施、光亮剂和添加剂的引进、去离子水的使用、先进的电镀电源、可靠的“三废”治理设备等，得到了普及。但是必须看到，发展是不平衡的，有些地方还跟不上时代的脚步，很多因素仍还影响着电镀的品质，本节把这些方面的问题列举出来，以期引起重视。

第一节　电镀用水

16.1.1 水质对电镀的影响

电镀企业用水分两个部分：配制溶液用水和工件清洗用水。水质的好坏对于电镀工艺的稳定、镀层的内在质量和产品外观有着重大的影响。一方面水中的杂质污染了电镀溶液；另一方面水中的脏物污染了零件。水质的不良影响就是通过这两条途径造成的。

现在大部分电镀用水是自来水，也有一部分用井水、河水。水中一般含有钠离子、钙离子、镁离子、铁离子等阳离子，以及氯离子、硫酸根离子和碳酸根等阴离子，还有有机物，甚至会有微生物、藻类等动植物。一般来说，可溶性固体的总量在200～700mg/L，井水、河水还不止这些。为了自来水的灭菌，常常使用氯离子，因此水中氯离子常常在200～300mg/L，各地水的pH也不尽相同。水中这些杂质对各种电镀溶液的影响是不一样的。

钙离子、镁离子会造成氰化物镀铜、硫酸盐镀镍、氰化物镀银、氰化物镀锌、碱性镀锡镀层粗糙，产生沉淀；镁离子会降低镀铬的分散能力；钠离子也会降低镀铬的分散能力，现在有数据表明钠离子还会导致镀镍层发脆；铁离子的影响就更大了，这在以上不少章节都有详细的说明。氯离子的影响也是很大的，这些影响在以上章节也谈过。

同样，水中有机物的影响是不可忽视的(包括动植物)。它们会将六价铬还原成三价铬，会造成氰化物镀铜、硫酸盐镀镍时出现针孔，会造成硫酸盐镀镍、氰化镀银镀层产生条纹，会使镀镍层发雾、发花。

电镀用水还常常造成镀层出现水痕，还会影响镀层抗腐蚀性。对镀层要求高的行业，对水质有明确要求。例如，航天航空工业对水质的要求就非常高：氯离子小于 12mg/L，二氧化硅小于 3mg/L，总固溶物不得超过 500mg/L。随着产品的档次不断提高，应该越来越重视电镀用水的影响。

16.1.2 电镀对水质的要求

配制各种镀液的用水，不同镀种要求不一，不同行业要求也有不同。

电镀金、银、铂、铑、钯等贵金属时，一般都用纯净水。这些金属价格很贵，溶液用水不多(一般槽体积不大)，犯不着因为少量用水，造成电镀故障。铝氧化、酸性光亮镀铜一般都用去离子水。镀铬也建议用去离子水，有的地区水质很硬，沿海地区氯离子比较高，自来水不适合配制镀铬溶液，镀铬用去离子水配制溶液，可以不必担心有机物的还原作用，因为溶液中需要一定量的三价铬。一般来讲，硫酸盐光亮镀镍、各类镀锌、镀锡、氰化物镀铜都可以用自来水配制溶液，我国的自来水(有国标)可以满足工艺要求。

有时清洗水的要求是很高的。一般的漂洗水用自来水没问题，但是有的工艺对入槽水要求比较高，有的工艺对最后一道漂洗水要求很高。现在电镀漂洗水的好坏常常用电导来表示，但电导只能表示水中导电离子浓度，不能说明水中非导电物质的情况，比如说有机物的多少。而有机物恰恰会影响镀件表面的水痕、水迹。对于要求很高的用水，如镀银、镀金的最后用水，仿金的最后用水，产品不能有一点水痕、水迹，应将去离子水再经过活性炭处理后使用。不仅要除去水中的导电离子，也要除去水中的有机物，这样的水才足够纯净(市售纯净水不一定可靠)。航空航天工业用水水质标准见表 16－1。实际操作中应根据客户的要求、根据镀层的需要，选择用水标准。

表 16－1　航空航天工业用水水质标准

指标名称	单位	水的类别		
		A	B	C
电阻率	Ω·cm	大于 100000	大于 7000	大于 1200
总可溶性固体	mg/L	小于 7	小于 100	小于 600
二氧化硅	mg/L	小于 1		
氯离子	mg/L	小于 5	小于 12	
pH		5.5～8.5	5.5～8.5	5.5～8.5

注：一般自来水可以达到 C 级水标准。

16.1.3 水质影响电镀品质的案例

1. 案例 1

上海地区有一企业电镀一种产品，有两种工艺。第一种：镀铜(硫酸盐光亮镀

铜)—镍(光亮镀镍)—铬;第二种:镀光亮镍—黄铜—浸清漆。两者都省去了前处理,用普通镀镍预镀,用的都是自来水,最后一道都是用沸腾自来水烫浸,然后甩水机甩干。前一种工艺大部分时间没事,但是黄梅天或者海水倒灌时就会有水迹,甚至有时放置数天还有点蚀(黄色铁锈)。后来在水中加入少量的表面活性剂,这种现象基本没有了。黄梅天再放入少量三乙醇胺,就从来没有出现点蚀现象。后一种工艺,平常也没事,但是黄梅天或者潮湿闷热的气候,就会有泛色,发雾的现象。用沸腾纯净水可以基本解决问题。如果将清漆水浴加温至 50℃,则成品清亮,没有一点雾痕,也不会泛色。

分析发现,黄梅天、闷热的天气都有利于有机生物的生长,这些有机物吸附在零件表面形成水痕、水迹,容易造成上述弊病。至于海水倒灌,产生点蚀,一定是水中氯离子过高造成的。后利用表面活性剂不让氯离子滞留吸附,点蚀现象得到缓解,再放入具有缓蚀作用的三乙醇胺问题就彻底解决了。

2.案例 2

太仓地区有一企业在每年四、五月份,产品镀层时常出现不规则条纹,有些条纹发雾,有的条纹凸起。该单位电镀工艺是:预镀普通镍—酸性光亮镀铜—光亮镀镍—仿金—上清漆,使用的水是自制自来水(即用河水抽到水塔,经砂过滤)。这种现象时有出现,有时更换所用漂洗水无效;有时却有效。有时有效几天,不规则条纹又出现了。技术人员反复摸索,找不出原因,过了几天却自然好了。再过几天,这种现象又出现了。

案例中水是刚刚更换的,很清,无异样气味,饮用也无怪味。预镀镍很薄,没有什么问题。但硫酸盐光亮镀铜只镀 7～8min,就可以隐隐约约看见条纹出现。大致判断是水质问题,怀疑水中有有机物,因此进行以下试验:

(1)预镀镍前用的活化液,多加点硫酸,并且不清洗,入预镀镍槽,无效。说明酸解决不了问题。(碱当然不行,因为没有活化)

(2)在预镀前的最后一道水中,加入 2mL/L 的双氧水,情况有所好转。说明氧化剂有一定作用。但考虑到双氧水过多带入预镀镍溶液不合适,不宜更多加入。放弃该方法。

(3)在预镀前的最后一道清洗水中加入 2g/L 氰化钠,不清洗,换用仿金溶液预镀。结果显示有效,说明不规则条纹是河水中的有机物(多数是微生物)污染造成。决定用氰化钠溶液活化,然后用蒸馏水浸洗,再浸入蒸馏水配制的稀硫酸活化,入槽预镀普通镍,以此维持四月至六月的生产。过了六月,再恢复以往工艺流程,仍然用自制自来水漂洗,一切正常,说明是每年这个季节河水中微生物大量滋生,而引起的故障。

3.案例 3

沿海地区有一企业用当地山水配制硫酸光亮镀铜溶液,平时加料也用山水,多年平安无事。后来山水短缺，不得不用当地自来水配制硫酸盐光亮镀铜溶液。但镀出产品有细磨砂、发雾，低电流密度区光亮范围明显缩小，无法正常使用。又看了镀出的试样，检查了磷铜阳极，发现磷铜板上面有一层白膜，由此确定是溶液中氯离子过高。但是企业技术人员说，用的自来水已经加过 0.5g/L 锌粉。显然因为氯离子太高，锌粉不够。考虑到如锌离子过高，也会影响低电流密度区光亮范围，决定用 CH—W 特效去氯剂进行处理，效果明显，顺利解决了问题。

16.1.4 铝及铝合金氧化对水质的要求

铝及铝合金对水质的要求很高，通常工业用水所含杂质较多，不能满足氧化、封闭、涂漆等工艺的要求。工业用水与铝氧化工艺用水，它们的杂质含量差别很大，详见表 16-2。

表 16-2　工业用水与铝氧化工艺用水杂质允许量

项目	铝氧化工艺用水	工业用水
氯离子(g/L)	<0.1	1.75
硫酸根(g/L)	<0.1	5.0
电阻率(Ω·cm)	3×10^5	1.4×10^3
pH	5.8～6.6	7.0

前面章节已经谈过水质对铝及铝合金氧化工艺的影响。强调要用纯水配制各种溶液，以延缓着色溶液、染色溶液的老化；要用纯水封闭氧化膜孔隙，提高封闭效果；配制电泳涂漆更要用纯水，以延长电泳漆的使用寿命。

铝氧化对水质的要求一向很高，航空航天企业铝氧化时对水质的要求更高。上海有一家企业在用重铬酸钠封闭中，因为使用时间长，温度高，溶液不断蒸发，溶液中阳离子、阴离子的积累渐渐超过用水指标，造成对封闭质量的影响。经查证，槽液中金属离子虽有影响，但是主要影响是阴离子，是水中的硅酸根离子对耐腐蚀性影响最大。技术人员测定了氧化铝对水中各种离子的吸附，结果如表 16-2。

表 16-2　氧化铝对水中各种离子的吸附

吸附条件			吸附后被吸收量(mg/g,氧化铝)				
温度(℃)	时间(min)	pH	重铬酸根	硫酸根	氯离子	硅酸根	镁离子
95	22	4.5	0.04	0.11	0.27	0.47	0.00

从上表可见，硅酸根的吸附势最大。可溶性硅酸在高温溶液中存在溶胶或凝胶两种状态。硅酸根对氧化膜具有较大的吸附势，对耐腐蚀性影响很大。因此，在飞机工艺规范中明确规定，一定要采用不含硅酸盐的清洗液。

16.1.5 电镀过程中的水洗

水洗是电镀过程中很重要的部分，水洗的好坏影响溶液的杂质含量、电镀工艺的稳定性、电镀产品的质量，以及电镀产品的外观。水洗不仅仅要注意水质，还要注意方法。水洗的方法有多种多样，主要的方法有：

1. 单元水洗

将一组清洗作为一个单元。单元水洗有：①浸洗。清洗水不流动，常常用于回收性质的清洗。②漂洗。清洗水流动，一般常常在回收浸洗后应用这种方法。③喷淋清洗。④气雾清洗。后两种清洗一般不单独使用，常常同漂洗结合起来使用，用水比较节省。

2. 多级清洗

多级清洗包括：①多级浸洗。②多级漂洗。③逆流漂洗。④间歇逆流漂洗。⑤多级喷淋或者多级气雾清洗。⑥逆流喷淋或者气雾清洗。

实际操作时常常将各种清洗方法组合起来使用。这样既能清洗干净，又能节约用水，如浸洗—逆流漂洗；浸洗—逆流漂洗—喷淋清洗等。

16.1.6 电镀水洗的效率

常常从两个方面看水洗的效率：一个是从整个水洗过程看水洗效率；另一个是从一次清洗看水洗的效率。影响清洗效率的因素很多，主要有以下几个方面：

(1)零件的形状和表面状态。零件若有盲孔、凹坑，或者铸件表面多孔，对清洗效果的影响很大，有必要采用特殊手段。

(2)零件的悬挂方式，是否能有利于附着水快速流下来。

(3)清洗水的流动方式，如果清洗时使用空气搅拌，清洗效率可提高很多。

(4)带入液的浓度和性质。溶液的黏度、表面张力、密度等因素都会影响清洗的效率。

(5)清洗的时间、清洗的级数、清洗水的温度，这些因素会影响清洗效率。

(6)零件表面带出的溶液量，包括自动线带出零件后，在空中停留时间的长短，都会影响清洗效率。

理想状态是：零件上的污物全部被清洗干净；或者能保持基本平衡，就是零件带出的污物，正好被流去的水全部带走。

16.1.7 提高清洗效果的方法

既要节约用水，又要提高清洗效果，可以参考以下方法：

(1)合理正确地悬挂零件，如零件大面积的部位与液面尽可能垂直。

(2)在注意防范零件镀层表面钝化的前提下，尽可能在镀槽上方多停留一些时间。最好能停留 10s。一般 10s 以后带出量趋于稳定(镀铬后可以采用,对节约铬,减少六价铬废水治理负荷都有好处)。

(3)如果是滚镀,可适当加大滚筒孔径、增加孔数,增加滚筒在镀槽上方转动的时间。

(4)如果零件挂得很牢,挂镀也可以震动挂具。

(5)必要时需增加回收槽,如镀铬之后。

(6)用喷淋、气雾等方法清洗零件,减少带出液的浓度。

(7)印制板,线材电镀还可以用夹棍等擦去零件表面的溶液。

(8)设法降低镀液的黏度和表面张力。

(9)水洗槽使用空气搅拌,或零件在水洗槽作相对移动,都可以提高水洗效果。使用空气搅拌已经得到广泛的认可。使用超声波清洗,虽然成本较高,但是效果非常好,对于有细密孔缝的零件清洗是必要的。

(10)有的清洗槽可以考虑加温,增加零件表面物质的溶解度,尤其在气候寒冷的季节,如除油槽后的第一道水洗。

以上方法可根据具体情况选择使用。

第二节　电镀后的防护干燥处理

16.2.1 电镀后的防护干燥处理

电镀后的防护干燥处理,是很重要的一个环节。电镀好的产品,若不注意防护干燥,在使用中很快就会出现锈点、泛色,甚至在仓储时就已经暴露出来了。

防护干燥处理一般要有三个步骤:第一,使电镀件表面有致密的转化层(钝化层或氧化层);第二,清洗后干燥;第三,涂覆合适的膜层(通常是有机膜)。这当然要具体问题具体对待,如外表层为镀铬、镀镍的产品,表面本身就有一层致密的氧化层,一般不必专门再钝化(也有单位要求再钝化的,有的镍层放置时间长了会发黄,所以要进行钝化)。这类产品也不必涂覆其他膜层。而像镀仿金、镀银的产品,这三个步骤一个也不能少。不同的镀层表面的处理方法不一样。不同客户要求也各不相同。本节根据经验,列举一二,供大家参考。

16.2.2 钢铁零件电镀最外层是镍、铬的产品如何防护干燥

这类产品所用的电镀工艺通常有两类:一类是预镀(预镀镍或者预镀氰化镀铜)—硫酸盐光亮镀铜—光亮镀镍—镀铬(通常称之为:铜—镍—铬);另一类是半亮镍—光亮镀镍—镀铬(或者多层镍—镀铬,也有的产品不镀铬)。这两种工艺最外表的镀层是镍或铬,都属于阴极性镀层。就是说如果发生腐蚀,无论是化学腐蚀

还是电化学腐蚀，首先腐蚀的会是基体——钢铁（如果双层镍，因为含硫的不同，电化学腐蚀电池的阳极往往是含硫高的镍层，基体钢铁被半光亮镍层阻挡），零件表面锈蚀现象是产品出现黄色锈点。镍或铬都是容易钝化的金属，产品镀出来后很快就会在表面生成一层致密的氧化膜。这层氧化膜的防护作用，通常能够满足客户的要求。但如果客户有更高的要求，如镍不能有一点点的变色、不能泛一点点黄色等，可以在稀碱性溶液中进行中和处理（中和除掉镀镍溶液残留在产品孔、缝中的酸性物质），再用重铬酸钾溶液（30～50g/L）钝化，然后清洗干净，浸防锈的沸腾水，用离心机甩干（适用于垫圈之类非平面或非碗形小零件），也可以浸防锈沸腾水之后，用木屑—烘干机、烘干。防锈水可以自制，可通过在偏碱性的水中加亚硝酸钠 10～15g/L 来制作；更好的防锈水，要用三乙醇胺代替亚硝酸钠，一般用量为 6～10 mL/L。

现在有 CH－D 电解保护粉，不必浸碱性溶液、钝化两步走。（碱性溶液）也可以在不通电的情况下浸泡数秒代替之。这种钝化效果比用重铬酸钾钝化好得多，若能电解当然效果更好。

16.2.3 钢铁零件电镀最外层是黄铜（仿金）的产品如何防护干燥

这类产品最外层是黄铜。黄铜是铜和锌的合金，一般铜占 70%，锌占 30%。在受到腐蚀时，通常先表现出泛色（棕色或黑棕色），还常常伴有锈点（黄棕色）。实质上是先有锌微粒的腐蚀（没有完全成为固溶体合金的锌微粒），慢慢又伴有基体的腐蚀。在黄梅天或者闷热潮湿的季节，这种现象很容易出现。

防范这种现象要注意四个环节：第一，电镀黄铜的工艺要靠谱。有的配方不成熟，镀出的黄铜色泽不均匀，电流大的部位有点青白，电流小的部位有点暗红，甚至黄铜层有条纹状发雾。这类黄铜层，没有形成固溶体合金，很容易泛色。第二，水质要好（电镀仿金更是如此）。黄铜镀出来，水质不好，清洗时就容易变色。第三，钝化要好。钝化是形成转化膜（氧化膜）的工艺。钝化好，则氧化膜致密，可以防止泛色反应发生。现在先进的钝化是在电解条件下进行的，可生成致密的氧化膜，并且有有机膜双重保护（例如 CH－D 电解保护粉）。第四，干燥要好。对于比较小的零件，可以用沸腾水浸泡，离心机甩干，再用木屑—烘干机烘干。在黄梅天上有机膜时（上清漆），有必要将清漆水浴加温至 40～50 ℃。

如果是镀黄铜（或仿金）的大件，前面三个环节一样，最后一个环节应该是：用纯净水清洗，再用热纯净水（温度不必太高，50℃左右）浸泡 2～3s，垂直悬挂，用热风吹干，工件的底部可以用清洁的毛巾（不起毛的毛巾）吸干。注意吸干工件孔、缝中的水。然后预热，干燥后喷清漆。

16.2.4 钢铁氧化膜的防护干燥

钢铁经过“发黑”或者“发蓝”，生成的氧化膜具有一定的防腐蚀性能，但是这种性能不够高，还必须经过油封处理。这类氧化膜的防护干燥处理显得尤为重要，应先将表面清洗干净，用50g/L的铬酸，在60～80℃下浸泡2～3min，目的是完全去除碱的残留物；清洗干净后，再在90～100℃的3%～5%肥皂水中浸泡1～2min进行钝化处理。这时就需要彻底干燥，如果干燥不彻底，接下来进行的油封，会把水膜包裹在油膜之下，水份就无法挥发了。水会与氧化膜起作用，将其腐蚀，出现红锈。油封用油，可以用变压器油、机油，或者锭子油，在105～120℃浸泡3～5min。油封时钢铁件最好要常常翻动，以保证孔、缝都浸入油。油封的操作：使用前先将油加温到120℃，将吸附在油里的水份赶走。油温不能太低，否则油的流动性差，孔、缝中不容易渗入，工件表面的吸附水（如果还有的话）也不容易赶走；油温过高也没有必要，反而不利于清洁生产。油的酸值应大于0.35mg/L，或者有腐蚀性时，必须更换。平时应将油槽盖好，保持清洁。

16.2.5 对于电镀后转化膜的讨论

电镀层防护很重要的一点是，电镀层表面要有一层比较稳定的转化膜。

电镀最外层的金属常见的有四类：第一类是化学稳定性很高的金属，如镀金、镀钯、镀铂、镀铑，这一类零件镀好之后主要注意水质，没有水迹，干燥就可以了。第二类是镀后立即产生致密氧化膜的金属，如镀镍、镀铬，这类产品根据客户的要求，一般没有水迹，干燥就可以了。但在黄梅天、闷热潮湿的季节，要注意做好防锈处理。有客户要求的前面加一道钝化，防止镍的颜色有所变化。第三类是容易变色的金属，如铜及铜合金、银及银合金、锌及锌合金、锡及锡合金，这类产品必须经过转化膜钝化或者氧化（严格意义上说钝化也是氧化）或者用有机物做转化膜。有的镀银防变色剂，用的就是有机物。第四类是铝及铝合金，氧化工艺的目的就是要使其表面生成一层致密的、有一定厚度的氧化膜。对于这个问题上面章节已经讨论的比较充分了。大多数金属镀层通过转化膜的保护，提高了抗腐蚀性，提高了其他的性能。

16.2.6 电镀后的干燥

电镀后的产品有了转化膜或者有了稳定的表面，接下来分为两种处理：一种是干燥，另一种是干燥后上电泳漆或者上清漆，再在适当的温度下烘干就行了。前一种的干燥值得讨论。

仔细研究发现，电镀后镀层的干燥是分为两步进行的：第一步除去镀层表面的游离水；第二步再除去镀层表面的吸附水。干燥的关键前提是水质要好。对于水

质的讨论见前面的章节，这里主要讲干燥。

干燥的方法很多：①有的用干净的毛巾吸一下，放在通风良好的地方晾干。只要工件清洗彻底（包括孔、缝处全部清洗彻底），风源清洁就没有问题（要注意毛巾的清洁，每次用后洗干净，最后要用纯净水漂洗，晾干）。实践中常常有企业把镀好的产品放在日头下晒，效果挺好，经济实惠。②有的就用热水烫，再用吹热风的离心机甩干。这种方法对有的镀层要注意控制热水的温度，防止水温太高，造成转化膜变色。③对于形状复杂的小零件干燥，可用热水烫，离心机甩干，再用拌木屑一烘干机烘干（热木屑从下往上翻动，小零件从上往下滚动。两者充分接触。下面安装烘干供热设备）。④也有一些企业使用切水剂（一种表面活性剂）除去镀层表面的水。这种方法目前也较为常见。使用切水剂时，要上漆的产品可以参照黄铜、仿金镀层的办法进行后处理。

第三节　镀液的过滤

一般来说，企业应该配置一到二台板框式过滤机，配置若干台滤芯式过滤机。

板框式过滤机用于镀液的大处理（翻缸时使用）。这种过滤机流量大，每次过滤只要清洗管子、板框，更换过滤纸就可以使用，不容易造成溶液的交叉污染。

需要循环过滤的镀液，每槽最好配置一台滤芯式过滤机。过滤机的流量应该配置每小时能够循环过滤 5～6 次镀液。要选用耐空转、自吸力强、不用反复引液、噪声低的过滤机。过滤机的管道可以使用固定硬塑管，过滤芯要耐酸、耐碱。

新的过滤芯使用时，应先用温水浸泡，除去滤芯中溶于水的有机物；再用稀碱溶液浸泡，除去溶于碱的有机物；清水洗净；再用稀硫酸浸泡，除去残留碱，除去溶于酸的物质；再清洗干净。

在使用中，如发现压力升高，流量明显减少，每小时只能循环 1～2 次溶液，就应该在下班时，清洗滤芯或更换备用滤芯。

用于不同镀液的过滤芯，清洗后要分开放好，不得窜用，更不能错用。用于同一种镀液的滤芯可以放在一起共用。过滤芯要清洗干净，存放时注意不要被污染，尤其是要防止油污、防止表面活性剂、防止灰尘污染。

第四节　不良镀层的退除

在电镀生产过程中，产生不良镀层是难免的。除去不良镀层、重新再镀是常有的事。除去不良镀层、而又不能损伤零件基体，就要选择合适的退镀方法。

16.4.1 铁或铝基体上锌镀层的退除

1.铁基体

方法一:硫酸180~259g/L,或盐酸200~300g/L;室温;退尽为止。如果镀层中夹附较多有机物(添加剂及其分解产物),会产生大量泡沫,则可在盐酸中加入1%~2%硝酸,起到氧化消泡作用。在盐酸中退除后,有时基体上会有一层黑灰,可在电解除油槽中放在阳极上除掉。

方法二:氢氧化钠200~300 g/L,亚硝酸钠100~200 g/L,温度在100~120 ℃,退尽为止。

2.铝基体

硝酸30%,室温;退尽为止。

弹簧零件、高强度钢零件,在碱性溶液中退除为好,可以避免渗氢和镀件的氢脆现象。

16.4.2 铁或锌合金上铬镀层的退除

1.铁基体

方法一:盐酸50%,水50%,H促进剂15~20g/L;温度50℃;退干净为止。

方法二:氢氧化钠(或碳酸钠)50~70 g/L;室温;阳极电流密度:5~20A/dm^2,阴极挂铁板,退尽为止。

方法三:铜、镍、铬镀层一次性退除,用硫酸(用水稀释至密度为1.42~1.45)1L,三氧化二砷2~3 g/L(用适量盐酸溶解),阴极挂铅板,阳极电流密度2~3 A/dm^2,温度控制在35~45℃,电解7~10min,可退除30μm。

2.锌合金基体

方法一　硫化钠30 g/L,氢氧化钠20 g/L,阳极电流密度3~5A/dm^2,阴极挂不锈钢板,室温,退尽为止。

方法二　锌合金镀镍,碳酸钠50g/L,温度20~35 ℃,阳极电流密度2~3A/dm^2,用去离子水配制,退尽为止。

16.4.3 铁基体上铜及镍镀层的退除

铁基体上铜及镍镀层的退除方法有:

方法一:间硝基苯磺酸钠70g/L,氰化钠70g/L,温度控制在80~100℃,退尽为止。

方法二:铬酐350~500g/L,硫酸铵80~100g/L,室温,退尽为止。

方法三:氰化钠90g/L,氢氧化钠15g/L,电压6V,阴极用不锈钢板,室温,退尽为止。

方法四：铬酐 250g/L，硼酸 25g/L，碳酸钡 5g/L，室温，阳极电流密度 5～7A/dm^2，阴极挂铅锡合金板，退尽为止。

16.4.4 铝、铁或锌合金基体上铜镀层退除

1. 铝基体

方法一：硝酸 650g/L，室温，退尽为止。

方法二：硫酸 650g/L，甘油 50g/L，阳极电解退除。

2. 铁基体基体

方法：浓硝酸加数滴盐酸，边退边看，退尽为止。

3. 锌合金基体

方法：硫酸 1 份，硝酸 1 份，加少量水，边退边看，退尽为止。

4. 镍基体

方法：多硫化铵 75g/L，氨水 310mL/L 室温，退尽为止。

5. 锌合金基体

方法：硫化钠 125g/L，电压 2V，室温，阴极挂不锈钢板。退尽为止。

16.4.5 铜或铁基体上锡镀层的退除

1. 铜基体

方法一：氢氧化钠 50～160g/L，阳极电流密度 1A/dm^2，温度控制在 60～70℃，退尽为止。

方法二：盐酸 80g/L，硫酸铜 150g/L，三氧化铁 150g/L，室温，退尽为止。

方法三：三氯化铁 70～105g/L，硫酸铜 135～158g/L，乙酸(50%)30～50g/L，室温，退尽为止。如果溶液失效，可以用双氧水再生。

2. 铁基体

方法：醋酸铅 160g/L，氢氧化钠 270g/L，两种溶液混合，室温，退尽为止。

16.4.6 铜或铁基体上镍镀层退除

1. 铜基体

方法一：硝酸 1 份，饱和三氯化铁溶液 2 份，室温，每分钟大约退 2～5μm，退镀零件不得带水分。

方法二：乙二胺 150～200g/L，硫氰酸钾 0.5～1g/L，间硝基苯甲酸 55～75g/L，温度控制在 80～100℃，退尽为止。

方法三：硫酸 70g/L，间硝基苯磺酸钠 70 g/L，温度控制在 70～80℃，退尽为止。

2. 铁基体

方法一：间硝基苯磺酸钠 50～75 g/L，氰化钠 60～75 g/L，柠檬酸 8～12 g/L，温度控制在 85～95℃，退尽为止。

方法二：铬酐 250～300g/L，硼酸 25～30g/L，阳极电流密度 5～7A/dm^2，室温，阴极挂铅锡合金板。此配方也可以用作化学退镀，但铬酐中的硫酸要用碳酸钡除去，否则效果不好，注意不要用铜挂具。

方法三：磷酸 3 份，三乙醇胺 1 份，温度控制在 65～75℃，阳极电流密度 5～10 A/dm^2，阴极挂不锈钢板。

16.4.7 铜或铁基体上低锡合金层退除

1. 铜基体

方法：硫氰酸钾 0.1～0.5 g/L，硫酸 90～100 g/L，温度控制在 80～100℃，退尽为止。

2. 铁基体

方法一：硝酸 1L，氯化钠 40g，温度控制在 60～70℃，水不能带入槽内，温度不能超过工艺范围，否则容易造成过腐蚀。

方法二：三乙醇胺 60～70g/L，氢氧化钠 60～75g/L，硝酸钠 15～20g/L，温度控制在 35～50 ℃，阳极电流密度 1.5～2.5 A/dm^2，阴极用不锈钢板。此配方尤为适用于滚筒退镀。

16.4.8 铁基体上铁镍锌三元镀层退镀

方法：间硝基苯磺酸钠 100g/L，硫酸铵 100g/L，氨水 200mL/L，温度控制在 60～70℃范围，退尽为止。

16.4.9 铝、铜、铁基体上金镀层退除

(1)铝及铝合金基体：硫酸 6 份，水 1 份(体积比)，阳极电解，退尽为止。

(2)铜基体：硫酸 6 份，乳酸 0.6 份，浸泡，退尽为止。

(3)铁基体：氰化钠 75～95g/L，氢氧化钠 6～12g/L，阳极电解，退尽为止。

16.4.10 铜、镍、锡、铝、锌基体上银镀层退除

1. 铜基体

硫酸(密度 1.84)1000mL/L，硝酸钠 100g/L，温度控制在 70～80℃范围，每秒大约可退除 1～2μm。退尽为止。要防止水带入槽内。否则容易产生过腐蚀。

2. 铝、锌合金基体

硝酸 1 份，水 1 份(体积比)，室温，退尽为止。

3.铁、镍、锡基体

氰化钠 25～35 g/L,双氧水适量,室温,退尽为止。

16.4.11 镍磷镀层的电解退除

方法:硝酸铵 100 g/L,氨三乙酸 40 g/L,六次甲基四胺 20g/L,pH 为 6,室温,阳极电流密度 5～10 A/dm^2,5min 可以退 1～1.5μm。

16.4.12 锌合金基体上铜、镍、铬镀层的退除

1.退铬

方法:碳酸钠 100g/L,室温,阳极电流密度 5～10 A/dm^2,阴极挂不锈钢板,一般 3～5min。退尽为止。

2.退铜和镍

方法:硫酸 800～950 g/L,室温,阳极电流密度 5～8 A/dm^2,阴极铅板,10～45min,退尽为止(可以使用抑雾剂,如平平加 0.2～0.5 mL/L)。

16.4.13 镍、铁合金镀层的退除

1.配方

间硝基苯磺酸钠:70～100g/L;

焦磷酸钾:140～160g/L;

乙二胺:140～160g/L;

盐酸:100～120g/L;

温度:80～100℃;

时间:5～30min。

2.特点

(1)退除能力强;

(2)退除镀层后能保持基体原有光洁度,不会过腐蚀;

(3)退除镀层均匀,尖端不会过腐蚀,凹部不会退不尽;

(4)成本低;

(5)操作简便。

16.4.14 电镀挂具不锈钢挂钩上铜镍铬镀层的一次性退除

1.配方

硝酸铵:60～100g/L;

氯化钠:20～25g/L;

三乙醇胺:80～120g/L;

pH:7.5～8.5;

温度:35～50℃;

阳极电流密度:10～20A/dm^2。

2.成分讨论

(1)硝酸铵是镀层电解溶解的促进剂;同时对不锈钢挂钩有一定的抑制溶解作用;如果硝酸铵不好买,用硝酸钾或者硝酸钠也可。

(2)氯化钠帮助镀层的电解溶解,也有导电作用,过高浓度容易腐蚀不锈钢挂钩。

(3)三乙醇胺是钢铁,不锈钢挂钩的缓蚀剂,也是溶解下来的金属离子的络合剂,有利于金属镀层的溶解。

(4)pH 过高或者过低都会影响不锈钢挂钩的腐蚀,pH 在 7.5～8.5 时电解溶解镀层速度平稳,又不会腐蚀不锈钢挂钩。

(5)温度的过高过低也会影响不锈钢挂钩的腐蚀,温度宜在 35～45℃,由于电解时容易升温,50℃对不锈钢的腐蚀影响并不大。

(6)过高的阳极电流密度会加快镀层的退除,但是也容易腐蚀不锈钢挂钩,并且造成溶液升温过快。

3.注意事项

(1)溶液升温较快,最好配备冷却装置。

(2)使用一段时间需要除去槽底的沉淀。否则溶液容易增加黏度,增加电阻,甚至会老化,退镀效果降低。

(3)产生的废水需要破络合,进行治理。

第十七章 电镀用抑雾剂

第一节 电镀抑雾剂简介

17.1.1 电镀使用抑雾剂的由来

在电镀生产过程中，会产生气体，气体在冒出液面时，会将溶液的微粒带出来，损耗镀液，污染环境；溶液微粒还会随风飘散污染其他镀液。人们找到了抑雾剂，用来克服或减少这种现象。

电镀生产过程中的气体主要是从两方面产生的：一方面是零件酸洗时产生的，比如钢铁零件浸盐酸或者硫酸，会产生氢气；退镀次品镀层用硝酸，会产生一氧化氮、二氧化氮气体，等等；另一方面在电镀时，因为阴极、阳极的电流效率都不能达到100%，阴极上就会有氢气析出，阳极上就会有氧气析出。这些气体带出溶液的微粒，造成电镀的废气污染。这里特别要提出的是镀铬和氰化物镀种。镀铬的阴极效率很低，大部分的电流都用于氢离子的放电，产生大量氢气，阳极又是用的不溶性阳极，几乎都是氢氧根放电，产生氧气。电流的大部分都是在产生气体，带出大量的铬雾。既污染了环境，又浪费了铬资源，还会污染其他溶液。氰化物电镀的阴极效率是比较低的，一般在70%左右，阴极也会产生较多的氢气，带出的含氰气体，危害操作人员的身体健康。抑雾剂可以改善这种状况，阻挡了气体的逸出，溶液的带出也大大减少了。

17.1.2 抑雾剂的简单原理

电镀用的抑雾剂靠泡沫层抑雾。在使用中必须有气体产生，才有抑雾剂发泡的条件。对于盐酸、二氧化氮、硫化氢等挥发性气体，或水蒸气，由于没有气体产生，不存在发泡条件，抑雾剂是无法起抑制作用的。

抑雾剂通常都是表面活性剂。表面活性剂由亲水基团、憎水基团构成。抑雾剂加入电镀溶液后，憎水基团垂直指向液面上的空间，亲水基团浮在液面上，液面上形成单分子膜。当电镀时，气体产生，表面活性剂同样也包围了气体，憎水基团指向气泡内，亲水基团贴在气泡外。携带表面活性剂的气泡上升至液面，受到表面活性剂单分子膜的阻挡，一部分加入阻挡层，另一部分受到挤压，破裂回到溶液中。抑雾的目的达到了。当气泡的生成速度等于气泡的破裂速度，抑雾剂造成的泡沫层就稳定了。泡沫层厚度一般稳定在10～30mm比较合适。过厚、过密的泡沫层在氢气、氧气逸出时，如果遇到火花，会产生爆鸣。尤其是电化学除油、镀铬，都会产生很多氢气和氧气的混合气体，特别容易爆鸣。抑雾剂形成的泡沫层下，氢气和氧气混合在一起，气体产生的压力很大，一点火花，就会造成声音很大的爆鸣，给生产车间带来很大的不安全感。

17.1.3 抑雾剂的选择

并不是所有的表面活性剂都可以用来作抑雾剂。就憎水基团而言，一般选择饱和烃基，其碳链长短影响憎水的强弱和泡沫的性能。值得注意的是，憎水性也不能太强，否则水溶性不好，不容易清洗干净，带入下一道溶液中，将产生发花、发雾等弊病；就亲水基团而言，要耐酸、耐碱、耐温，不会与溶液中的成分反应，有的还要抗氧化。从物理角度要求，抑雾剂产生的气泡还要有一定的强度、厚度，气泡膜之间要有适当的黏度，这样才经得起碰触，不至于气泡很快就破裂。总之，抑雾剂产生的气泡要有化学稳定性和一定的物理强度。

抑雾的效果也是选择抑雾剂的重要标准。泡沫要均匀地布满液面，有合适的致密度。这取决于发泡的速度，泡沫的细密度，泡沫的扩散速度以及泡沫的稳定性。这些都很重要。这些因素又牵涉其他方面。比如：发泡速度同阴极，阳极的电流效率有关；气泡的破裂速度又同表面活性剂的浓度有关，同气泡膜壁的强度有关。另外，非常重要的一点，就是水洗性一定要好，如果水洗性不好，就容易带入下一道工序，导致下一道镀层种种故障。由此可见，适用的抑雾剂要求很高，抑雾剂的选择是一项非常复杂的工作。

第二节　电镀抑雾剂的使用

17.2.1 电化学除油抑雾剂

电镀生产中，各种镀液成分不同，溶液的性质也不一样，因此选择的抑雾剂也各有不同。碱性电化学除油选用的抑雾剂应该具有耐碱性，水洗性要好，泡沫要稳定。可以选用阴离子表面活性剂：N油脂基N甲基牛磺酸钠(电镀通用名称：ZM—11电化学除油抑雾剂)。这种表面活性剂会将油污带上液面，使用时应该注意时常捞去表面油污，以防油污粘在零件上。

其用量为0.01～0.1 mL/L。电化学除油的电流密度比较大，阴极、阳极上几乎全是气泡在析出，加入该抑雾剂0.05mL/L时，泡沫的厚度可达30mm。抑雾剂的主要成分富集在溶液表面，零件的带出，油污的捞去，都会损耗抑雾剂。但又不宜多加，只能少加、勤加。发现挂具出槽口泡沫稀疏，可以少量补充一点。因为零

件不同，很难确定抑雾剂的消耗量。抑雾剂的消耗，主要是带出损耗和吸风消耗。

同时，抑雾剂的水洗性很重要，水洗性差（吸附性好）就很容易带到下一道镀液中去。电化学除油溶液表面的抑雾剂一定会带有油污，带入任何一种镀液中，都是有害的。也是正因为这个原因，不少企业在电化学除油槽中没有加入抑雾剂，担心抑雾剂泡沫裹带的油污很难漂洗干净。另外，电化学除油溶液价格不贵，挥发损失问题不大，这恐怕也是不愿意使用抑雾剂的一个原因。

17.2.2 氰化镀铜抑雾剂

氰化镀铜溶液偏碱性，不耐氧化。氰化镀铜的下一道工序往往是镀硫酸盐光亮镀铜或是光亮镀镍，这些镀种不能带入抑雾剂，所以抑雾剂的水洗性要好。可以选用非离子表面活性剂，聚氧乙烯脂肪醇醚，其用量为0.01～0.1mL/L。零件带出是主要的损耗，一般零件电镀8小时添加0.006～0.008mL/L。添加时用4～5倍热水或者槽液稀释，加入后，搅拌均匀。要注意经常捞去扩散到阳极区黏附油污的泡沫（阳极区产生的气泡少，因此泡沫容易扩散到阳极区）。零件镀后，经回收槽，注意漂洗槽要有溢水口，便于抑雾剂泡沫溢出。抑雾剂泡沫绝不能带入下道工序的溶液中。若不能保证，就只好不用抑雾剂。

17.2.3 镀铬抑雾剂

镀铬的时候有大量的铬雾带出，危害操作人员的身体健康。因此，镀铬时很需要使用抑雾剂。

前面提到镀铬的阴极电流效率很低，阳极上只析出氧气。镀铬在阴极会产生大量的氢气泡，在阳极会产生更多的氧气泡，有使用抑雾剂的发泡条件。镀铬溶液是酸性的，并具有很强的氧化能力。镀铬选用的抑雾剂要耐酸、抗氧化。这种抑雾剂比较难找。随着氟化学的开发，找到了阴离子表面活性剂全氟烷基醚磺酸钾（F－53）。考虑到制造的困难和成本，又开发了F－53(B)型，用一个氯代替3个氟（这个氯不会游离出来，干扰镀液）。F－53(B)型化学稳定好，耐强酸，抗强氧化，只是水溶性较差，使用时要用数十倍沸腾水溶解，用量为0.01～0.05 g/L。溶液中铜、铁离子增多，会增加F－53(B)的消耗量；抛光膏等油污，也会明显增加其消耗量。

17.2.4 使用抑雾剂的注意事项

抑雾剂属于表面活性剂，使用时应该注意以下几点：

(1)不同的电镀溶液，应该选择相应的抑雾剂。

(2)选用的抑雾剂一定要水洗性好，否则抑雾剂泡沫黏附在零件上，水洗不干净很容易造成下一道工序的电镀弊病。

(3)抑雾剂的用量很难确定,以覆盖液面为标准,泡沫厚度有10mm就可以了。多加不仅浪费,而且很难洗干净,所以应少加、勤加。其消耗量很难确定,不同的产品带出量不同。抑雾剂主要是带出消耗,包括吸风的带出。回收槽中的铬液带出的抑雾剂,常常可以再利用(用来溶解F—53抑雾剂)。

(4)注意油污的带入,油污会消耗抑雾剂,并伴同泡沫黏附在零件上,造成电镀弊病。

(5)使用抑雾剂的槽液不适合使用空气搅拌,抑雾剂也不适合用于滚镀。

(6)除去抑雾剂可以用活性炭吸附。一般加3～5 g/L活性炭,搅拌均匀后在50℃温度下保温1h,然后过滤,就可以基本除去抑雾剂。

第十八章 电镀阳极

第一节 电镀阳极概述

在电镀生产中，阳极过程与阴极过程是一对相互依存的矛盾。对于电镀工作者而言，研究的主要方面是阴极过程，但是也不能忽视阳极过程。阳极也会造成许多电镀故障。

电镀中的阳极分为两类：一类是可溶性阳极；另一类是不溶性阳极。这两类阳极的共同点是传导电流；不同点是可溶性阳极能够补充溶液中被镀金属离子，不溶性阳极只能放出氧气。但是，矛盾在一定的条件下都会转化。可溶性阳极，当电流密度超过其极限电流密度，阳极会钝化，可溶性阳极变成不溶解或者少溶解；不溶性阳极在一定的条件下也会局部溶解。

一般来讲，我们希望使用可溶性阳极。可溶性阳极可以补充被镀金属离子，有利于酸碱平衡。从经济上讲，使用金属的成本比使用金属盐的成本低。如硫酸盐光亮镀铜中。使用磷铜板，买的几乎都是铜。若添加硫酸铜，含 5 份结晶水，还含硫酸根，买到 25%的铜。相比较后者要贵很多，而且可溶性阳极一般都是电解铜，杂质很少，而硫酸铜就不一定，很容易掺杂铁离子、硝酸根离子，添加硫酸铜还比较麻烦，所以实践中尽可能增加磷铜阳极的面积，尽可能不用硫酸铜。

但是，有些溶液需要使用不溶性阳极，如电解除油槽、镀铬槽。镀铬槽为什么不用铬阳极呢？因为铬的阳极效率很高，铬是以三价铬的形式溶解下来，而镀铬通常是六价铬在阴极还原，过高的三价铬会影响镀铬层，这就不得不使用不溶性阳极。在某些镀液中，阳极电流效率大于阴极电流效率，迫使我们使用一部分不溶性阳极，以控制溶液中金属离子的浓度，维持和改善电力线的分布。例如，碱性镀锌中使用锌阳极，也使用少量纯铁板作不溶性阳极（或者用镀镍的铁板作不溶性阳极）。

第二节　可溶性阳极

18.2.1 理想的可溶性阳极

理想的可溶性阳极应该具备以下性能：①纯度高，溶解时不产生有害杂质。②溶解均匀。③有较高的极限电流密度，不容易钝化。④有很好的导电性，有足够的电流效率。阳极电流效率与阴极电流效率尽可能相等。⑤只产生极少量阳极泥渣（完全不产生泥渣是不可能的）。

可溶性阳极要具备理想的性能，首先与阳极的纯度有关。纯度不纯，一切免谈。其次与阳极的物理状态有关。阳极金属的晶体结构要一致性的细致、紧密，分布均匀。这样阳极溶解状态均匀，阳极泥渣少，需要的阳极电流密度就小。第三与阳极的溶解性能有关。同阳极金属的性能、镀液的组成、工艺条件、阳极袋的孔隙都有关系。第四与阳极的形状有关。从阳极溶解均匀的角度讲，球形状可以避免尖端放电效应，防止突出部位快速溶解，减少阳极溶解泥渣。

18.2.2 理想的可溶性阳极实例

硫酸盐光亮镀铜使用磷铜作阳极，含磷量推荐为0.1%～0.3%。如果不含磷，电解铜溶解过快，其溶解下来的部分一价铜离子来不及变成二价铜，就被氧化成“铜粉”，不仅影响镀层的光亮度，而且造成镀层粗糙、毛刺。铜阳极如果含磷，这层磷膜附着在铜阳极表面，就阻滞了一价铜离子进入溶液，在阳极的作用下，一价铜再失去一个电子，变成二价铜离子，失去了生成“铜粉”的条件。如果铜阳极含磷过高，磷膜太厚，铜的溶解受到过多的阻挡，溶液中的铜离子就会慢慢减少（硫酸盐镀铜的阴极电流效率接近100%）。另外，过厚的磷膜，附着不牢固，很容易脱落下来，污染镀液，造成镀层毛刺。阳极框外用涤纶布也避免不了磷微粒的穿透，涤纶布又很容易堵塞，造成阳极溶解不好，甚至部分钝化。

时代在前进，科技在进步。佛山承安铜业生产的“低磷微晶磷铜阳极”，选用含铜达99.95%以上的优质电解铜为基础原料，经工频感应电炉熔解，再通过专项技术配磷，电磁搅拌，使铜与磷充分均匀融合，使用上引无氧连铸技术，制造中间原料——优质铸造态磷铜杆。一保证了杂质尽可能少。二保证了磷含量均匀分布、可控。三保证了磷铜无氧。无氧磷铜这点很重要。在铜晶体，磷晶体中带入氧，在高温下，就会产生氧化物。对铜来说，晶粒的溶解受到阻力，不完全溶解进入溶液，生成“泥渣”的机会就增加；对于磷晶粒来说，生成磷膜就困难的多。生成的膜结构也不会紧密，附着也不会牢固，自然就比较容易脱落。大凡可溶性阳极都不想含有氧，也是一样的道理。

他们将中间原料在 510℃、1000mPa 的膜腔工作压力下，利用数码技术，进行微晶挤压。这就保证了晶粒结构一致性地紧密，细致。通常情况下，阳极的晶体越微小，结构越紧密，分布越均匀；阳极溶解状态越均匀，阳极溶解“泥渣”越少，溶解时阳极电流密度也越小。因为有磷膜的作用，阳极电流效率要小于阴极电流效率，但可以通过增加阳极面积来促使阳极溶解出的铜离子基本等于阴极沉积的铜离子，达到铜离子电解下的动态平衡。

这种磷铜阳极可以制作成球型、板型，其平均晶度小于 40μm。其组成如下：铜含量大于 99.90％；磷含量为 0.025％～0.050％（注意！磷含量大大减少）；其他镍、铁、锌等杂质都小于 0.003％。

事实证明，含磷量低，但是磷充分融入铜晶粒中，生成的磷膜分布均匀，附着牢固，保证有效抑制一价铜离子溶入溶液，保证溶解的铜离子不是过快地进入溶液，这样就减少了阳极溶解“泥渣”。同时含磷量低，“泥渣”少，可以胜任硫酸盐光亮镀铜工艺的要求，这可称得上是理想的可溶性阳极。这一产品已经广泛应用于电子、印制板行业，以及高档装饰性电镀行业。

18.2.3 可溶性阳极的钝化

可溶性阳极会钝化。钝化的结果是，阳极不再溶解，溶液中被镀金属离子越来越少；电流下降，电压升高。若将电流开大，电压更大，马上电流又降低了。超过了极限电流密度，阳极就会钝化。

钝化的原因很多，镀液不同、具体情况不同，钝化的原因也不同。下面以几种常见的钝化举例说明：

镀光亮镍时，如果不是使用含硫镍作阳极，溶液中氯离子又少（以前是用硫酸镍，氯化钠配方），镍阳极就容易钝化；镍阳极如果杂质较多或晶粒粗糙，镍“泥渣”多，（黄色黏稠物）就容易将阳极袋孔隙封闭，也会造成镍阳极钝化。

镍阳极钝化，导致溶液中镍离子浓度下降，酸度升高，光亮剂被氧化分解，镀层光亮度，整平性下降；而且随着阳极钝化，相对应的阴极零件也容易钝化（缺少电力线部位），零件镀铬后会出现灰色花斑。

硫酸盐光亮镀铜时。如溶液酸性很强，磷铜阳极很容易溶解。但是在有些条件下，也会钝化，如磷膜过厚、溶液温度低且铁杂质又过高、硫酸成倍增加等，这时磷铜阳极就会钝化。溶液中铜离子浓度越来越低，光亮剂被氧化分解，镀层光亮度，整平性下降。阳极上磷膜脱落，变成光亮红铜的状态。

合金电镀也会有阳极钝化。如电镀光亮铜锡合金时，用铜锡合金板作阳极，起初镀出的镀层不错，使用一段时间，镀液中铜离子越来越多，四价锡越来越少，镀层越来越粗糙，光泽度也越来越差。这正是阳极钝化、二价锡的生成积累造成的。要使锡全部成为四价锡溶解，必须有较高的阳极电流密度，但是阳极表面的活性是不均匀的，电解时，一部分阳极表面电流密度还不够大，另一部分阳极表面的电流密度已经超过了极限电流密度，这部分阳极就钝化了。实践中很难找到一个阳极尚未钝化、锡全部是以四价锡形式溶解的平衡点。

克服可溶性阳极的钝化始终是应该重视的问题。

当然，事物都有两面性，有时也可以利用阳极钝化控制阳极的快速溶解，控制某些不希望的物质生成。例如，在碱性镀锌中，阳极略有钝化是防止溶液中锌离子浓度升高的有效措施。可将电流密度开大，大到接近极限电流密度，让锌阳极表面生成一层薄薄的氧化膜，这种轻微钝化可以控制锌的快速溶解。又比如：在碱性镀锡中，二价锡离子的存在是引起镀层海绵状的原因，而二价锡离子常常是在阳极电位较小的状态下生成，因此可以在通电的情况下，预先将阳极放在镀液中进行极化，使其表面覆盖一层氧化锡的薄膜，而后阳极便在较高的电流效率下溶解，并形成四价锡。由此可见，掌握可溶性阳极的溶解状况，利用阳极钝化，也能帮助我们采取相应的措施，解决将要发生的问题。

18.2.4 可溶性阳极中的杂质危害

可溶性阳极中若有杂质，会造成很大的危害。此类因素造成的故障很多，又很难发现。

例如，曾有一个单位有锌铁合金溶液二万多升，生产一直比较稳定。某天下班前，更换、补充了一批锌板。第二天中班开始一只槽出现暗色花斑，另二只槽还正常；到晚上八九点钟，三只槽都出现类似情况，只有一只槽明显好得多。次品越来越多，不得不停产处理。根据以往经验进行处理，无效；用双氧水、活性炭处理，亦无效。第三天技术人员仔细检查了加料记录，发现那只明显较好的槽，锌板更换的最少(当时锌板不够了)。检查锌板发现，新换上去的锌板上局部地方有灰黑色的一层膜。经采样分析，竟然有铅。因此，对溶液进行除铅处理，更换掉含铅锌板，生产又正常了。

因阳极材料不纯，而产生的故障有一个特点，就是镀的时间越长，问题越严重。

18.2.5 合金电镀的可溶性阳极

电镀合金使用的可溶性阳极有三种选择：第一种是电镀什么合金，用什么合金材料。如电镀黄铜，用铜∶锌＝7∶3的黄铜板；镀铜锡合金，用铜锡合金板。第二种是电镀什么合金，分别用什么材料的阳极。如电镀镍铁合金，分别用镍板、铁板；电镀锌铁合金，分别用锌板、铁板。第三种是电镀合金时只用一种材料作阳极，另一种金属离子，靠加入其金属盐补充。

第一种比较容易控制溶液中金属离子的比例，有时还可以略作调整。如电镀黄铜，有时需要适当挂1～2块铜板，以提高铜离子的浓度。比较急用时需补充一

点氰化亚铜。

第二种也容易控制溶液中金属离子的比例。如电镀镍铁合金，根据高铁还是低铁，选择多挂点铁板，还是少挂点铁板。用不同金属阳极的表面积来控制金属离子的比例。但是有时要采取其他措施。如电镀锌镍合金，为了控制锌的快速溶解，不得不将锌、镍分别挂在不同的阳极杆上，借助分别的变阻器来调节锌阳极，镍阳极的电流密度，控制它们的溶解。

第三种电镀合金，只挂一种金属阳极，加金属盐补充另一种金属离子。成本高点，但是只要掌握规律，这种方法也有可取之处。比如电镀铜锡合金，为了避免二价锡的干扰，有的单位就用铜阳极，外加锡酸盐。这种方法的故障要少得多。

第三节　不溶性阳极

18.3.1 不溶性阳极简述

电镀过程中有时需要使用不溶性阳极，理想的不溶性阳极应该具备以下条件：

(1)具有良好的导电性能。

(2)具有很好的化学稳定性和电化学稳定性。

一般来说，电镀溶液中如果有容易被氧化的物质，如光亮剂、添加剂、还原剂，则不适宜使用不溶性阳极。因为在电镀过程中，不溶性阳极上的放电产物是新生态氧，其氧化能力很强，会氧化这些物质，使溶液的性能发生变化。

不溶性阳极也有钝化问题。这主要是指沉积物覆盖在阳极表面，阻止氢氧根离子放电，使阳极失去“传导电流”的作用。例如：镀铬中，阳极有时会覆盖一层黄色的铬酸铅。这层铬酸铅会妨碍氢氧根放电，电阻明显增加，面对这样的阳极，低电流密度区会明显漏镀。

在一定的条件下，不溶性阳极也会“溶解”。仍然以镀铬为例：镀铬溶液中如果有了氯离子、氟离子，使用了氟硅酸盐或某些“稀土添加剂”，铅或者铅合金就容易腐蚀。这时可在铅中加入锡(13%～28%)，铅合金的耐腐蚀性可以大为改善。

18.3.2 不溶性阳极的选用实例

碱性锌酸盐镀锌液用氧化锌、氢氧化钠配制，溶液中含有辅助络合剂三乙醇胺，添加剂 DPE 或者 DE。锌阳极在不通电情况下，也会自然溶解。为了解决阳极钝化问题，在生产中，阳极面积∶阴极面积＝(2～3)∶1。为了使溶液中锌离子平衡，有时需要用不溶性阳极来使电力线分布均匀。有人用低碳钢板、不锈钢板、石墨板、镍板四种材料做了对比试验。

试验结果：

(1)低碳钢板　每升溶液通电 55A 时，镀液中铁含量为 48.5×10^{-6}g，有少量的电化学溶解，说明低碳钢板不宜作不溶性阳极。

(2)不锈钢板　每升溶液通电 56A 时，溶液中铁含量 27.5×10^{-6}g，铬含量 25.8×10^{-6}g，镍含量 1.8×10^{-6}g。铁和铬都有一定的电化学溶解，说明不锈钢板不宜作不溶性阳极。

(3)镍板　每升溶液通电 145A 时，镀液中镍含量 0.8×10^{-6}g，镍几乎不溶解，说明镍板可以作不溶性阳极。

(4)石墨板　通电 150A 时，溶液略有变色(变黑)，镀层容易粗糙，必须过滤才能使用。说明石墨也不适合作不溶性阳极。

试验证明，碱性锌酸盐镀锌使用镍板作不溶性阳极为好。当然，从节约成本考虑，也可用镀镍铁板做不溶性阳极(建议镀镍层要有 25μm)。

安美特化学有限公司在 Reflectalloy XL 电镀无氰碱性锌镍合金工艺中，使用了专利薄膜阳极技术。工艺中锌离子是用溶锌槽补充，镍离子是通过含镍添加剂补充。阳极是用镍板或者镀镍铁板，外用阳极框，面对阴极一面采用专利薄膜。这层薄膜不影响溶液的导电，但是可以阻挡有机添加剂在阳极被氧化分解；可以防止氰化物的形成，并减少碳酸盐的形成。这项技术为开拓新型阳极打开了一个思路，即使用不溶性阳极如何避免阳极氧化带来的危害。

18.3.3 不溶性阳极的选用原则

不溶性阳极的选用原则，一是具有良好的导电性能，二是具有很好的化学和电化学稳定性。电镀溶液不同，要注意具体问题具体选择。

电化学除油使用的不溶性阳极，一般都用铁板，也有用不锈钢板的、镍板或镀镍铁板的。当溶液中有氯离子时，铁会腐蚀。但溶解下来的铁大部分都沉淀了，几乎没有什么危害，而且铁离子也没有条件镀到阴极上。不锈钢板一般比较轻薄，容易导致导电不好。镍板当然最好，但比较贵。权衡下来，使用镀镍铁板最为合适。

镀铬阳极一般使用铅锡或铅锑合金。如果使用稀土添加剂或者进口添加剂的溶液，用铅锡合金比较好。含锡量建议在 28%～30%。含锡量过低比较容易发生腐蚀。

现有一种不溶性阳极，是利用离子溅射镀，在真空室内注入惰性气体，在高压下电离惰性气体，由于高压作用，离子轰击石墨靶，将石墨原子喷击在不锈钢表面，形成吸附好、导电好、不容易脱落的石墨电极。这种石墨电极，材料成本不高，有望成为理想的不溶性阳极。

在滚镀中，有人将钛篮制成半圆形，滚筒下部也有了阳极，使滚镀效率有了很大提高。改进阳极的形状也是很有适用价值的工作。

安美特化学有限公司推出三价铬电镀，其阳极是使用特制的不溶性石墨阳极。

表面有极细之孔隙,卤族气体可以从孔隙中释放出来,使镀液中的稳定剂不会被氧化,保持了镀液的稳定性。这种石墨阳极的使用需注意:①阳极必须完全浸没在镀液中,最少低于液面 10cm;②阳极挂钩必须采用金属钛材料;③阳极与阴极的面积比为 2∶1;④阳极电流密度上限为 5.5A/dm^2,不要使用过高的阳极电流密度,否则会影响阳极的使用寿命;⑤电镀时阳极会吸附一些有害物质,停止电镀后 30 分钟内取出阳极清洗;要经常检查阳极,若有结晶吸附会导致阳极钝化;⑥镀液容量与石墨阳极数量要按比例安置:见表 18-1。

表 18-1 镀液容量与石墨阳极数量安置比例

镀液容量(L)	200～300	300～400	400～500	500～600	600～800	800～1000
石墨阳极数量(条)	6～8	8～10	10～12	12～14	14～16	16～18

18.3.4 阳极使用时的注意事项

阳极使用时应该注意:

(1)阳极若为板材,注意与挂钩的接触要牢固。如果是镀铬用的铅合金板,在接触点最好用锡封闭一下,防止镀铬溶液腐蚀接触点。同样道理,三价铬镀铬也要求在接触点镀一层镍,其他部分用绿胶进行封闭,防止铜材被腐蚀溶解,进入镀液,污染镀液。

(2)阳极挂在阳极杆的部位要清洁,并用塑料布遮盖好,确保导电良好。

(3)考虑到电力线的分布,阳极的长度要比悬挂的挂具短 12～20cm(如果是常规产品,视零件的形状而定)。

(4)如镀尖端产品(比如镀伞杆),可用硬塑料板遮档阳极的上部(液面下 4～7cm),以防尖端烧焦。

(5)可溶性阳极要悬挂在阳极框内,根据镀液性质,阳极框须外套耐酸布(涤纶布,型号"747"),或者耐碱布(锦纶布,型号"8384"),不要将阳极布袋直接套在阳极板上。

(6)如果用钛篮,可溶性阳极最好选用球型,既可以避免尖端放电,又可有利于阳极与钛篮的紧密接触,保证导电良好。而且阳极的面积也不容易变化太大,有利于电力线的分布均匀。

(7)要经常检查阳极状况,可溶性阳极要及时补充;定期洗刷阳极框上的布袋,必要时用酸浸泡、清洗。不溶性阳极也要经常检查,如有钝化现象,应及时洗刷、清洗。

第十九章　电镀电源

第一节　电镀电源简介

19.1.1 电镀的直流电电源

电镀用的直流电电源有直流发电机组、硒整流器或者硅整流器电源、可控硅整流器电源和高频开关电源。

直流发电机组供电稳定、过载能力大，但是效率低、调节不便、噪声大、维修量大，现在已很少使用。硒整流器或硅整流器电源可以得到多种波形的直流电，以满足不同镀种的需要；调节电压时电流波形不受影响，最大输出电流值也不受影响；但是体积大，调压器体积也大。可控硅整流器电源比硅整流器电源体积小，调压方便，可以远距离调压，可以用各种方式调压，有利于电镀自动线上的使用，可以得到多种波形的直流电。但是调压时，随着电压的变化，对电流波形、最大输出电流都有明显影响。因此，选用可控硅整流器时，额定电压、额定电流应该尽量接近指定镀槽要用的范围。高频开关电源效率高，带有功率因素补偿，功率可达 88%～91%，并不受负载影响；冲击电流小；体积小，质量轻，噪声低。

全数字高频开关电源，数控可控硅电源，现在已被广泛应用在电镀、电泳、氧化、水处理、电解等许多领域。

19.1.2 电镀电源的波形

电镀使用的直流电电源，除了直流发电机之外，都不是平直流电，而是脉动直流电。

平直流电的电流强度不随着时间的变化而改变，始终是一个固定的电流强度。而脉动直流电的电流强度随着时间而变化，因此产生了电流的波形，如单相半波、单相全波、三相半波、三相全波等，此时直流电实质上是脉动直流电。

脉动直流电的种种波形对电镀效果有很大影响。例如镀铬时，应用平直流电。脉动电流的脉动率越大，镀铬的效果越差，见表 19－1。

表 19-1　脉动率对镀铬镀层的影响

脉动率(%)	裂纹	光泽	硬度	分散能力
121	非常少	低	低	差
48.3	少	低	低	差
18.3	多	普通	普通	普通
4.2	更多	普通	普通	普通

而电镀其他镀种，就不一定要用平直电流，脉动电流可能反而带来更好的效果。如电镀氰化铜时使用单相全波电源，镀层结晶细致，若使用周期换相电源，可以使镀层更均匀、平整、孔隙率少，还可以使用较高的电流密度。

电流的波形有很多种，如矩形波、三角波、前或后锯齿波、正弦波，还有一些特殊的波形(如周期换相、间歇电流、交直流电叠加等等)。不同的镀种，可以选择适合的波形电源，以利于镀层的优化。

第二节　非常规电镀电源

19.2.1 脉冲电镀

脉冲电镀改变了金属离子的电沉积过程。它通过控制电流的波形、频率、通断停镀比，以及电流密度强弱等参数，使电沉积过程在很宽的范围内变化，从而在某种镀液中获得具有一定特性的镀层。

脉冲电镀的参数有四种可供选择：①波形；②频率，可在几十到几千赫之间选择；③通断比，可在零点几到几十之间选择；④电流强度，当然要选择一个平均电流强度。

脉冲电镀的优点：

(1)改变了镀层结构，使镀层细致、平滑。

(2)改善了分散能力，使镀层孔隙率降低，提高了抗腐蚀能力。

(3)降低了镀层的内应力，提高了镀层韧性，提高了镀层的耐磨性。

(4)减少了镀层中的杂质含量，特别有利于获得成分稳定的合金镀层。

但是脉冲电镀也有缺点：

(1)会促使有机添加剂的分解，不一定适用于含有有机添加剂、有机光亮剂的镀液。

(2)不能改善溶液的深镀能力，往往走位不能提高。

脉冲电镀应用在贵金属电镀比较多。例上海钟表修理厂的酸性镀金、氰化镀银，都是用的脉冲电镀。其镀层细致，硬度高，耐磨性好，溶液也比较稳定。

19.2.2 周期换相电镀

周期换相电镀，就是周期性地改变电流方向进行电镀。实践证明，在某些镀液中使用周期换相电源，镀层细致、平滑，电流密度上限明显提高。周期换相电源在氰化镀铜、电镀铜锡合金等工艺中，早有使用。一般来说，这种电源不适合应用在光亮电镀工艺中。因为在工件作为阳极状态时，镀层会有溶解，电流效率不是100％的话，会有氧析出，容易氧化有机光亮剂，影响镀层的光亮度。

上海一企业电镀伞杆时，使用三乙醇胺碱性光亮镀铜。该工艺镀液稳定，分散能力、深镀能力都不错，镀层的耐腐蚀性相当好。但是起初电流密度开不大，只有$1A/dm^2$，电镀时间比较长(20min)。后来将光亮剂的抗氧化能力提高(否则零件作为阳极状态时会氧化光亮剂)，使用周期换相电源，PR为9:(0.8～1)，阴极电流密度为$1.5\sim3.5A/dm^2$。此举缩短了电镀时间，不但不影响镀层的光亮度，还提高了镀层的平滑度，镀层更加细致，耐腐蚀性也有提高。这一工艺获得国家轻工业部重大科技进步三等奖。

最近很多报道都肯定了脉冲电源对镀层的影响，肯定了脉冲电源的作用。电镀工作者已越来越关注电镀电源的使用，希望在这方面有所创新、有所突破。

第二十章　电镀的技术质量管理

第一节　制定工艺，执行工艺

20.1.1 制定工艺

一般来说，每家电镀企业都有主要加工产品，有多套电镀加工线，现在很多企业都使用电镀自动线。制定工艺可以根据产品制定，也可以根据电镀自动线制定。如果加工产品数量比较饱满，可以产品制定工艺，比较准确。举例说明：

(1)产品名称及质量要求(外观要求；内在要求，包括镀层种类、厚度、耐腐蚀性能等)。

(2)工艺流程。从毛坯检验到成品检验、包装入库。

(3)主要工艺配方和操作条件。

(4)定期维护镀液、处理镀液的操作规范。

(5)各种次品的分类及处理流程。

(6)次品处理的主要方法，包括退去各种镀层的工艺配方和操作条件。

(7)挂具的制作图纸及工艺。

(8)挂具的维修，退去挂钩镀层的工艺配方和操作条件。

(9)主要设备常规使用和保养规范。

工艺制定好，不得随意更改，必须坚定执行。在生产过程中如果发现问题，需要临时改变工艺的，必须请示并获得批准，以应对生产的需要。

20.1.2 工艺规范举例

下面以硫酸盐光亮镀镍溶液的大处理为例，说明工艺规范的要点。

(1)在镀液操作温度下，加稀释的硫酸，降低溶液的 pH 至 3～4(降低 pH 有利于氧化反应的进行)，充分搅拌，并确认 pH 到位。

(2)加入双氧水 3～5 mL/L。目的：氧化有机物及其分解产物氧化二价铁，使之成为三价铁离子，便于生成氢氧化铁沉淀，并充分搅拌 1 小时。

(3)加温溶液至 65～70℃，并保温条件下，加稀释的碱，提高 pH，不断搅拌。加温的目的：①赶走过剩的双氧水；②防止提高 pH 时有氢氧化物胶体产生，有碍过滤。提高 pH 主要目的是除去金属杂质，下面是阳离子浓度为 0.01M 时，沉淀不同氢氧化物的 pH，见表 20 - 1。

表 20 - 1　沉淀不同氢氧化物的 pH

氢氧化物	$Fe(OH)_3$	$Fe(OH)_2$	$Cr(OH)_3$	$Cu(OH)_2$	$Zn(OH)_2$	$Ni(OH)_2$
沉淀生成 pH	2.2	5.8	5.0	5.0	6.8	7.4

这里值得注意的是：①镍离子的氢氧化物沉淀 pH 较高，但是其浓度很高，还是比较容易沉淀损失的，我们处理时一般 pH 不要超过 6.5。②在不断搅拌下加碱，过 15min 测定一次 pH，若有下降，再加碱，直到 pH 稳定在所需要的值（这是因为金属氢氧化物沉淀会消耗氢氧根，溶液的 pH 会下降）。③表中阳离子浓度为 0.01M。应该注意，不同金属离子浓度，其氢氧化物沉淀的 pH 是不一样的。④多种阳离子在一起会影响各自的沉淀。

（4）降低温度，在溶液温度为 60℃以下时，加入活性炭 5g/L，充分搅拌。应选择高品质的活性炭，品质差的活性炭会有锌、硝酸根、氯离子等。加活性炭的目的主要是吸附有机杂质。温度过高，活性炭会脱附，所以最好在 50～60℃时使用。

（5）静止充分，待沉淀完全，过滤溶液。

（6）沉淀处理后的镀液，进行电解处理。阴极电流密度为 0.1～0.3A/dm^2，温度 60℃，时间视情况而定，进一步除去铜、锌和残留的双氧水。电解处理还可以活化阳极，使镀液达到电化学平衡。

按以上工艺规范处理，基本上可以达到目的（不考虑处理六价铬）。光亮剂不会被完全清除，但是其分解产物已经基本清除；十二烷基硫酸钠可以除去大部分。试镀时光亮剂按下限逐步加入。

20.1.3 临时改动工艺，完善工艺

按时、按量、按镀层质量要求，完成生产任务是第一位的。有时临时改动工艺也无可奈何。举个例子：

某企业电镀自动线按工艺要求大处理镀镍槽（用双氧水、活性炭、提高 pH 方法处理）。负责操作的职工没有按照先处理预镀镍再处理光亮镍的要求去做，而是先处理光亮镍，过滤机、引水管、中转槽都没有洗干净（他考虑反正都是镍溶液），再处理预镀镍，在预镀镍溶液中又补充了用离子交换树脂回收的镍溶液。

镀出的产品，发现有脆裂。分析认为是因为光亮剂带入预镀镍溶液，引起镀层脆性，造成结合力不好。于是在预镀镍中加了柠檬酸钠，这一故障排除了。

这种临时改动工艺的做法，受到技术部门的批评，因为一是改动了工艺；二是影响了镀镍废水的回收能力（镍离子被柠檬酸根络合了，不容易被阳离子交换树脂吸收）。

通过这一事件，企业进一步完善了操作规程：必须先过滤预镀镍，再过滤光亮

镍。光亮镍的成分不允许带入预镀镍中，不允许将镍废水的回收镍液加入预镀镍槽，并加过柠檬酸钠的预镀镍溶液换作中性镀镍使用。

未经允许私自改变工艺，这种情况并不罕见，往往带来不良后果。实际操作中，如果有好的方法，一定要先要向技术部门提出，要经过反复试验确定无疑，再修改工艺，或者修改操作规范。不能因为情况紧急，擅自处理。

20.1.4 执行工艺

工艺一旦制定，必须坚决执行。执行工艺靠制度(岗位责任)，岗位责任靠人执行。例如电镀自动线的，工艺员到岗后应该：①准备开工。开蒸汽加热镀液；打开压缩空气搅拌和循环过滤；打开电源开关；查看(试行)自动线的设备、查看镀液，辅助设施等状况，查看用水情况。②查看上一班的工作记录和留言。③查看溶液分析记录，准备补充原料和可溶性阳极，检查不溶性阳极状况。④明确技术部门、生产部门的具体要求。

技术部门要有专人负责自动线的工艺制定、修改；负责制定操作规程；负责检查自动线工艺员的工作；负责关照具体的工作事宜和工作要求，并检查执行情况；负责新工艺的消化吸收，试验创新；负责溶液的分析核对；负责原材料的质量监督；负责摸索、总结添加剂的使用规律，摸索和改进原材料的消耗，以保证质量，降低成本；负责电镀次品的分析，查找原因，等等。当然，技术部门还应该定期组织培训，辅导操作员工，培养技术骨干。

例如硫酸盐光亮镀铜工艺，使用光亮剂一般都有说明书，光亮剂的配制量写得很清楚。说明书中还有各种光亮剂的消耗量：A 剂、B 剂、C 剂分别是多少。但说明书上的消耗量只能作参考，往往不同产品、不同季节有很大出入。技术部门应该摸索，总结适合自己产品不同时段的消耗量。然后，经过实践检验，确认无误，制定为工艺，贯彻执行。

工艺的细化、完善要在生产实践中进行，要听取操作人员，尤其是工艺员的意见；但是验证、总结是技术部门的事，要反复验证、慎重修改、逐步完善。

第二节　明确岗位责任，制定操作规范

为了确保工艺的实施，有必要制定操作规范，明确岗位责任，下面列举一二，加以说明。

20.2.1 自动线工艺员岗位责任

一条自动线每班至少应该配备 1 名工艺员(这个工作岗位非常重要)。工艺员对这班次的电镀质量负责。在一次正品率小于××%(不同单位、各产品、各镀种

不一样),有权停产,有责任查找原因、排除故障。除了上述上班要做的工作,为了确保职责,在技术部门指导、协助下还要做好以下工作:

(1)建立主要工艺档案。档案包括:溶液配制的原始记录(也可以由技术部门做)、每次溶液的分析数据、每次的加料记录(建议将光亮剂品种、用量、电流、时间另外记录,便于统计),原料变动要在备注中说明。

(2)做好每班的质量记录,一次正品率、次品分类、统计(这项工作要请质量部门配合)。

(3)如有重大质量故障出现,应第一时间报告技术部门主管人员,做好重大质量故障的记录(由技术部门确定可认定为重大故障次品率)。记录故障前的工作情况、故障的起始经过,提出自己的判断和原因分析,讲明已经采取的措施。事后积极协助技术部门排除故障,完整记录故障前后的详细情况。

(4)参加每月一次的质量分析会议(技术部门根据次品分类统计,找出次品数量最多的一种进行分析),贯彻会议的改进措施,并做好记录。

(5)做好平时的溶液维护工作。工件下槽前必须检查毛坯,按工艺要求调整好镀液,查看电镀操作条件,查看活化、用水等事宜(有必要时,还要查看阳极状况)。第一批镀件跟随查看,电镀成品确认没有问题了,再做其他工作。若出现问题,要及时处置。

(6)检查电镀的辅助设施,如压缩空气搅拌、镀液循环过滤、电镀电源等。气温高时,要查看风扇方向,不要让碱雾、铬雾吹向被镀零件。

一条自动线有称职的工艺员,就稳定了质量,稳定了生产。有时解决实际问题的,往往是生产第一线的工艺员、技术工人,因此技术部门要有计划培养工艺员、培养技术骨干。衡量一个企业的技术力量,除了要看技术部门,还要看技术骨干。技术越普及,技术素质越容易提高,产品质量越有保证,生产越稳定。

20.2.2 加料操作规范

原料分为三类:一是主盐,包括阳极;二是一般原料,包括调节 pH 用料;三是添加剂,包括光亮剂、润湿剂、抑雾剂等。前两种原料一般按分析数据为准,进行调整;添加光亮剂尽可能标准化。

工艺员领取主盐时,需要填写领料申请,说明原因,经技术部门主管签字同意(一方面使用可溶性阳极比较不容易带入杂质;另一方面主盐比可溶性阳极贵,需控制成本)。从仓库领取时填写生产厂家、数量。若发现生产厂家变换,需要请示技术部门,得到认可,方可使用。领取可溶性阳极不必技术部门同意,但是变换生产厂家还需请示技术部门。领料时注意结晶水含量,并在领料单上注明。添加时注意用量的计算。溶解时视镀槽液面的高低,尽可能用槽液溶解,必须溶解完全。如非应急使用,应在下班前、起槽后加料。添加氰化亚铜时,如果溶液中游离氰根

高,可用较多溶液一点点溶解;否则要用大于 1∶1.1 的氰化钠溶液溶解。

工艺员领取一般原料时,要填写领料单,看清包装和生产厂家,“三无”包装的产品不得使用。加料时应该熟悉原料的性能,如溶解硼酸,溶解度小,一定要沸水溶解透,不得在有镀件时加入(防止没有溶解透,产生毛刺)。如十二烷基硫酸钠溶解时,不但要用沸腾蒸馏水,而且要煮沸 20 分钟以上,否则有不纯难溶物质,很容易造成镀镍层发雾。如溶解氢氧化钠时会放热,不得用塑料容器,防止塑料破裂,溅伤皮肤。再如稀释硫酸时,一定要先放入水,然后慢慢加入硫酸,防止溶液飞溅。如果要加多种原料,应该分别溶解,逐一加入(注意液面和加料次序)。

添加光亮剂要求标准化,以使用说明书的消耗量为参考,以技术部门的工艺指示消耗量为依据,根据生产实际情况进行添加。做到少加、勤加。定时定量添加光亮剂,产品质量均匀一致。现在有滴加光亮剂的设备,更有利于产品的质量均一。A、B、C 三种光亮剂尽量同时添加,但是必须计算好各自的用量。

电镀使用的各种化工试剂原料、药品种类很多,熟悉性能、掌握规律需要有一个过程。这需要工作经验积累,也需要不断的学习,并记录在案。

第三节　做好质量管理,培训技术骨干

要以“预防为主,排除故障为辅”的方针,教育每一位员工树立“质量就是企业的生命”的理念。

20.3.1 利用“QC”管理,找出主要质量问题

质量管理部门应利用“QC”管理,掌握质量情况,主动找出主要问题。可要求质量检验部门,将各种电镀产品检验分类。正品、次品;次品中分清全次品、半次品(镀层用不着全部退除),半次品再分清各种弊病,如镀铬烧焦、镀铬有轻微发雾、镀件水迹明显,等等。拿出各种次品的数据,定期召开有关人员分析会议。根据数据,分析一二种占比大的次品的产生原因。

例如:电镀伞杆,一头是尖的,当中有槽(3～5cm 长,2～3mm 宽)。电镀时不是尖头镀铬烧焦,就是槽口发黄(漏镀,镀铬走位不好)。质量分析会上,大家寻找原因,提出解决方案,明确专人负责落实,并将这些用树枝图直观表示出来,公布在质量专栏上。解决落实一条,用红笔钩去一条。很快这一故障就排除了。

针对硫酸盐光亮镀铜的“麻点,针孔”、电镀黄铜的条状发花雾、镀镍大处理后的走位不佳等开展的专题“QC”活动,都取得了很好的效果。其实质就是群策群力,明确责任,靠数据说话,进行科学管理。

20.3.2 努力提高一次正品率

电镀企业能不能有稳定的市场，很大程度上决定于电镀的品质。电镀企业能不能赚钱，很大程度上取决于一次正品率。如果经常返工，退了镀层，再镀。不仅更难镀好，而且又浪费了原材料，消耗了工时，事倍功半。

技术部门的工作重点就是要提高电镀的一次正品率。经常出现的电镀故障，要牢牢抓住不放。在次品统计中，如果次品数量还在前三名，就不能放任不管。有的故障是很难完全消灭的，但是不允许数量在前三名，必要时要打“攻坚战”。

根据次品的数量统计，主要故障应该经常变化，如果老是没变，一定是哪里出了问题，有必要派员专门解决。

20.3.3 重视产品的包装和仓储

电镀产品的包装，一般是根据客户的要求。在检验、包装过程中，有的镀层硬度不高，或者产品重量重，要轻拿轻放、防止擦伤。包装时要注意用料。有的纸张有酸性，不适合使用；有的镀层不适合完全封闭，不适合用塑料密封。检验、包装的职工要带干净的手套。这些细节都要注意。

成品仓储要远离化工、电镀、“三废”车间，不能有酸、碱，以及腐蚀性气体，要干燥、通风。电镀产品应该分类，摆放整齐，数量明确。

化工原料仓库要分类，摆放整齐。进料时要看清包装，核对品目，拒绝“三无”产品入库。化工原料要放在干燥、通风的仓库里，原则上先进先用。容易潮解、氧化的化工原料要根据生产情况控制持仓量，确认不用的化工原料要适时清理（有毒原料不在此讨论）。领用、发料人员要核对名称、含量，防止加错料。一般不要轻易改变供应商，尤其是光亮剂、添加剂、影响比较大的原料，要经过技术部门的确认方可更改供应商。

20.3.4 搞好技术培训，形成技术骨干，状大技术队伍

电镀企业的技术队伍，应该呈宝塔形。有三五个既懂专业管理，又懂专业技术的专家领衔；有七八个分管工艺、分析、质量测试、“三废”治理、自动化控制、机械方面的技术人员；有一批工艺员及技术工人。这样的技术力量非常理想。要形成这样一支队伍需经过长期培训。技术培训要分层次、一级一级地进行，要有基础理论、专门工艺、相关知识，也要有相关技术信息。培养技术工人要根据自愿的原则，要优胜劣汰地使用，形成一个都愿意学习技术，都愿意竞争上岗、做一个独当一面的工艺员的氛围。技术培训可以有目的的送出去培养，也可以请进来上课。有了这样的技术普及，不仅有利于产品质量的稳定和提高，也有利于激发职工的积极性，减少人员流失。

第四节　开发新工艺，学习新技术

技术部门主要工作是维护日常生产，在此基础上也有责任研究如何降低生产成本、如何提高产品质量、如何更有利于环境保护。如果有新项目、新产品，还要解决新工艺、学习新技术。

例如，伞杆电镀。原来主要工艺是预镀镍—光亮镍—套铬。后来，研发了三乙醇胺碱性光亮镀铜。主要工艺改为预镀镍—三乙醇胺碱性光亮镀铜—光亮镀镍—套铬。管状钢铁零件采用了厚铜薄镍工艺，产品的内在质量提高了。多用铜、少用镍，每万根伞杆降低成本 1.9 万元。

再如，钢家具，以前主要工艺是预镀镍—光亮镍—套铬。后来采用了电镀镍铁合金，主要工艺改为镀高铁镍铁—镀低铁镍铁—套铬。管状钢铁零件以铁代替部分镍，节省镍，也不影响产品质量，且降低了成本。

又如，缝衣针。采用新的滚镀方法。不仅降低了产品的损耗，而且便于操作，提高了产品质量。现在，全国普遍使用这一新技术。

电镀方面有许多新工艺、新技术，企业和有关科研部门协同合作是电镀企业技术部门的职责所在。

第二十一章　发展中的电镀工艺技术

改革开放以来，国外先进的电镀技术、电镀设备、电镀仪器逐步进入中国市场，促使我国的电镀技术有了很快的发展。技术水平的提高，带来了更多的国内外订单。不仅五金、灯具、鞋帽服饰大量出口；汽车配件、卫浴、电子通信器材也占有一定市场。国外订单有的要求比较明确：有的要求镀层不含六价铬；有的要求不能有镍元素；有的要求不能用氰化物（指定要求环保型）；有的要求钝化（转化膜）也不能用六价铬，等等。这些要求又反过来促使我们开发新工艺、使用新工艺、学习新技术、使用新技术。

第一节　三价铬镀铬

21.1.1 三价铬镀铬简介

铬镀层的优良性能在许多行业是不可取代的。但六价铬电镀本身有许多缺点：电镀溶液中六价铬含量高；电流效率低；造成六价铬损失太大。镀铬溶液分散能力，覆盖能力差；生产时铬雾和废水对环境污染严重，六价铬剧毒对人体危害极大。人们试图通过降低六价铬浓度、使用稀土添加剂、使用有机添加剂来改变这些缺点，收到了一定的效果。不过，要彻底摆脱不用六价铬，只能用三价铬镀铬来取代之。

三价铬镀铬的困难在于：

（1）三价铬在镀液中处于中间状态，下有二价铬，上有六价铬，不容易稳定。因此，在电镀过程中阴极上可以还原成零价铬、二价铬，在阳极上可以被氧化成六价铬，难以控制。

（2）与六价铬电镀一样的道理，三价铬镀铬也不能使用金属铬做阳极，只能用不溶性阳极。不溶性阳极上会氧化三价铬产生六价铬，而六价铬对三价铬镀铬是极其有害的。阳极的选用是个问题。

（3）三价铬镀液的组成比较复杂，尤其是络合剂的选用。三价铬镀铬的溶液是偏酸性，而络合物都有酸度效应，也就是说在酸性条件下，络合物的络合能力是有限的。三价铬镀铬溶液中的络合物不容易找。

（4）三价铬镀液对杂质比较敏感，尤其是对铁离子、铜离子、镍离子、锌离子很敏感，操作控制要求严格。这些金属杂质的去除，因为三价铬的存在、因为络合物的存在而变得比较困难。

三价铬镀铬的镀层也有不尽人意之处：

(1)镀层难以镀厚，一般只能镀 3μm，功能性使用受到限制。

(2)镀层的色泽没有六价铬那样漂亮，有点像不锈钢抛光的样子。

但是三价铬镀铬具有明显的工艺优点：

(1)三价铬镀铬溶液中的铬含量较低，一般含量为 5～20g/L；阴极电流效率比较高，一般在 50%～60%。能节约铬，节约电能。

(2)三价铬镀液有较好的分散能力和很好的覆盖能力，对于形状复杂的零件尤为适用。

(3)三价铬镀液操作范围很宽。阴极电流密度可在 0.6～100A/dm^2 使用；温度使用范围在 15～45℃，节约能源。

(4)电镀过程中可以将镀件取出查看，继续再镀，不会影响镀层质量。

(5)在常用金属基体钢铁、铜及其合金、锌合金、镍上都可以直接电镀三价铬，结合力良好。

三价铬镀层也有优点：

(1)三价铬镀层为不连续铬层，呈微孔，微裂纹状，因此镀层耐腐蚀性很好。

(2)随着新技术的不断开发，三价铬镀层的色泽已经与六价铬镀层相当接近。

(3)黑色的三价铬镀层相当漂亮；比六价铬镀黑铬走位好得多，操作也简便容易得多。

另外，非常重要的一条，三价铬镀铬的废水处理比较容易，只要将 pH 提高到 8 以上，便可以产生氢氧化铬沉淀。三价铬的毒性比六价铬也小得多。

21.1.2 三价铬镀铬溶液的组成

三价铬镀铬溶液的组成与六价铬镀铬溶液的组成大不一样，反而与其他镀液比较类似。一般由以下几部分组成：

(1)主盐。大多使用硫酸铬、氯化铬，金属铬含量大致在 20～25g/L。

(2)络合剂。大多使用有机酸盐，如甲酸盐、乙酸盐。有专利介绍当甲酸根与三价铬络合，在其摩尔比为 2∶1 时，可以得到良好的镀层，含铬废水也比较容易处理。

(3)导电盐。多为钾、钠、铵的氯化物或硫酸盐。

(4)缓冲剂。多为硼酸、醋酸。硼酸另有抑制氯气析出的作用，所以更多地被使用。

(5)添加剂。表面活性剂可以防止麻点、针孔；光亮剂可以提高镀层光亮度。表面活性剂可以使用十二烷基硫酸钠；光亮剂可以试用丙三醇，它还可以抑止硼酸的分解。

(6)抑制剂。三价铬镀铬时抑制六价铬的产生是极其重要的。一般加入溴离子。当溴离子含量大于 0.01mol/L 时，即能抑制六价铬的产生。另外，溴离子还能抑制氯的产生。一般使用浓度为 0.05～0.3 mol/L。

21.1.3 三价铬镀铬的阳极

三价铬镀铬要普及，一定要解决阳极问题。在不溶性阳极上一定会有氧气生成，氧气会将三价铬氧化成六价铬，阳极本身也会将三价铬氧化生成六价铬，六价铬又会严重影响镀液的稳定性。阳极上怎么抑制或减少六价铬的生成？溶液中还原六价铬的还原剂怎样才不会被阳极氧化？人们想出了许多方法：

(1)石墨不溶性阳极。安美特化学有限公司提供了专用石墨阳极，这种高纯、高密度的石墨阳极，有一套完整的使用方法，可以应付三价铬镀铬的需要(具体见本书 18.3.3)。

(2)铁氧体阳极。这种阳极在电解过程中可以控制六价铬渐渐地增加，而且可以阻止六价铬产生不良效果。使用这种铁氧体阳极，就不必添加控制六价铬浓度的种种还原剂，阳极本身可以有效地控制六价铬的浓度。

(3)特制的阳极篮。这种阳极篮是专为三价铬镀铬研制的，形状与一般钛篮相似，用塑料制成。关键在于在阳极篮内安置低电阻的离子交换膜，阳极用铅锡合金插入，阳极液注入 10%硫酸作还原剂。离子交换膜划定出了一个阳极区，从而阻止了三价铬向阳极的扩散，防止了三价铬的氧化，也防止了溶液中还原剂的氧化。

21.1.4 三价铬镀铬溶液中金属杂质的影响及去除

三价铬镀铬对金属杂质非常敏感的，因此溶液不稳定。三价铬镀铬溶液呈微酸性，在电解过程中可以除去微量的金属杂质。但是，因为溶液呈酸性，零件从挂具上掉下来会被腐蚀溶解；零件形状复杂，在凹部位前道镀层没有完全覆盖，镀三价铬时凹部位会有少量溶解；另外，镀镍后水洗不充分也会累积镍离子。这些都是产生金属杂质的原因。常见金属杂质的影响见表 21－1。

表 21－1　常见金属杂质对三价铬镀铬的影响

金属杂质	容忍度(mg/L)	产生影响
铜	≤10	镀层变黑
铅	≤10	结合力变差
锌	≤20	镀层分散不均匀
镍	≤100	镀层变黑
铁	≤200	镀层变黑

三价铬镀铬对金属杂质的敏感，还在于溶液含有一种以上金属杂质时，不同种类的金属杂质会互相牵引，造成更严重的影响。镀液对金属杂质的容忍度将会大大降低。

如何除去溶液中的这些金属杂质呢？安美特化学有限公司专门设计了IT离子交换树脂(DL)，在电镀生产过程中可以同时进行金属杂质的吸附处理。该离子交换树脂对金属离子的吸附有明确的选择次序：首选铜离子→镍离子→锌离子→铁离子。当镀液中没有其他金属杂质污染时，镀液中的三价铬将被树脂吸附。如有金属杂质污染时，树脂吸附的三价铬离子会与金属杂质进行交换吸附(金属杂质取代树脂吸附的三价铬离子)。当离子交换树脂吸附饱和，可以用10%的稀硫酸再生。再生后的树脂为H^+型，经过水洗，逆向反冲水洗，确认pH为5～6，这时可以用来再吸附处理镀液。处理前，应该先将镀液过滤一下，以免沉淀杂质堵塞在树脂的上面，减少离子交换树脂设施的流量。在正常使用时，离子交换树脂设施的流量每升树脂为300mL/min，树脂与镀液的比例为2L∶100L。这种离子交换树脂的其他使用要求，与一般阳离子交换树脂没有什么区别。IT离子交换树脂(DL)吸附金属杂质的效率，随着使用时间增加而逐渐下降。正常情况下，建议每两年更换一次。

21.1.5 国内外三价铬镀铬的常见配方及操作条件

国内外电镀工作者对三价铬镀铬进行了大量的研究。解决了三价铬镀铬的阳极问题，解决了镀液金属杂质的影响问题，三价铬镀铬就容易实施多了。

国内研究的三价铬镀铬配方及操作条件，见表21-2。

表21-2　国内研究的三价铬镀铬的配方及操作条件

名称及操作条件	配方1	配方2
六水合三氯化铬(g/L)	107～133	
十五水合硫酸铬(g/L)		20～25
甲酸钾(g/L)	67～109	
甲酸铵(g/L)		55～60
氯化铵(g/L)	53	90～95
溴化铵(g/L)	10～20	8～12
氯化钾(g/L)	75	70～80
醋酸钠(g/L)	14～41	
硼酸(g/L)	50	40～50

（续表）

名称及操作条件	配方 1	配方 2
硫酸钠(g/L)		40～50
浓硫酸(g/L)		1.5～2.0
润湿剂(mL/L)	1	
温度(℃)	20～25	20～30
pH	2.5～3.3	2.5～3.5
阴极电流密度(A/dm²)	20	10～100
阳极材料	石墨	石墨

国外的三价铬镀铬比较成熟，在工业生产上已有较多的应用。

常见的配方及操作条件，见表 21－3。

表 21－3 国外三价铬镀铬的常见配方及操作条件

名称及操作条件	安美特公司	Caning 公司
	TC 添加剂：400～600(mL/L)	基本液 N29322：260mL/L
	TC 稳定剂：65～85(mL/L)	浓缩液 C29323：100mL/L
	TC 调和剂：3～8(mL/L)	开缸剂 C29324：10mL/L
	TC 修正剂：2.5～3(mL/L)	润湿剂 N25329：3mL/L
	三价铬：20～23(g/L)	
	硼酸(滴定值)：63(g/L)	
pH	2.3～2.9	3.3～3.7
温度(℃)	30～43	45～57
阴极电流密度(A/dm²)	10～22	5～10
阳极电流密度(A/dm²)	2～5	
槽电压(V)	9～12	8～12
阳极材料	专用石墨	铅锡合金
沉淀速度(μm/min)	0.15～0.25(D_k=10.8A/dm²)	
搅拌	空气搅拌	需要
镀液密度(g/cm³)	1.20～1.24	

第二节　电镀锌及锌合金的三价铬钝化工艺

21.2.1 三价铬钝化工艺的由来

长期以来，镀锌及镀锌合金是用六价铬溶液钝化的。六价铬钝化工艺成熟稳定，由于六价铬具有自修复功能，因此钝化膜的耐腐蚀性能比较好。但是六价铬剧毒，受到环境保护要求的限制，也受到用户的限制。

对于无铬钝化、对于三价铬钝化的研究和探索由来已久。曾经探索钝化不用铬元素，硅酸盐、钨酸盐、钼酸盐、钛酸盐、稀土类都试过，但有的耐腐蚀不够好，有的外观不够漂亮，没有形成规模性生产。而三价铬钝化却发展迅速，日渐成熟，完全有取代六价铬钝化的势头。

21.2.2 三价铬钝化的成膜机理

六价铬的钝化机理是：在酸性条件下，锌镀层浸入钝化液时，锌镀层与六价铬进行氧化还原反应，锌层表面被氧化溶解，六价铬被还原为三价铬；氧化还原反应消耗了氢离子，镀层界面 pH 升高，三价铬的氢氧化物形成了胶核，与其他反应生成物以胶状形态覆盖在镀层表面，形成钝化膜。当钝化膜有孔隙、裂纹，溶液中的六价铬或者钝化膜中夹附的六价铬又会渗入之中，参加修复反应。钝化膜始终能完好地保护下面的锌镀层，达到耐腐蚀的目的。

而三价铬钝化的成膜机理则有所不同。锌镀层浸入钝化液，锌会与氢离子发生置换反应（六价铬钝化也会有这一反应，但是在微酸性的条件下，这些反应都很微弱），锌还会与钝化液中的氧化物发生氧化还原反应（这是主要的反应），反应消耗氢离子，使得镀层表面 pH 升高，钝化液中的三价铬，锌离子与其他金属离子同氢氧根生成沉淀物覆盖在镀层表面，形成钝化膜。当钝化膜有孔隙、裂纹时，特别是钝化膜受到损伤时，腐蚀很快发生。溶液中虽然有氢离子、氧化物（如硝酸根离子）可以与锌发生微量反应，但是要产生锌，三价铬以及其他金属离子的胶状沉淀却很难。因此，三价铬钝化没有六价铬钝化的自修复功能（或者说这种功能极低，达不到防腐蚀的要求）。

为了解决这个问题，现在采用填充（如采用纳米水溶性硅化物填充）、封闭（如有机漆、无机水溶性封闭）的方法，这些手段使得三价铬钝化耐腐蚀性大幅度提高，得到了广泛的应用。

21.2.3 三价铬钝化膜的特性

三价铬钝化膜的特性如下：

(1)三价铬钝化溶液比较稳定，工艺比较简单，容易操作。可获得无色、白色、蓝白色、彩虹色、黑色或淡黄色的钝化膜。

(2)三价铬钝化的时间比六价铬钝化长，溶解的锌镀层多，因此要求锌镀层镀得厚些。

(3)三价铬钝化膜比六价铬钝化膜薄，耐腐蚀性能也比六价铬钝化膜差；但是对于锌合金来说，却可以获得较厚的钝化膜，耐腐蚀性能也比较好。

(4)为了提高三价铬钝化膜的耐腐蚀性，往往需要对膜进行封闭、填充等后处理。后处理中可以用以下三种方法：

• 使用硅酸盐类封闭剂　这种封闭是将产品浸入硅酸与硅酸脂的无机硅酸盐溶液中，浸渍温度 40～60℃，浸渍时间在 20～40s，干燥后钝化膜上覆盖一层透明的膜。对钝化膜起到很好的保护作用，中性盐雾试验可达到 168h。

• 使用硅烷基封闭剂　硅烷与镀层表面形成共价健，结合牢固，可以起到很好的保护作用。应用这种硅烷偶联剂时，必须经过水解合成，方法如下：取 10mL 硅烷偶联剂，加入 10mL 蒸馏水，加入 36%醋酸 6mL，搅拌反应 15min，冷却至室温，再加 90mL 蒸馏水，加适量稳定剂，用稀醋酸调 pH 至 5.6～6.6。使用工艺条件：硅烷偶联剂 0.6%～0.8%，稳定剂 0.03mL/L，pH 为 5.6～6.6，温度 25℃，时间 30～50s。三价铬彩色钝化膜经此封闭后，中性盐雾试验可达 120h。

• 使用有机水溶性漆封闭　通常使用丙烯酸水溶性清漆。这种清漆中含有交联剂，在干燥时其分子能够交联强化，干燥后形成透明的膜，对钝化膜起到很好的保护作用。其缺点是对于彩色钝化、蓝白色钝化会影响其色泽的鲜艳。

此外，目前纳米水溶性硅化物填充，也得到一定范围的应用，钝化膜的耐腐蚀性明显提高。

(5)三价铬钝化膜的耐温性比六价铬钝化膜来得好。在 200℃温度下，三价铬钝化膜仍然能保持原有 70%的抗腐蚀性能；而六价铬钝化膜在 80℃时，钝化膜脱水开裂，明显影响抗腐蚀性能。

经过不断的改善优化，三价铬钝化已经适应工业需求，正在进一步推广应用。

21.2.4 三价铬钝化溶液的组成

三价铬钝化溶液由以下几方面的物质组成：

1.提供三价铬的盐类

由三价铬形成的钝化膜，三价铬胶状物成为骨架，其强度比较高，不溶于水。三价铬的盐类可以选择：氯化铬，硝酸铬，草酸铬，硫酸铬等，也可以从还原六价铬得到。

2.络合剂

有的产品将络合剂称为稳定剂，其主要作用是用来控制成膜速度，稳定溶液中三价铬的六水化合物$[Cr(H_2O)_6]^{3+}$。钝化液中的络合物要在微酸性条件下有控制，调节金属离子的能力(包括对三价铬的控制、调节)。目前采用的络合剂有两类：一类是有机酸，如草酸、葡萄糖酸、柠檬酸；另一类是氟化物，如氟化氢铵、氟化钠、氟化铵。实用配方中往往将两种或者多种络合剂配合使用，共同完成其作用，这样还可以延长钝化溶液的使用寿命。

3.氧化剂

氧化剂氧化锌表面镀层，将锌氧化成锌离子。反应消耗了氢离子，镀层界面pH升高，形成三价铬离子、锌离子等氢氧化物的胶体物，形成钝化膜。因此，有的产品将氧化剂称之为促进剂。

4.其他金属离子

在钝化液中加入其他金属离子可以增强钝化膜的耐腐蚀性，改善钝化膜的颜色，对促进钝化膜的形成起到催化作用。钴离子的加入提高了钝化膜的耐腐蚀性能，而且钝化膜中钴含量越高，钝化膜的耐腐蚀性越好。钝化液中若有镍离子，铁离子，可以得到黑色的钝化膜。含有稀土金属的化合物也是选择的对象，比如镧系稀土金属。

5.促进剂

不仅氧化物可以起到促进钝化膜形成的作用，有的有机阴离子和无机阴离子也具有钝化膜形成的促进作用。比如：硝酸根，有机酸根之类。

6.润湿剂

润湿剂选用表面活性剂。它可以促使钝化膜均一。促成膜的厚度均匀，膜的色泽均一，不产生条纹。有的表面活性剂还能提高钝化膜的硬度。含硅酸盐类的表面活性剂还可以提高钝化膜的耐腐蚀性。选用的表面活性剂有：十二烷基硫酸钠，十二烷基磺酸钠一类；有磺基丁二酸盐的衍生物一类；有萘的磺酸盐一类。

7.封孔剂

封孔剂用来填补钝化膜的孔隙、裂纹，弥补三价铬钝化不能自修复的缺憾，提高了钝化膜的耐腐蚀性和钝化膜的硬度。封孔剂还能提高钝化液的稳定性，延长钝化液的使用寿命。有机硅酸盐，特别是纳米水溶性硅化物的应用，可显著提高钝化膜的质量。

21.2.5 操作条件对三价铬钝化膜的影响

操作条件的不同对三价铬钝化膜有着不同的影响。

1. pH

pH的高低直接影响镀锌层的溶解，同时也影响钝化膜的再溶解。当pH低时，锌镀层溶解快，有利于钝化膜的形成，钝化膜的再溶解也会加速。因此，要寻找一个比较恰当的pH，一般选择pH在1.0～2.5比较好。试验证明，pH的高低与钝化膜的颜色也有关系。pH低，钝化膜的色泽较淡；pH高，钝化膜的色泽较深。

2. 温度

温度低，氧化反应较慢，三价铬、锌等金属离子形成胶体沉积物的速度比较慢，钝化膜若要达到一定的厚度，所用的时间较长；温度高，氧化反应加快，钝化膜形成速度加快，但钝化膜的再溶解也会加快，同时还会增加溶液中氧化物的分解。因此，要选择合适的温度。不同的配方，钝化膜的形成速度是不一样的，所用的氧化物也是不一样的，所选择的温度也不一样。

3. 时间

钝化选择的时间与温度有关。钝化时间长，钝化膜一般比较厚。钝化时间一般在10～120s。

21.2.6 三价铬钝化的配方及操作条件

1. 三价铬蓝白色钝化

国内常见蓝白色钝化的配方及操作条件见表21-4。

表21-4 国内蓝白色钝化的配方及操作条件

配方1	配方2	配方3
氯化铬(g/L)：30～50	Cr^{3+}(g/L)：1～1.3	Cr^{3+}(g/L)：4
氟化铵(g/L)：1.5～2.5	F^-(g/L)：0.2～0.4	$C_2H_2O_4$(g/L)：12
硝酸(g/L)：3	NO_3^-(g/L)：5～8	NO_3^-(g/L)：20
硝酸钴(g/L)：5～8	Mo+Co(g/L)：0.2～0.4	Co(g/L)：1
	SO_4^{2-}(g/L)：0.5～0.8	Si(g/L)：5
pH：1.6～2.2	pH：2～2.5	pH：2～3
温度：室温	温度：15～30(℃)	温度：30℃
时间：10～30s	时间：15～30s	
	不封闭耐盐雾：48h	耐盐雾：很好
	封闭耐盐雾：96h	

注：配方2由陈春成高级工程师提供，摘自《电镀与精饰》第28卷 第2期 。

2. 三价铬彩色钝化

三价铬彩色钝化配方及操作条件见表 21－5。

表 21－5　三价铬彩色钝化配方及操作条件

配方 1	配方 2	配方 3	配方 4	配方 5
氯化铬：8g/L	Cr^{3+}：0.2～20g/L	硫酸铬：10g/L	三价铬化合物：10～30g/L	硝酸铬：15g/L
氟化氢铵：1.5g/L	NO_3^-：8～300g/L	硫酸铝钾：30g/L	硫酸铝：20～40g/L	硝酸钠：10g/L
氯化锌：0.5g/L	Cr：0.6～60g/L	偏钒酸铵：2.5g/L	钨酸钠：2～5g/L	草酸：10g/L
硝酸钠：9g/L	Zn^{2+}：0.05～15g/L	盐酸：5g/L	无机酸：5～10g/L	
pH：1.2～1.6	pH：1～3.5		表面活性剂少量	pH：2
温度：40～70℃		室温		温度：30℃
用磷酸调 pH		时间：40s		

注：

①配方 1 摘自《电镀与精饰》第 28 卷 第 2 期，由陈春成高级工程师提供。

②配方 2 摘自《电镀与精饰》，由蔡加勒发明。配方药品范围较宽，使用前有待摸索具体用量。

3. 三价铬黑色钝化

常见的锌及锌合金可钝化为蓝白色、白色或彩色。但现代工业不仅仪器仪表、航空航天等方面需要黑色钝化，汽车、摩托车、建筑五金、日用五金、电子行业都对黑色钝化提出了各自的要求。黑色钝化使用面越来越广，质量要求越来越高。三价铬黑色钝化主要问题在于色泽的黑亮及钝化膜的耐腐蚀性能。经许多电镀工作者的研究，逐一克服了这些问题，常见配方见表 21－6。

表 21-6　三价铬黑色钝化的配方及操作条件(供参考)

配方 1	配方 2	配方 3
磷酸铬(含 6 结晶水):25g/L	氯化铬:18～30g/L	硫酸铬:25g/L
硫酸钴(含 7 结晶水):2.2g/L	硝酸铬:1～5g/L	磺基水杨酸:5g/L
醋酸镍(含 4 结晶水):2.3g/L	硫酸钴:1～6g/L	COO^-:0.3mol/L
丙二酸:25g/L	硫酸镍:1～6g/L	$c(Fe^{2+})/c(Co^{2+})$:2/1
氟化钠:0.5g/L	羧酸类配位体:15～30g/L	
磷酸二氢钠:12g/L	磷酸二氢钠:10～20g/L	磷酸二氢钠:15g/L
硝酸根:0.18g/L		硝酸根:11g/L
硅溶胶:1g/L		
pH:1.5 (用磷酸或氢氧化钠调)	pH:2～3	pH:1.8～2.5
温度:30～40℃	温度:40～60℃	温度:5～35℃
时间:60～120s		时间:30～60s
4.5g Cr^{3+}/L 钝化液		
中性盐雾试验:48～120h	经封闭中性盐雾试验:96h	经封闭中性盐雾试验:96h

注:

①配方 1 摘自《广东微量元素科学》第 15 卷 第 6 期,作者尹刚强、李尚清。

②配方 2 摘自《电镀与环保》第 27 卷 第 4 期,作者毕四富、李宁、屠振密、王亚伟。

③配方 3 摘自《电镀与精饰》第 31 卷 第 9 期,作者惠怀兵、刘立炳。

三价铬黑色钝化容易挂灰,不能得到黑亮的钝化膜。这个问题可通过选择发黑剂(金属离子钴、镍、铁等组合使用)和选择阴离子(硝酸根、羧酸根配位体)来解决。三价铬钝化膜的耐腐蚀问题通过封闭、填充来解决。这两个问题的解决对三价铬钝化膜的质量有明显提高,推广应用逐步扩大。

第三节　无氰化物预镀铜①

21.3.1 无氰预镀铜问题的提出

电镀使用氰化物由来已久,氰化钠(或氰化钾)是非常好的络合剂,可以络合各

① 本节讲的无氰预镀铜,主要是对于钢铁基体、锌合金基体的零件而言。塑料等非导电体零件、金属化之后的预镀铜,不在讨论之列。

种金属离子，被络合的金属离子极其稳定。镀铜加入氰化钠，可以控制铜离子的有效浓度。钢铁、锌合金等活泼金属基体不会与溶液中被氰化物络合的铜离子发生置换反应，可以确保基体与铜镀层的结合力。因此，氰化镀铜常常用来预镀打底。而且对于铜、锌或锡等金属离子，氰化物可以通过其不同的络合能力，将两种或两种以上的金属离子调整其沉积电位，使之相近，促使它们共沉积。对于电镀而言，氰化物是一种非常理想的络合剂。但是氰化物太毒了，严重影响操作工人的身体健康，其废水也严重污染水源。为实现无氰电镀，电镀工作者进行了不懈的努力。对于无氰镀铜早有多年的探索研究，并且取得了实用效果。下面介绍一些无氰镀铜的资料，供大家参考。

21.3.2 无氰预镀铜的早期探索

1984 年，上海南市电镀厂，曾使用无氰镀铜技术为长伞杆（钢铁管状）的预镀打底。其简单工艺流程如下：

除油除锈→清洗→阳极电解除油→清洗→活化→清洗→预镀无氰铜→清洗→三乙醇胺碱性光亮镀铜→清洗→光亮镀镍→清洗→镀铬→清洗→烘干。

预镀无氰铜的配方及操作条件如下：

硫酸铜（5 份结晶水）：8～12g/L；

草酸：60～80g/L；

酒石酸钾钠：20～30g/L；

氨水：60～70mL/L；

pH：2～4；

温度：25～35℃；

阴极电流密度：0.1～0.5A/dm^2；

时间：3～4min（或按自动线节拍）。

配方说明：

（1）硫酸铜。硫酸铜是配方中主盐。浓度太低，阴极电流密度开不大，反应速度慢，需要电镀时间长，可以根据自动线节拍的时间选择硫酸铜浓度的上下限；浓度太高，反应速度过快，铜镀层比较粗糙。

（2）草酸。铜离子的络合剂，并具有还原作用。可以控制铜离子的有效浓度，对于钢铁管状内部又可以在化学镀时起还原剂的作用。使得即使发生置换反应，也可以控制反应速度，得到结合力良好的铜镀层。

（3）酒石酸钾钠。辅助络合剂，也具有还原作用。在镀液中的作用与草酸相似。起辅助作用。

（4）氨水。铜离子的又一种络合剂，也具有一定的还原能力（与 Cr^{3+} 的还原能力接近）。氨水在酸性条件下是稳定的。

这个配方中,铜离子处于多元络合物的络合中,几种络合剂共同控制铜离子;铜离子在电沉积还原过程中,有多种还原剂在起作用,在电沉积过程中,电流的作用是占主导地位的,在电流起不到作用的部位,是还原剂的作用,进行着化学镀。但是由于多种络合剂的作用,化学镀的结合力也是良好的。虽然镀液的 pH 是 2～4,呈微酸性,对络合剂的络合能力有所影响,但微酸性可以稳定氨水,也有利于化学镀的进行。这个配方后来没有用下去,主要原因是伞杆管状件,一头是封闭的,管内的油、锈无法清除干净,而此工艺又不能弥补这些缺陷,影响了镀层质量。如果产品管状不封口,如果管状不那么长,是可以继续使用的。

21.3.3 其他无氰预镀铜

目前常见的其他无氰预镀铜有:

(1)巴菲尔化学公司与中国计量学院联合研发的“BF”无氰镀铜。配方中用改性聚合磷酸盐作络合剂,添加 500mL/L,pH＝9。

(2)武汉奥邦产品。配方中用碳酸钾作导电盐,用 DSIII 络合剂,DSIII 添加剂,pH 为 9～10。

(3)安美特化学有限公司的广普龙碱性预镀铜工艺。该配方及操作条件如下:

广普龙碱铜 CNF103 开缸剂:80～150mL/L;

广普龙碱铜 CNF103 补充剂:300～500mL/L;

广普龙碱铜 CNF103pH 调整剂:40～60mL/L;

金属铜:1.5～3.0g/L;

pH:9.2～10.0;

阴极电流密度:0.2～2.0A/dm^2;

空气搅拌,阳极用不锈钢或者无氧高导电铜球。

镀液呈微碱性。不含强络合剂,废水处理比较简单;长期使用不需要处理碳酸盐;镀液稳定,不用做定期的镀液大处理,有极佳的均镀能力和覆盖能力。电流效率高;镀层致密,光亮,平滑;特别适用于锌合金、铁基体零件的预镀。

第四节 抗腐蚀镀层——锌铁合金的发展

21.4.1 锌铁合金工艺的早期探索

早在 20 世纪 70 年代初上海南市电镀厂研发出焦磷酸盐体系的锌铁合金工艺,前后用了 20 年。后来由于产品更新换代,才没有使用下去。

焦磷酸盐电镀锌铁合金是为了在保证抗腐蚀性、耐磨性的基础上,降低电镀成本而开发的。该工艺以锌代铜或者以锌代镍,开发出半光亮银白色锌铁镀层和光

亮白色锌铁镀层。银白色镀层酷似沙面铬层，含铁量稍高的镀层色泽没有那么银白，但套铬性能很好。镀层的抗腐蚀性很好，套铬后镀层耐磨性比铜锡合金、铜锌合金都好。光亮镀层中因为锌含量偏高，套铬容易发雾，如果降低锌含量，提高铁含量镀层没有那么白，但是用来代镍还是可以使用的。两种锌铁合金的配方及操作条件见表 21－7。

表 21－7　焦磷酸盐镀锌铁合金的配方及操作条件

名称及操作条件	光亮镀层	银白色镀层
硫酸锌(7 份结晶水)(g/L)	70～80	35～45
焦磷酸钾(g/L)	250～300	300～400
三氯化铁(6 份结晶水)(g/L)	8～11	12～17
磷酸氢二钠(g/L)	80～100	60～70
光亮剂(mL/L)	0.05～0.12	0.007～0.01
pH	9.0～10.5	9.5～12.0
温度(℃)	55～60	40～48
时间(min)	15～30	100～120
阴极电流密度(A/dm^2)	1.5～2.5	1.2～1.4
阴极移动	18～20 次/min	18～20 次/min

注：

①镀液中的锌是以焦磷酸锌的形式存在的。配制时用硫酸锌与焦磷酸钾反应，生成的焦磷酸锌沉淀，需要漂洗三次再使用(要将沉淀上面溶液中的硫酸根漂洗干净)。

②用冷水溶解三氯化铁。溶解后加入适量的氢氧化钾，以中和工业三氯化铁中残留的盐酸，加氢氧化钾溶液至 pH 为 4 即可。配制时溶解的三氯化铁要在搅拌下慢慢加入，防止局部过浓。

③光亮剂是自制的。所用药品有：对甲苯磺酰胺、洋茉莉醛、酒精、纯水。方法如下：a. 用酒精完全溶解对甲苯磺酰胺；b. 水浴加温用纯水溶解洋茉莉醛；c. 将 b 慢慢倒入 a 中，边倒入边搅拌。对甲苯磺酰胺与洋茉莉醛的用量比＝2∶1。

④磷酸氢二钠在溶液中为缓冲剂，若要调整 pH，可以使用磷酸或者氢氧化钾。

⑤阳极：用 0 号锌板及纯铁板(纯铁不得差于 BF3 型)。

⑥镀液配好后呈胶体溶液状，有明显的丁铎尔效应。

焦磷酸盐电镀锌铁合金工艺在使用中应该注意的问题：

(1)防止镀液呈豆腐花状。因为镀液属于胶体，胶体容易聚沉的因素就是容易产生豆腐花的因素。例如：pH 低于 8，焦磷酸根的络合能力下降，有较多的金属离子(这里主要是铁离子)游离出来，造成了胶体中离子的总浓度增加，创造出更多的带正反电荷的胶粒相互吸引的条件，于是产生了胶体的聚合；同样的道理，在加料时没有注意稀释和搅拌，或者一次加料过多，都容易产生这种现象。使用焦磷酸盐镀锌铁合金工艺要注意保持胶体的稳定性，慎重带入电解质。

(2)注意挂钩的导电性。挂钩应该用有弹性的磷铜，每次镀后要退除挂钩上面的镀层。

(3)锌铁合金中铁含量若占20%，套铬性能很好；如果铁含量低于16%，套铬容易发白雾。这是因为锌铁合金中的锌被六价铬氧化的原因。

(4)光亮剂要少加、勤加，过多的光亮剂会导致镀层脆性。

(5)根据不同的需要，可以控制镀层中的锌铁比例。镀液中锌离子、铁离子哪一种离子浓度高，镀层中这种金属的含量就高；光亮剂的增加会导致镀层中锌的比例增加。

(6)操作条件：温度高，阴极电流密度低、pH低都有利于铁的沉积；反之，则有利于锌的沉积。

(7)选购原料要注意质量，尤其要注意焦磷酸钾的质量。

这项工艺有一定的使用价值，如果在此基础上再提高一步，尤其是解决光亮剂的脆性，可用于代镍镀层、防腐蚀镀层，该工艺是可以进一步推广使用的。

21.4.2 发展中的电镀锌铁合金工艺

电镀锌铁合金这一工艺从来没有停止发展。这一合金镀层在用于装饰性镀层体系发展较慢，但是在抗腐蚀体系发展很快。早在1992年就有人研发出应用酸性氯化物电镀锌铁合金工艺。20多年来，不仅这一工艺逐步完善成熟，得到推广应用；而且碱性锌酸盐电镀锌铁合金工艺也同步开发、完善成熟，逐步得到推广应用。

具有良好抗腐蚀能力的锌铁合金镀层大体分两种。一种是铁含量较高(7%～25%)的合金镀层这种镀层抗腐蚀能力是镀锌层的1～2倍，比较难以钝化；但是镀层耐水性，涂装性好，常常用于像汽车钢板电泳漆前的打底镀层。另一种含铁量较低(0.3%～0.8%)的锌铁合金镀层，经钝化处理后，抗腐蚀性能大大提高，可以达到锌镀层的5～20倍。如果进行黑色钝化，不用银盐，其抗腐蚀能力与镉镀层相当。这种镀层极好的抗腐蚀性，在汽车、建筑五金、室外灯架等公共设施建设等众多的行业得到应用。这两种镀层都可以酸性镀液电镀工艺或碱性镀液电镀工艺中得到。

21.4.3 酸性电镀锌铁合金工艺的组成

酸性电镀锌铁合金工艺的发展离不开添加剂、光亮剂的研发。添加剂、光亮剂的开发为酸性电镀锌铁合金赋予了更强的生命力。这一工艺的组成基本如下：

1.主盐：氯化锌，硫酸亚铁一类

在电镀过程中重要的不是两种金属离子的浓度，而是两种金属离子的浓度比。通常情况下总的金属离子浓度不变，而铁离子的浓度增加，镀层中铁含量增加，但

并不成比例。如果提高金属离子的总浓度，往往镀层中锌含量会高一些。这是因为络合剂络合铁离子更稳定。当然这也要看镀液中使用的是哪一种络合剂。

2. 络合剂

通常使用在微酸性条件下仍有络合能力的有机酸，如葡萄糖酸、柠檬酸、抗坏血酸、酒石酸、氨三乙酸等。有的有机酸还有一定的还原作用，对于抑制三价铁的生成也有好处。除了络合两种金属离子外，络合剂需要一定的游离量，这样更有利于金属离子的稳定，有利于阳极的活化。

3. 导电盐

使用氯化钾是最好的选择。氯化钾导电能力好，没有增加更多种类的离子，价格也较便宜。过多的氯离子也会导致阳极溶解太快，取其 200g/L 足亦。

4. 添加剂

其中光亮剂大多数是与镀锌的光亮剂同门同类，如芳香醛一类、有机胺、环氧氯丙烷、萘磺酸、糖精、聚乙二醇、β—氨基丙酸及其聚合物，等等。常常是几种试剂搭配使用，各取所长。有的可以增加阴极极化，细化晶粒；有的起光亮作用；有的起表面活性剂的作用；有的作为载体。

21.4.4 酸性电镀锌铁合金工艺的操作条件

酸性电镀锌铁合金工艺操作条件如下：

1. pH

酸性电镀锌铁合金溶液的 pH 在 3.5～4.5，这时得到的镀层容易钝化。低于 3.5，pH 升高，镀层中铁含量会增加，这是因为在镀层表面会有氢氧化物沉淀，抑制了锌的沉积；当 pH 超过 5，镀层的铁含量反而会下降，这是因为络合剂络合铁的能力提高了，有利于锌的析出。

2. 阴极电流密度

电镀时阴极电流密度在 1.0～2.5A/dm^2，阴极电流密度与温度应该配合使用。当阴极电流密度低于下限，阴极的极化作用较少，镀层不亮；当阴极电流密度过高，阴极区 pH 上升，沉淀的氢氧化物容易吸附在阴极上，抑制金属离子的沉积，锌受到的抑制更大些，镀层铁含量会有所增加。

3. 温度

温度范围可以在 5～45℃。温度的升高，加速了溶液流动，减少了浓差极化，结晶容易粗糙，影响了添加剂的作用，镀层的光亮度，整平性降低了；温度升高，镀液的分散能力降低了；温度升高，还会加速锌阳极的溶解，使得溶液中锌离子浓度增加，导致镀层中含锌量增加。夏天，尤其是滚镀，要防止温度过高。最好配置溶液冷却装置。

21.4.5 常用酸性电镀锌铁合金的配方及操作条件

常用的酸性镀锌铁合金的配方及操作条件见表21-8。

表21-8 酸性镀锌铁合金的配方及操作条件

名称及操作条件	配方1	配方2	配方3	配方4
氯化锌(g/L)	70～90	80～100		
硫酸锌(g/L)			90～110	150
氯化亚铁(g/L)	10～20			
硫酸亚铁(g/L)		8～12	170～190	200
氯化钾(g/L)	180～220	200～230		
氯化钠(g/L)				30
硫酸铵(g/L)			90～100	
抗坏血酸(g/L)		1～2	1.0～2.0	2
柠檬酸(g/L)			10～15	120
硼酸(g/L)	25～35			30
胡椒醛(g/L)				0.25
洋茉莉醛(g/L)			0.05～0.10	
硫脲(g/L)		0.5～1.0		
糊精(g/L)			1.0～2.0	
苄叉丙酮(g/L)	适量			
聚乙二醇(g/L)		1.0～1.5		5
pH	4.0～4.8	3.5～5.5	2.5～3.5	1.2
温度(℃)	20～45	室温	30～40	
阴极电流密度(A/dm^2)	1～4	1.0～2.5	1.5～2.5	
阴极移动	需要	需要	需要	需要
镀层含铁量(%)		0.5～1.0		

注：

①配方摘自广州市二轻研究所《电镀与涂饰》,作者谢素玲等。

②阳极用0号锌板。铁离子最好外加,便于控制。

③添加剂有待进一步摸索,寻找最好的搭配组合。

21.4.6 碱性电镀锌铁合金工艺

从碱性溶液中也可以镀出锌铁合金镀层，常用的配方及操作条件见表21－9。

表21－9　碱性镀锌铁合金的配方及操作条件

名称及操作条件	配方1	配方2	配方3
氧化锌(g/L)	10～12	40	
硫酸锌(mol/L)			0.09
硫酸亚铁	0.50～0.65(g/L)		0.01(mol/L)
氢氧化铁(g/L)		2	
氢氧化钠(g/L)	180～250	140	80
三乙醇胺		10(g/L)	0.1(mol/L)
EDTA(g/L)	0.4～0.8		
抗坏血酸(mol/L)			0.02
硫酸钠(g/L)			30
DE添加剂(g/L)	3～5		
香草醛(g/L)	0.1～0.2		
乙烯二胺/环氧氯丙烷反应物(mL/L)		3	
回香醛(g/L)		1	
pH		14	≥14
温度(℃)	室温	25	50
阴极电流密度(A/dm^2)	1～2	3	20
阴极移动与否	需要	需要	需要

注：

①配方1摘自广州市二轻研究所《电镀与涂饰》，作者谢素玲。

②阳极用0号锌板(另用溶锌槽更好，若用溶锌槽补充锌，镀槽应用镍板做阳极)。铁离子最好外加，便于控制。

③镀液每小时连续循环过滤2～3次。

④添加剂有待进一步摸索，寻找最好的搭配组合。

目前，市场上也有一些成熟的碱性镀锌铁合金的商品供应。通常而言，商品类工艺完整、成熟，镀层质量有保证，拿来就可以用，但是成本比较高。安美特化学有限公司的普特强化锌铁合金，其配方及操作条件见表21－10。

表 21－10　普特多强化锌铁合金的配方及操作条件

名称及操作条件	挂镀	滚镀
氧化锌(g/L)	12.5	12.5
氢氧化钠(g/L)	120	120
普特多强化锌铁合金开缸盐	12.5	25
普特多强化锌铁合金补充剂 S(mL/L)	2	2
普特多强化锌铁合金添加剂(mL/L)	1.4	1.4
普特多强化锌铁合金晶细剂(mL/L)	6～10	6～10
温度(℃)	18～26	18～26
阴极电流密度(A/dm^2)	1～3	0.5～1.0
电压(V)	2～8	6～12
阴极移动(m/min)	1～2	
滚筒转速(周/min)		2～8
阳极	镍板或柔钢板	镍板或柔钢板
连续过滤(次循环/h)	2～3	2～3
镀层含铁量(%)	0.4～0.9	0.4～0.9

注：

①分析控制镀液组成：金属锌：8～12g/L；金属铁：40～80mg/L；氢氧化钠：100～145g/L。

②添加剂消耗量：普特多强化锌铁合金开缸剂应根据带出量补充。

普特多强化锌铁合金补充剂 S：100～200mL(挂镀)；100～300mL(滚镀)；

普特多强化锌铁合金添加剂：40～100mL(挂镀)；30～60mL(滚镀)；

普特多强化锌铁合金晶细剂：200～300mL(挂镀)；150～300mL(滚镀)。

③ 另备用溶锌槽，为镀槽容积 15%～30%。

④ 镀层呈半光亮。采用安美特的黑色钝化剂可得到色泽均匀的黑色钝化膜。

第五节　抗腐蚀镀层——锌镍合金

21.5.1 锌镍合金镀层简介

20 世纪 80 年代就有电镀锌镍合金的工艺了，几十年来这一工艺发展迅速，尤其是近几年这项技术成为许多国内外电镀工作者研究的热点。人们在研究、改进、发展、应用中，逐步认识锌镍合金电沉积的理论，锌镍合金工艺水平得到逐步提高，镀液性能在逐步改善，镀层质量也进一步优化。锌镍合金镀层具有下列优点：

(1) 优异的耐腐蚀性能。锌镍合金对于钢铁基体属于阳极性镀层,又比锌镀层自我腐蚀速度慢。含镍量小于10%的镀层容易钝化,钝化之后镀层的耐腐蚀性进一步明显提高。不仅抗大气腐蚀,还可以抗海水腐蚀。同样的镀层厚度,锌镍合金的耐腐蚀性是锌镀层的几倍,抗红锈能力甚至更多倍。

(2) 锌镍合金镀层与钢铁基体的结合力相当好。很少渗氢,比锌镀层的渗氢要少得多,比光亮镉镀层的渗氢也要少的多;镀层经弯曲、加工,结合力没有问题,而且仍然保持镀层原有的耐腐蚀能力,是代镉镀层很好的选择。

(3) 锌镍合金镀层能够抵御温度的考验。在−40～200℃时冷时热的条件下,镀层仍然结合力良好,耐腐蚀性能不变。

(4) 锌镍合金镀层的硬度比锌镀层高,耐磨性好。

(5) 含镍量小于10%的锌镍合金镀层容易钝化,其钝化膜上漆性好,与油漆有良好的黏着力。

21.5.2 锌镍合金电沉积的特异性

电镀锌镍合金合金有两类工艺,一类是碱性的镀液,另一类是酸性的镀液。在酸性镀液中,锌镍合金的电沉积与一般的合金镀层的电沉积有所不同。在酸性条件下,锌的标准电极电位是 −0.76V,镍的标准电极电位是 −0.25V。如果镀液中两种金属离子的浓度相同,照理来说,镍应该比锌更容易沉积。镀层中应该镍的质量成分更高。可是实际情况并非如此,而是锌容易沉积,镀层中锌的质量成分更高些。有研究人员用胶体理论来解释这一现象,“在电化学沉积过程中,阴极表面金属离子大量消耗和析氢的影响,使得阴极表面的 pH 上升,形成 $Zn(OH)_2$ 胶体,阻碍并降低了 Ni^{2+} 的传递速率,从而抑制了 Ni 的电沉积过程。Ni 的电沉积可以分两步进行,但是 Zn^{2+} 的存在抑制了反应的发生,从而阻碍了 Ni 的电沉积过程。”[①] 锌镍合金电沉积的这一特异性被实践所证明。认识这一特异性对于选定镀液中金属离子的浓度,选择络合剂是有帮助的。

从已经使用的酸性电镀锌镍合金的配方中可以看到,金属锌与金属镍的比例是1∶1.1到1∶1.3。镀液中金属镍离子浓度比金属锌离子浓度高,而镀层中金属镍的质量成分却比金属锌低。

另外,镀层中含镍量的变化,与镀层耐腐蚀性的变化也有特异。在含镍量低于18%时,镀层含镍量升高,镀层耐腐蚀性增强;当镀层含镍量大于18%以上,含镍量再上升,镀层耐腐蚀性反而减弱。研究发现了镀液组分对锌镍合金耐腐蚀性的影响,根据极化曲线计算得到如下的电化学参数,见表21-11。

---

① 摘自2017年《电镀与环保》第37卷第3期,作者李文娟、杨小红、王凤英。

表 21－11　极化曲线的拟合结果①

样品	腐蚀电流密度/($\mu A \cdot cm^{-2}$)	自腐蚀电位/(V_{SCE})
7%镍,93%锌	32.5	－1.07
11%镍,89%锌	17.8	－1.05
17%镍,83%锌	10.3	－1.01
28%镍,72%锌	25.6	－0.98

由表可知,随着锌镍合金中镍的质量分数的增大,镀层的自腐蚀电位正移。这主要是由于镍的氧化电位比锌的氧化电位正。腐蚀电流密度是判断金属耐腐蚀性的重要依据,含镍 7%的锌镍合金的腐蚀电流密度最大,说明其耐腐蚀性最差。然而,并不是镍的质量分数越大,镀层的耐腐蚀越好。研究发现,镍的质量分数在 17%左右的锌镍合金具有良好的耐蚀性。

21.5.3 电镀锌镍合金两类工艺的比较

酸性电镀锌镍合金和碱性电镀锌镍合金各有优缺点,详见表 21－12。

表 21－12　两类锌镍合金工艺的优缺点

镀种	酸性	碱性
优点	1.电流效率高,约 90%。沉积速度快。最快沉积速度可达1.0μm/min 2.镀层比较光亮,耐腐蚀性较好 3.生产成本较低 4.操作控制比较容易 5.可以用于渗碳钢、高碳钢,也可以用于钢铁铸件	1.镀液的分散能力好,镀层比较均匀 2.在电流密度高区,低区镀层中的含镍量差异较小 3.镀液对工件的腐蚀性较小,若零件落入槽中,不会腐蚀溶解
缺点	1.镀液的分散能力比较差,镀层厚度不够均匀,形状复杂的零件不太适用 2.在电流密度高区,低区镀层的含镍量差异较大 3.酸性镀液,若零件落入槽中,会溶解腐蚀,产生铁杂质	1.电流效率较低,约为 50%左右。沉淀速度较慢,通常约 0.25μm/min 2.生产成本较高 3.操作控制比较复杂 4.不适合镀钢铁铸件及渗碳钢、高碳钢 5.镀层光亮度不及酸性镀液,相对来说耐腐蚀性较酸性镀液也差一些

① 摘自 2017 年《电镀与环保》第 3 卷第 3 期,作者李文娟、杨小红、王凤英。

了解两类工艺的优缺点，有助于针对加工的产品以及技术力量选择适合的工艺。

21.5.4 酸性电镀锌镍合金工艺

通常使用的酸性电镀锌镍合金配方及操作条件见表 21－13。

表 21－13　介绍酸性电镀锌镍合金的配方及操作条件

名称及操作条件	配方 1	配方 2	配方 3	配方 4
氯化锌(g/L)	70～80	70～80	50	
硫酸锌(g/L)				50
氯化镍(g/L)	100～120	75～85	50～100	
硫酸镍(g/L)				90
氯化铵(g/L)	30～40	50～60		
氯化钾(g/L)	180～200	200～220	氯化钠 200	
硼酸(g/L)	25～30	25～30	30	20
葡萄糖酸钠(g/L)				60
胡椒醛(g/L)				0.4
木质磺酸钠(g/L)				0.04
pH	4.5～5.0	5～6	4.5	2～4
阴极电流密度(A/dm^2)	1～4	1～3	3	5～6
温度(℃)	25～40	30～36	40	25～45
阳极	锌、镍分别控制	锌、镍分别控制	锌、镍分别控制	锌、镍分别控制
镀层含镍量(%)	13	7～9		10～20

21.5.5 酸性电镀锌镍合金工艺的注意事项和操作要点

酸性电镀锌镍合金工艺操作时应注意：

(1)现代电镀锌镍合金工艺最重要的是添加剂的(包括光亮剂、稳定剂等)的选定。许多电镀工作者进行了长期深入的研究。除了从酸性氯化钾镀锌的添加剂中寻找、组合，还探索镀镍添加剂与镀锌添加剂的组合；有研究认为：能“有效抑制低电流密度区镍的电沉积是最重要的选择目标”①，并且已经找到最佳组分。这有利于复杂零件的电镀，有利于滚镀的使用。

---

① 摘自《中国电镀材料信息》第 2 卷第 5 期《电镀锌镍合金工艺、性能及应用》，作者冯力群。

氯化物电镀锌镍合金的添加剂大多使用几种有机物复配，例如：芳香族醛、酮、聚醚、芳香族羟酸盐等。

进口供应商提供的添加剂由于商业原因是用代号表示，如安美特的210系列、220系列，这类添加剂使用成本较高，但是效果是很好的。使用时按产品说明书操作就可以了，品质是有保证的。

(2)锌阳极要用纯锌板，锌含量≥99.99%，锌阳极的表面积是镍阳极表面积的3～6倍。需要用阳极框，外面用耐酸布罩好。停产时将阳极取出清洗，布袋刷洗干净。若使用过程中发现电压大于8V，可能阳极有钝化现象，应该清洗阳极，用稀盐酸活化。否则，钝化阳极会氧化镀液中的添加剂。阳极与阴极的表面积比为(1.5～2)∶1 。

(3)注意温度控制。防止加热管附近的镀液温度过高，导致添加剂的分解。

(4)需要阴极移动，每小时将镀液循环过滤2～3次。

(5)整流器选用12V，波纹率小于5%。锌、镍阳极需要配备单独的整流器。

(6) 镀后先要用1%～1.3%盐酸出光，然后再做钝化处理。

(7)一般情况下，操作温度高，镀层中含镍量会增加；镀液pH较低，镀层中镍含量会增加。

(8)氯离子浓度建议为：锌离子＋镍离子＋110g/L。

(9)镀液没有除油功能，应特别注意加强镀件前处理。

21.5.6 碱性电镀锌镍合金工艺

通常使用的碱性电镀锌镍合金的配方及操作条件见表21-16。

表21-16 碱性电镀锌镍合金的配方及操作条件

名称及操作条件	配方1	配方2	配方3
氧化锌(g/L)	8～12	6～8	9
硫酸镍(g/L)	10～14	8～10	8
氢氧化钠(g/L)	100～120	80～100	120
乙二胺(g/L)	20～30		
三乙醇胺(g/L)	30～50		
镍配合物(g/L)		8～12	
香草醛(g/L)		0.1～0.2	
ZQ添加剂	8～14	0.5～1.0	光亮剂少量

（续表）

名称及操作条件	配方 1	配方 2	配方 3
阴极电流密度（A/dm²）	1～5	0.4～4	1～5
温度（℃）	15～35	20～40	20～30
阳极	锌＋镍	锌＋镍	锌＋镍
镀层含镍量（%）	13	7～9	10

21.5.7 碱性电镀锌镍合金工艺的注意事项和操作要点

碱性电镀锌镍合金工艺操作时应注意：

（1）碱性电镀锌镍合金工艺的改进和发展，同样离不开添加剂的研究和发展。从碱性镀锌添加剂中筛选组合，从杂环化合物与环氧丙烷或与环氧氯丙烷缩合，到寻找载体添加剂、光亮剂、晶细剂、络合剂或螯合剂等，现在对添加剂的研究要深入得多、细化得多，效果也好得多。由于商业原因，现在添加剂都是用代号表示。有的添加剂还将络合剂、含镍的溶液，一起打包出售。如安美特化学有限公司有三款碱性镀锌镍合金的产品：一款是美特耐 ZN HD，添加剂有载体添加剂 H、载体添加剂 L、晶细剂、93 甲型载体添加剂、96N2X 镍补充剂，这款产品已获得专利，可以获得含镍 10%～16%伽玛相结晶的锌镍合金镀层，镀层中锌镍比例稳定，不会受不同电流密度的影响，特别适合应用于电镀后需要弯曲的工件（如输送管道）。第二款是锌利碱性锌镍合金 450，添加剂有 451 镍补充剂、452 络合剂、453 光亮剂，这款产品可以获得含镍 12%～15%的锌镍合金。第三款产品是锌利碱性锌镍合金 580，添加剂有 581Ni、582Carrier、583LCD、584MCD、585HCD，这款产品可以获得含镍量 5%～8%的锌镍合金镀层。三款产品提供不同客户的需要。

（2）阳极。许多工艺都是用 0 号锌加镍板。镍板很少溶解，镍的补充主要是依靠外加镍的盐类。如安美特化学有限公司的工艺是要求使用溶锌槽，槽的容积是镀槽的 15%～30%，在溶锌槽将锌溶解下来，溶锌槽的溶液通过过滤净化与镀液进行循环交换。这样有利于控制锌的浓度，有利于排除锌的溶解杂质。镀槽中阳极是用不溶性阳极，比如镍板或者镀 20μm 镍的铁板。在锌利碱性锌镍合金 450 工艺中，对阳极锌使用专利的薄膜阳极技术，确保电镀过程中不产生氧化物，减少添加剂的阳极氧化。

（3）注意控制温度。防止温度过高，导致添加剂的分解。

（4）只能用阴极移动，不可以使用空气搅拌，防止添加剂被氧化。滚镀、滚筒转速 4～8 周/min。镀液需要循环过滤，过滤 1～2 次/h。

（5）整流器。电压选用 12V，波纹率≤5%。

（6）应该使用抽气设备。

(7)镀后先要用1%～1.3%的盐酸出光，然后再做钝化处理。

(8)注意镀液中锌/镍比例。镀液中的镍含量高，镀层中的含镍量上升；镀液中的锌含量高，镀层中的镍含量下降。

(9)所有导致电流效率降低的因素，都会引起镀层中镍含量上升。例如：锌含量升高、碳酸钠高于工艺范围(碳酸钠含量应该≤60g/L，过多的碳酸钠应该用冷却法除去。)、温度过低、过量的添加剂等。

21.5.8 电镀锌镍合金应用的广阔前景

工业领域锌镍合金镀层的应用，国外要比我们早得多，使用规模也比我们要大得多。早在20世纪80年代，德国、日本生产的电镀锌镍合金钢板已经达十几万吨；美国首先将锌镍合金镀层应用在军工、航空航天、海洋装备上。现在国内外锌镍合金镀层的应用面越来越广，航空航天、航海船舶、汽车零件、矿井设备、电缆支架、桥梁结构、建筑五金等许多方面都在使用。不仅使用面在扩展，而且使用量也越来越大。锌镍合金的使用主要在三个方面扩展：

(1)用来代锌镀层。锌对钢铁而言是阳极性镀层，是钢铁件很好的防腐蚀镀层。镀锌产品的量恐怕也是最大的。锌镍合金镀层也是阳极性镀层，无论在大气防腐蚀及海洋气候防腐蚀方面，都比锌镀层来得好。从表21-17中可以看到这一点。

表21-17 锌镀层与锌镍合金镀层耐腐蚀性对比(中性盐雾试验)①

镀层(5μm)	镀锌层		锌镍合金层(含镍13%)	
	未钝化	彩色钝化	未钝化	彩色钝化
出白锈时间(h)	3	96	5	670
出红锈时间(h)	280	960	1300	≥2300

另外，锌镍合金镀层的渗氢也比锌镀层好得多。从表21-18可以看出，碱性镀锌的渗氢量是酸性镀锌镍合金渗氢量的14倍。

表21-18 镀锌与镀锌镍合金的渗氢量②

镀层类型	电镀条件			渗氢量
	温度(℃)	阴极电流密度(A/dm²)	时间(min)	(pmm)
碱性镀锌	25	2	20	9.98
酸性镀锌镍合金	25	2	20	0.70

---

① 摘自《锌镍合金镀层的性能及其应用》，作者储荣邦、余波。

② 摘自《锌镍合金镀层的性能及其应用》，作者储荣邦、余波。

可见用锌镍合金镀层取代镀锌层是理所应当的事。只是镀锌镍合金的成本比镀锌高，镀液的操作控制比镀锌复杂，尤其是含镍量的控制比较难以把握。因此，还有很多产品镀锌没有被取代。现在国外用锌镍合金取代镀锌的量，明显比国内高得多。

(2) 用来代镉镀层。镉镀层具有良好的防腐蚀性能，在大气环境下防腐蚀性很好，特别是在海洋其防腐蚀性能依然很好。在70℃以上的热水中依然稳定。镉镀层接触电阻低，有良好的焊接性，渗氢也比锌镀层少，原来在海洋环境下使用比较多、如船舶机件、航海仪器仪表及其紧固件。但是镉剧毒，限制使用，全世界都在极力取代镉镀层。锌镍合金是取代镉镀层最佳的方法之一。锌镍合金镀层在防腐蚀性、焊接性、耐磨性、镀层的结合力等方面一点都不比镉镀层差，甚至还要好；且更少渗氢，减少氢脆，唯独接触电阻较镉镀层大，在有电流通过的(如接触器)零件上使用存在问题。为避开这一点，许多汽车制造商，如福特、丰田、本田、马自达、奔驰、大众等都制定出锌镍合金的标准规范，用来取代镉镀层的标准规范。汽车的转向系统、液压制动系统、燃油系统、空调系统都已经使用锌镍合金镀层。船舶、航海、航空航天等行业许多零件，包括紧固件，也使用锌镍合金镀层取代原来的镉镀层。取代镉镀层的势头还在继续。

(3) 在镁合金上电镀锌镍合金。镁合金强度、刚度都比较高，且密度轻，在航空航天、汽车零配件等领域有一定的使用量。在镁合金上电镀锌镍合金镀层，提高了镁合金的耐腐蚀性、耐磨性等多项指标，使用有扩展的趋势。镁非常活泼，镁合金不能直接电镀锌镍合金，通常要经过预浸锌或无电解镍等工序再镀锌镍合金。锌镍合金电镀的研发和逐步完善对于镁合金的使用开辟了一条可靠的途径，这方面的使用也在逐步推开。

第六节　抗腐蚀涂层——锌铝涂层

21.6.1 锌铝涂层简介

涂覆锌铝涂层技术是将含有锌及铝的涂料附着在零件的表面，然后固化。涂料附着的过程不使用电，不是电沉积过程，更类似漆或者塑料的涂覆。早在20世纪70年代，美国就获得有关专利Dacromet，那时涂层中含有铬。随着环保意识的加强，无铬的锌铝涂层问世。涂覆工艺也从单一的底涂层，发展成涂层体系，如底涂层＋面涂层。涂层有油溶性(有机溶剂)及水溶性之分，色彩也可以多样化。其中黑色锌铝涂层体系由于外观极具吸引力，特别适合工业使用，很受欢迎。

锌铝涂层体系具有很多优点和特色：

(1)出色的抗腐蚀性，可以适应各种不同的要求。

(2)涂层不存在渗氢问题,没有氢脆。

(3)工艺技术简单,故障因素少,便于操作掌握。

(4)涂层色泽均匀,结合附着性好。

(5)成本低,和电镀相比不但性价比高,而且节省能源。

(6)锌铝涂层可以用在钢铁、铝合金、不锈钢、钕铁硼等基体上。

现在锌铝涂层已经在汽车零件、风电工件、隧道预埋件、公路桥梁的零件等中有了一定的应用。随着人们对锌铝涂层的了解认识,这一技术将会有更广阔的应用领域。

21.6.2 涂覆锌铝涂层的工艺要点

1.前处理工艺要点

(1)脱脂:锌铝涂层涂覆前,要将工件进行脱脂。脱脂方法与电镀前的脱脂方法相仿。用有机溶剂除清工件表面的油脂和蜡,如能配合使用超声波效果更好,但要注意超声波无法穿透大量叠加的零件。使用水溶性碱性脱脂是常用的方法。注意要按基体材料的特点进行脱脂处理(可以参考铝合金电镀的前处理)。

(2)抛丸:锌铝涂层涂覆前也要除去基体表面的氧化物,通常不用强酸,而用抛丸。推荐使用硬度450HV的不锈钢喷丸。注意抛丸机转动时的装载量和抛丸时间。抛用一段时间,会产生尘埃,尘埃会黏附在零件上,必须注意清除,否则会严重影响锌铝涂覆的质量。

2.涂覆锌铝涂层工艺要点

涂覆的方法有浸甩、浸滴、喷涂和静电喷涂。

(1)浸甩的要点:大多数产品使用浸甩工艺,其主要工具是直径为400～900mm的浸筐。注意工件的装载量,螺栓、螺帽份量重,装载量可以放100kg;像弹簧之类,装载量可以放20～30kg;然后将筐浸到特别设计的涂料槽里。注意涂料要充分浸润工件表面。慢速转动浸筐,赶走气泡,有助于浸润工件。浸完后,抬高浸筐使其脱离涂料,快速旋转,甩去涂料,完成涂覆。接着将工件送去烘道的预热部分(也是传送带第一部分),→送往下一层烘道(传送带第二部分)以分散工件,防止黏贴→送往涂层固化区。这里重要的是:浸渍时间、离心转速、离心时间和装载量。另外,还要注意浸涂时的温度,温度控制在20～25℃最好。温度低,涂料的黏度增加;温度高,涂料的黏度减少。黏度会影响涂层的厚度,厚度又会影响涂层的耐腐蚀性。所以控制温度,可以稳定涂料的黏度,这样可以保证涂层的厚度,保证涂料的含固量。为保证质量,实际生产时需要摸索一套适合自己产品的最佳数据。

(2)浸滴的要点:工件浸滴锌铝涂层与浸漆工艺差不多。在控制涂料的含固量的前提下,要避免局部积液导致涂层过厚,过厚涂层在烧结时会出现泡沫,影响涂层质量;要避免夹带空气,影响涂层均匀全覆盖。工件提出速度是影响涂膜厚度的

主要因素。为了得到均匀的涂层，提出工件时需要有一个加速度。提出速度与涂层厚度的关系表 21－19。

表 21－19　浸滴提出速度与涂层厚度的关系

速度(mm/min)	60	70	80	100
膜厚度(μm)	7	8	9	11

(3)喷涂和静电喷涂：喷涂和静电喷涂锌铝涂层与喷漆和静电喷漆方法、技巧一样。

3.锌铝涂层的固化

底层涂层涂覆后要及时固化，间隔时间不得超过 5min，防止大气中的水分(湿气)影响涂层，在潮湿的季节时间还要短些(油性的底涂层对湿度是很敏感的)。固化前喷过涂层的工件需要预热，如果用传送带输送，烘道前段是预热区，温度为 80～100℃。必须将溶剂和吸收的水分挥发掉。传送带有个 30cm 的落差，让工件落下来，分散开来，防止工件黏贴。固化温度、固化时间要根据涂层所用涂料的固化条件来决定。固化后，要在烘道尾端冷却到室温(30℃以下)，防止涂层较热而吸附水分，影响涂层质量。

固化也可以用烘箱，以上操作要求是一样的。不管如何固化，工件在固化区，要保持烘烤时干燥热气是在流动的，温度是均匀的。这样才能保证涂层膜固化均匀。一次涂层固化后，可以进行二次涂覆，再次固化。防腐蚀性能可以反复叠加。可以根据不同的腐蚀环境，选用涂层厚度和多次组合。

这项技术已经应用到高铁、地铁预埋槽道等百年防腐的工程中，盐雾试验红锈高达 3000～5000h，是一项很有价值的防腐蚀技术。

第七节　电镀工艺其他发展点滴

电镀工艺的研究已越来越深入细致、越来越有针对性，而且越来越注意环保，注意废水处理。目前许多配方设计从一开始就会注意避免问题的产生。

(1)电镀前处理中的环保考量。电解除油在保证除油效果的前提下，注意使用原料不含磷、不含强络合剂；在选用酸蚀缓蚀剂时，注意选用含生物降解的表面活性剂。这对减少废水磷污染、对金属离子的沉淀处理、对减少废水的 COD/BOD 都是有利的。

(2)电镀工艺中的环保考量。除了前面介绍过三价铬钝化、三价铬镀铬、无氰化物电镀铜之外，还要注意到电镀锌铁合金、锌镍合金、电镀锌工艺中不含铵，不含强络合剂；电镀半光亮镍的添加剂不含香豆素、甲醛；注意避免在生产中产生氰化物，产生有害气体。而且应该使用主要由无机物组合而成的水溶性封闭剂等等。

(3)设计电镀工艺时重视针对性。例如:为塑料电镀金属化后设计的预镀酸性铜、预镀半光亮镍工艺;为锌镍合金设计的黑钢色、灰黑色添加剂;专门为塑料电镀设计的酸性镀铜光亮剂、镀镍光亮剂;专门为需要弯曲的工件设计的电镀锌镍合金添加剂;专门为珍珠镍设计的添加剂,使镀层不容易留下指印;专门为PA塑料电镀设计的膨胀剂,使之容易粗化;还有为加速塑料粗化的添加剂;塑料电镀活化时用的加速剂,等等。

第八节　现代电镀的高科技配备

现代电镀发展有两个引擎。一个是社会现实的需要,这种需要的要求越来越高,是现代电镀发展的原动力;另一个是环境保护意识,这个意识越来越强,是现代电镀发展的推动力。现代电镀发展的短板在后者。据统计,传统的电镀行业每年曾排放大约4亿吨水、5万吨固体废弃物、3000万立方米酸碱气体,数字惊人。好在现代电镀已经不再是传统模样,现代电镀有许多高科技的配备,使生产成为连续的、可控的、可预知的体系。不仅可以达到高品质、高效率的目标,而且可以实现节能、环保、清洁生产。电镀工作者有信心赢得挑战,将这一事业发展下去,并进一步提高,紧跟时代前进的步伐。

21.8.1 电镀自动线

现在除了个别行业中的少数企业,大部分电镀都使用电脑控制的自动线。原来手工拎上拎下、溶液滴滴答答、车间一地的水的现象已经看不到了。一条条自动线管道都是封闭的,地面没有水;有的自动线上面也是封闭的,车间里闻不到气味。电镀车间完全是工业化大生产的样子,自动线配备镀液循环过滤系统、压缩空气搅拌系统、添加剂自动加料系统、送配电系统、加热/冷却系统、给排水系统、自动控制系统、将废水按处理要求分别输送到废水处理系统,等等。要电镀的毛坯从这头进去,成品从另一头就出来了。像这样的电镀自动线现在已经很普遍了。电镀完全摆脱了手工作坊式的生产方式,已经实现了现代化的全自动化生产方式。像这样发展下去,相信电镀是不会被淘汰的。电镀自动线是电镀走进现代化最重要的一步。

21.8.2 电镀溶液的净化系统

为了有好的电镀品质,镀液需要净化。起初电镀溶液的净化主要是循环过滤,电解处理,用活性炭、双氧水、加沉淀法的大处理等。现在有了先进的科学技术,镀液净化有了新的手段。例如,镀镍就有了新的净化系统:利用树脂连续吸附镀镍液中的有机分解产物,树脂吸附了污染物,渐渐饱和,可以用碱溶液将树脂再生。这

一系统可以替代传统的活性炭、双氧水(或者高锰酸钾)处理。使废液量大为减少。不仅减少了废水的治理负荷,而且有利于镀液的稳定,可以连续生产,并且节省了镀液中有效成分的损耗。

类似的净化系统还用在三价铬钝化溶液,用离子交换树脂选择性地优先吸附溶液中的铁离子、锌离子等金属杂质,延长钝化液的使用寿命,可以使生产连续进行;同时减少了钝化的废弃液,减少了废水治理负荷。

其他还有不少类似的溶液净化系统,像塑料电镀的粗化液,或者是管状铜合金的镀铬溶液,使用素烧陶瓷管净化,除去溶液中的三价铬,或铜离子、锌离子。现在无锡宜奥龙环保设备有限公司等单位利用素烧陶瓷管的原理,制造出粗化再生三价铬电解机、镀铬液除杂机、粗化液过滤机、纳米陶瓷膜过滤试验机,为净化六价铬溶液提供了有效的、使用方便的设备。

利用电渗析净化化学镀镍溶液也是一个成功的例子。化学镀镍工艺,存在镀液工作寿命短的缺点。化学反应的副产品在溶液中不断积累,溶液性能变差,镀层质量受到影响,如果重新配制溶液,增加了含镍的废弃物,不仅浪费了镍资源,而且增加了废水治理负荷。安美特化学有限公司的 EDEN 全自动电渗析净化系统,在电场的作用下,使用离子交换膜选择性的将溶液中的副产品传输到废物仓,此系统设有镍控制器和 pH 控制器,可以使生产实现全自动化。EDEN 系统大幅度延长了化学镀镍溶液的使用寿命,稳定了溶液性能,减少了镍的损耗。EDEN 系统可以从溶液中分离出部分水分,其水分中的少量镍,可以在补充溶液水分时回收利用。

对于酸性镀锌等溶液,如工件电镀的前处理不良、带入油脂等污物会造成镀液性能变差,影响镀层品质。安美特化学有限公司专利产品 ZYpHEX 净化系统可以一部分一部分地净化镀液。系统先将一部分镀液带入处理室,通过加酸有效分隔油污和有机分解产物(总有机碳量可减少 50%),经处理后,镀液可以直接用于调节镀液的 pH,无需加其他药品。净化后镀液的浊点仍保持在高水平,确保最佳的电镀效果,保持了生产的连续性。

对于传统的锌镍合金电镀,随着镀液老化,锌镍合金镀液中的氰化物及有机分解产物等会渐渐积累,氰化物的积累会加速金属镍的消耗,必须补充镍,增加生产成本;有机分解产物的积累会影响锌镍合金镀层的质量。安美特化学有限公司的 Recotect 镀液净化系统是专为锌镍合金工艺设计的,滚镀、挂镀都适用。该系统采用离子交换技术,有效吸附锌镍合金镀液中的氰化物和有机分解产物,提高镀液性能,确保了电镀品质。该系统不中断生产,延长了镀液使用寿命,减少了锌镍镀液的排放,降低了生产成本,降低了废水处理负荷。

对于绒面镍,安美特有 Velours Nickel 系统,通过热水及冷水的配套,以能量交换形式产生物理反应,沙剂能不断重组再生,镀液的工作寿命可长达 30d,无需进行活性炭处理,大大提高了生产能力,降低了生产成本。对于沙面镍也有再生系统,将其工作寿命可以延长到3～5d,然后再进行活性炭净化处理。

21.8.3 电镀金属回收系统

较早的金属回收系统是铬雾回收系统,目前经过改进效果大有提高,浓缩液可以直接补充到镀液中去。

从镀液的回收槽,利用离子交换树脂回收金属离子,也是使用较早的金属回收系统。这不仅可以回收金属,而且减少了废水处理负荷。这种方法在电镀镍,电镀铜,特别是电镀金,电镀银等贵金属方面使用比较多。

现在安美特化学有限公司的Nicollect金属回收系统是通过超微细高精密渗透过滤膜,有效回收漂洗水中的金属,回收率高达95%,而且经过处理后的清洗水可以循环再用。这项技术节省了生产成本,减少了废水处理负荷。

21.8.4 针对产品专门配置的电镀系统

汽车的生产量很大,减震器里的减震杆数量很多。减震杆电镀硬铬需要额外空间,需要复杂耗时的工艺流程。安美特化学有限公司的Dyna－Chrome系统是电镀硬铬像减震杆这类工件的专利设备。减震杆(活塞杆)经研磨后即可电镀,一步到位,达到电镀规范。省去了镀后精磨,减少铬的损耗,降低了能耗。不仅如此,该系统实现了环保生产,通过利用离子交换器或薄膜电解,金属铬被循环利用,系统的水喷蒸发可以冷却镀液,并循环使用补充蒸发的镀铬液。因此,没有清洗废水产生,几乎实现了“0排放”。同时,全封闭的这个综合系统确保工人不受到铬雾的侵害。这个系统电流效率高,沉淀速度快,比传统高速镀硬铬工艺快3倍。电镀时间短,生产效率高。

21.8.5 有关电镀的测试系统

1.有关镀液分析方面

镀液分析有灵敏度高的原子吸收分光光度计;快速测定的有“ICP”等离子光谱仪,多种元素几分钟内可以测出结果(但价格高,使用氩气成本高);离子色谱分析仪,可用来测定氯离子、硫酸根、硝酸根等阴离子。

2.有关镀层测试方面

镀层测试方面的仪器设备有很多,例如江苏安特稳科技有限公司提供的盐雾腐蚀试验箱、盐雾干湿循环加速腐蚀试验箱、高温老化试验箱、高低温度交变湿热试验箱。此外,还可以针对汽车行业的测试,可以模拟环境的测试。汽车钢铁紧固件镀锌或锌合金(锌铁合金、锌镍合金),或者使用锌铝涂层,除了要满足抗腐蚀性能,还要满足摩擦要求。安美特化学有限公司提供了汽车紧固件扭矩测试仪,专门测试紧固件镀(涂)层摩擦系数。

菲希尔测试仪器有限公司提供了 FISCHERSCOPE 手持式系列仪器，利用磁感应、涡流、库伦等方法测量涂层或者镀层的厚度；也有手持式测量多层镍电位差的仪器。为操作过程中随机测试提供了方便，可根据测试数据，随时可以调整工艺参数，控制镀层厚度，控制多层镍的电位差，为镀层、涂层的质量监测提供了有效的手段。该公司还提供了 FISCHERSCOPE X－RAY 系列仪器，采用专利软件 Win-FTM 和完全基本参数法，无需使用标准片，即可测量单镀层、多镀层以及合金镀层的厚度和成分。这为研究镀层的腐蚀原因、了解合金镀层的金属比例，提供了参数，为保证镀层质量提供了科学依据。

此外，还有许多高科技为电镀保驾护航，为提高镀层的质量、完善电镀工艺、减少环境污染提供有效的支持。同时，还有许多新技术正在研发，相信电镀行业一定会有更进一步的发展，可以满怀信心地说：现代电镀在发展中前进！

参考文献

(1)李鸿年.电镀工艺手册.上海:上海科学技术出版社,1989.

(2)曾华梁,吴仲达,陈钧武,吕铜仁,秦月文.电镀工艺手册.北京:北京机械工业出版社,2004.

(3)郑瑞庭.电镀实践900例.北京:化学工业出版社,2007.

(4)张炳乾,何长林.电镀液故障处理.北京:国防工业出版社,2006.

(5)何长林,沈亚光.电镀典型案例分析.北京:国防工业出版社,2007.

(6)胡如南.实用镀铬技术.第二版.北京:国防工业出版社,2013.

编后语

《实用电镀技术指南》一书根据上海市电镀协会在技术咨询服务过程中积累的案例，分析、总结、整理而成。这里有编委们几十年从事电镀实践的经验和教训；有电镀工作者们在工作中摸索出来的技巧和灵感；也有很多咨询中遇到的问题和解决方案；有许多单位为本书提供了丰富的资料，介绍了先进的技术装备、材料科技，丰富了这本书内容的新颖性、前瞻性。在本书付梓出版之际，编者谨向以下企业表示深切的谢意：

菲希尔测试仪器有限公司
安美特（中国）化学有限公司
合肥宝德龙表面处理有限公司
佛山市承安铜业有限公司
上海怡标电镀有限公司
上海杜行电镀有限公司
上海民强电镀有限公司
上海飞机制造有限公司
上海长兴金属表面处理有限公司
上海弘夏电镀有限公司
上海东首电子有限公司
上海永丰热镀锌有限公司
上海众新五金有限公司
上海双志金属表面处理有限公司
上海蔚琦电镀有限公司
上海联化金属制品有限公司
上海江南船舶管业有限公司
上海宝敦金属表面处理厂（普通合伙）
上海仁盛标准件制造有限公司
上海美维电子有限公司
胜瑞电子科技（上海）有限公司

技术在创新，一代代电镀工作者继承和发展了传统电镀技术，学习并推广着现代电镀技术，相信电镀事业一定会与时俱进、再创辉煌。

编后记